江苏□□□□□□□□□□字仪式

第一届紫浪班奖学金颁发仪式

紫浪班开班典礼

第二届紫浪班奖学金颁发仪式

第一届紫浪班学员参观紫浪公司总部

紫浪公司经理作"紫浪公司企业文化"主题讲座

企业实境训练2施工现场实习

教师示范图片

讨论交流图片

学生在宏村写生图片

技能统考图片

学生顶岗实习绘图图片

美术作品展览

石峰老师在为学生做专业学术报告

苑文凯、李昕老师在为学生做专业学术报告

白玉杰　　　　江苏建筑职业学院

郑楮文　　　　哈尔滨理工

彭思莹　　　　华中科技大学
与城市戏

VILLADESIGN

学生作品获奖图片

学生优秀表现作品

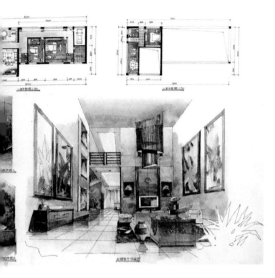

学生作品获奖图片

水彩手绘表现工具

马克笔速写作品

邢洪涛、于珂老师在为学生做专业学术报告

吴小青、江向东老师在为学生做专业学术报告

孟春芳、丁岚老师在为学生做专业学术报告

唐龙在为学生做企业学术报告

金螳螂公司郭智伟、云贤通公司孟德在为学生做企业学术报告

华海设计院院长张洁、校友李放在为学生做企业学术报告

校友王雷、北京六建集团乔振来总工在为学生做企业学术报告

张乘风、王志刚教授在为学生做名师学术报告

薛静华、赵超在做名师学术讲座

成功举办"天力杯"广播操比赛　　　　成功举办"水立方"杯团支部双微大赛

江苏省高校品牌专业建设工程资助项目（TAPP）

建筑装饰工程技术（PPZY2015B182）

建筑装饰专业教育教学改革论纲

黄立营　娄志刚　等著

东南大学出版社

SOUTHEAST UNIVERSITY PRESS

·南京·

图书在版编目（CIP）数据

建筑装饰专业教育教学改革论纲/黄立营等著．—
南京：东南大学出版社，2017.4
ISBN 978 - 7 - 5641 - 7106 - 3

Ⅰ．①建…　Ⅱ．①黄…　Ⅲ．①建筑装饰—教学研究—
高等职业教育　Ⅳ．① TU238

中国版本图书馆 CIP 数据核字（2017）第 078208 号

建筑装饰专业教育教学改革论纲

出版发行	东南大学出版社
出 版 人	江建中
社　　址	南京市四牌楼 2 号（邮编 210096）
印　　刷	虎彩印艺股份有限公司
经　　销	全国各地新华书店
开　　本	700 mm×1000 mm　1/16
印　　张	16.5　　彩插 8 页
字　　数	338 千字
版　　次	2017 年 4 月第 1 版
印　　次	2017 年 4 月第 1 次印刷
书　　号	ISBN 978-7-5641-7106-3
定　　价	68.00 元

* 东大版图书若有印装质量问题，请直接向营销部调换。电话：025-83791830。

序言
建筑装饰专业教育教学改革回顾与展望

一、建筑装饰专业教育教学改革探索阶段

20世纪80年代,人们对建筑装饰才有了一个具体的概念。随着建筑装饰行业不断发展,建筑装饰企业如雨后春笋,蓬勃发展。企业对建筑装饰人才的需求持续上升。在此期间,各大高校开始开设环境艺术设计、室内设计、装潢设计等专业,满足社会的需求。虽然各院校的专业名称差异较大,但知识体系基本是一致的,是在原有的工艺美术专业的基础上添加几门建筑类专业课程,大多是理论体系。

20世纪90年代,经过10年左右的专业建设,各院校有了良好的专业基础,在专业发展上也摸索出来清晰的线路,于是专业进入稳步发展阶段。1999年,国家调整了本科设计艺术类专业的名称,艺术设计专业涵盖了原装潢设计、环境艺术设计、室内设计、建筑装饰设计、染织设计、家具设计等专业;工业设计涵盖了产品造型设计、展示设计等专业;增设了艺术美术学和设计艺术学等专业。1994年,我校(指江苏建筑职业技术学院,下同)的建筑装饰专业开始建立,它是在室内艺术设计专业基础上分化出来的,最早生源与学制是初中五年制。1999年,学校升格为高职院校,建筑装饰专业教育基本是艺术设计专业本科教育的压缩版,是普通的专科教育模式。此阶段,虽然经历了10余年的发展历程,但教育教学改革力度不大,教学手段陈旧,技术应用能力和素质教育环节薄弱等问题亟待解决。

二、建筑装饰专业教育教学体系改革成熟阶段

2000年,教育部在《关于加强高职高专教育人才培养工作的意见》中明确了高职高专教育人才培养的目标是"适应生产、建设、管理、服务第一线需要的,德、智、体、美等全面发展的高等技术应用性专门人才"。体现我国教育目的对高职教

育的总体要求,反映了高职教育自身的特殊性。建筑装饰专业是现代科技与文化艺术的综合产物,是一个多学科交叉,应用性很强的专业。它不同于高等艺术设计教育,更强调面向经济建设的主战场,强调的是要适应市场经济对人才的需求。此后,我校建筑装饰专业进行了教学体系的改革。弱化了知识的学科体系和系统性,突出了职业性和多向适应能力,加大了实践能力和创新能力的培养。

2004 年,教育部为推动高职高专教育的持续健康发展,加强专业设置的动态适应性和规范化管理,下发了《全国高职高专指导性专业目录》,"以职业岗位群为主兼顾学科分类"的原则,建筑装饰专业由艺术设计类划为土建大类建筑设计类,专业名称调整为建筑装饰工程技术专业,专业代码:560102,同时明确了专业培养目标、服务面向、核心能力、主要专业课程和实践环节设置等内容。同年,由全国高职高专教育土建类专业教学指导委员会建筑类专业指导分委员会编写《高等职业教育建筑装饰专业教育标准、培养方案及主干课程教学大纲》,从而规范了该专业的建设。

三、建筑装饰专业教育教学改革深入推进、成果积累阶段

2005 年 10 月,国务院提出重点建设 100 所高职院校的计划,正式拉开了中国高等职业教育质量提高工程的序幕——示范高职院校建设。2008 年,我校被教育部确定为国家示范建设高职院校,建筑装饰工程技术专业继黑龙江建筑职业技术学院、内蒙古建筑职业技术学院后被确定为国家示范专业立项建设。此期间,建筑装饰专业教育教学改革力度达到前所未有的高度,专业建设、人才培养模式改革、课程体系构建、实验室建设、师资队伍建设、校企合作等方面都有了突破性的成果。2011 年,建筑装饰专业作为国家示范专业建设项目验收获得很高评价。验收专家胡兴福教授评价说:"江苏建筑职业技术学院建筑装饰专业办学水平高、特色鲜明,师资力量雄厚,人才培养质量高,专业建设成果丰硕,具有显著的影响力和辐射力"。

目前,我校建筑装饰专业在江苏省内综合实力排名第一,全国综合实力排名第一。为什这样说,有什么根据呢? 不妨用事实来说话。

该专业是"国家示范性高职院校建设计划"重点建设专业。全国 200 所"国家示范性(骨干)高等职业院校"共立项 819 个重点建设专业,其中该专业布设 5 个建设点(黑龙江建筑职业技术学院、内蒙古建筑职业技术学院、江苏建筑职业技术学院、河南工业职业技术学院、山西建筑职业技术学院),我校该专业在 5 个建设点中综合实力排名第一(见表 1)。该专业是江苏省 15 所"国家示范性(骨干)高

等职业院校"立项的 61 个重点建设专业中唯——个该专业建设点；该专业也是唯——个以核心专业列为江苏省立项建设的"十二五"高等学校重点专业。江苏省"十二五"高等学校重点专业共立项建设 566 个，其中高职高专重点专业 202 个，我院（江苏建筑职业技术学院建筑设计与装饰学院，下同）建筑装饰技术专业是江苏省内高职院校该专业中唯一被立项的核心专业（群）；该专业是国家级"职业教育建筑装饰工程技术专业教学资源库"建设项目唯——个牵头建设的专业。该项目 2014 年立项（项目编号 2014-4），项目联合全国 22 所高职院校、14 家装饰企业、1 家出版社共同建设。截止 2016 年 11 月，该项目基本完成的建设任务已经投入使用。目前，全国共立项建设 55 个职业教育专业教学资源库（其中江苏省立项 13 个），覆盖 18 个专业大类；该专业教学团队是全国该专业唯——个国家级教学团队。教育部、财政部于 2007—2010 年共评出国家级教学团队 1 013 个，其中高职占 123 个；该专业牵头成立了"全国建筑装饰工程技术专业联盟"。专业联盟由全国 23 所学校发起成立，优势互补、协同创新，打造资源共建、共享的创新型人才培养平台；该专业教学成果获得国家级教学成果二等奖 3 项（2009 年和 2014 年）。在 2009 年、2011 年和 2013 年，分别获得江苏省教学成果特等奖 1 项、一等奖 1 项、二等奖 1 项。该专业主持了 3 门国家级精品资源共享课，占全国该专业国家精品资源共享课总数的 1/4，与本专业相关的国家级精品资源共享课共 12 门。该专业是江苏建筑职业技术学院"中央财政支持的高等职业教育建筑技术实训基地"和"江苏省建筑工程区域开放共享型实训基地"建设的重要依托专业。该专业的学校建筑技术馆建设被住建部领导和高职教育专家评价为"全国高职校内实训基地建设的标杆"。该专业在 2014 年首届全国职业院校"建筑装饰综合技能"竞赛中获得团体特等奖 1 项、建筑装饰工程量清单编制单项特等奖 3 项、建筑装饰施工图单项一等奖 1 项。此次竞赛共评出团体特等奖 3 项、一等奖 6 项；建筑装饰工程量清单编制单项特等奖 9 项、一等奖 17 项；建筑装饰施工图单项特等奖 1 项、一等奖 7 项；2015 年、2016 年获奖数量、质量逐步提升。该专业牵头制订了《高等职业学校建筑装饰工程技术专业教学标准》，该标准在 2012 年由教育部正式颁布实施，填补了该专业教学标准的空白；还牵头制订的《高等职业教育建筑装饰工程技术专业教学基本要求》和《高职教育建筑装饰工程技术专业校内实训及校内实训基地建设导则》通过住建部和全国高职高专土建教指委审批，2013 年由中国建筑工业出版社出版，对于指导全国该专业的建设作出了重要贡献。

学院作为"全国高职高专教育土建类专业教学指导委员会建筑设计类分指导委员会"主任委员单位，负责制订了《高职高专教育建筑装饰工程技术专业顶岗实习标准》。根据《教育部关于开展〈高等职业学校专业目录〉修订工作的通知》(教职成〔2013〕6号)要求,负责组织完成了《建筑设计类专业目录》的修订工作;建筑装饰工程技术专业成功举办了1期"建筑装饰工程技术专业骨干教师国家级培训班"和3期《高等职业教育建筑装饰工程技术专业教学基本要求》宣贯培训班,共培训该专业骨干教师300多名,接待了全国100多所高职院校的教师来访、交流学习。

表1　国家示范性(骨干)高等职业院校建筑装饰工程技术专业比较一览表

项目 / 学校	重点专业建设	国际级教学成果奖	国家级专业教学资源库	国家精品资源共享课	中央财政支持实训基地依托专业	国家级教学团队 / 教学名师
江苏建筑职业技术学院	国家示范院校重点建设专业	二等奖3项	主持国家级专业教学资源库	3门	是	国家级教学团队1个
黑龙江建筑职业技术学院	国家示范院校重点建设专业	二等奖1项	0	0	是	0
四川建筑职业技术学院	省重点建设专业	二等奖1项	0	1门	是	0
内蒙古建筑职业技术学院	国家示范院校重点建设专业	0	0	0	是	0
山西建筑职业技术学院	国家骨干院校重点建设专业	0	0	1门	是	国家级教学名师1人
河南工业职业技术学院	国家骨干院校重点建设专业	二等奖1项	0	2门	否	0

经过国家示范和江苏省"十二五"重点专业建设,建筑装饰工程技术专业不断深化产教融合、校企合作,扎实推进项目化教学改革,在"5+3"工学交替人才培养模式、专业教学内容体系建构、实践教学体系构建、工学结合教学项目开发、"工程型"教学团队建设、校内实训基地建设、教学项目考核评价标准开发、顶岗实习运行管理标准制定、专业教学资源库建设等方面进行了系统研究与深入实践,现已发展成为在全国有重要影响力的特色专业,在同类院校中起到了很好的示范和引领作用。

该专业重新定位了适合技术技能人才成长的专业培养目标。根据行业发展和市场需求,确定以施工员为主要就业岗位,以设计员、造价员、质量员、资料员等为就业岗位群,以注册建造师、监理工程师、造价工程师、设计师等为发展岗位群。通过对岗位能力需求的分析,定位人才培养目标和规格。相应目标已被教育部《高等职业学校专业教学标准》采用。

构建了符合行业特点和职业能力的"5+3"工学交替人才培养模式。打破传统学期设置,实施工学交替,每年在施工旺季安排学生到企业实习,提前了解工作任务和岗位要求,较好地解决了高职院校存在的学生厌学、学习动力不足、毕业生岗位适应能力差等问题,更符合高职学生的认知特点和学习规律,增强了学生的就业与创业能力,实现了校企合作的育人目标。该教改成果获江苏省高等教育教学成果奖特等奖、第六届高等教育国家级教学成果奖二等奖。

构建了体现高职特色、具有行业特点的教学内容体系。突破学科化课程体系框架,基于工作过程,首次系统地建构了职业基础课、职业岗位课和职业拓展课三个模块化的课程体系;开发了专业知识、技能体系,细化为8个知识领域和12个技能领域,形成可操作的28个知识单元和46个技能单元,细分成98个知识点和98个技能点,按照工作情境设计新型教学项目;融入行业要素,对接职业标准,开发项目标准,明确项目的教学目标、内容、方法、场所及考核评价。共编写了8本工学结合教材,建成了3门国家精品资源共享课。

构建了完善的建筑装饰专业实践教学体系。以培养职业行动能力为目标,构建了由训练中心、项目中心、体验中心、培训中心等4个模块20门课程和证书培训、军事训练构成的实践课程体系;形成"教、学、做三位一体"的实践教学机制,系统性地构建起实践教学的保障体系和考核评价体系。该教改成果获江苏省高等教育教学成果奖一等奖、国家级教学成果奖二等奖。

打造了一支校企互通、专兼结合的工程型教学团队。实施了"企业进校园、工程师进课堂、教师进项目"等措施,实现了校企共建教学团队。近年来,共培养江苏省"青蓝工程"学术带头人和青年骨干教师4人、"333高层次人才培养工程"培养对象2人。该团队被评为国家级教学团队。

建立了"仿真＋全真"开放式、创新型实训基地。围绕软件建设硬件,按"源于现场、高于现场"的原则,通过校企合作共建一体化实训室,编制"校内实训及校内实训基地建设导则",初步形成了校企联合设计和系统组织实训教学的模式。该实训中心为国家级和省级实训基地。

系统设计了共享型专业教学资源库。通过校、行、企多元合作,搭建了"两大平台、六大模块及一个系统"的专业教学资源库,提供智能查询、在线学习、讨论互动、培训认证、在线测试等服务,已上传14门网络课程、4 000多个素材资源、30

多个培训包、100多个企业案例,促进了教与学的方法改革和效果提升,提高了专业人才培养质量和社会服务能力。该资源库被立项为国家级专业教学资源库并已经基本建成投入使用。

实施"五进四融合",校企"双主体"到"多主体"育人机制基本形成。紧紧围绕提高人才培养质量的目标要求,建筑装饰工程技术专业建立并实施了企业进校园、工程师进课堂、教师进项目、学生进工作室、文化进环境的"五进"育人校企联合培养机制。设计学院与苏州金螳螂装饰公司和清大吉博力建材有限公司在校内合作共建研发中心和培训中心,设立"金螳螂家装e站班"和"清大吉博力班";与江苏紫浪装饰装潢有限公司合作设立"紫浪班",开展订单培养;与上海睿合广告传播有限公司、徐州天力建筑装饰工程公司、江苏水立方建筑装饰设计公司合作共建了校内工作室和装饰设计院;与南京金鸿建筑装饰工程公司等40家企业合作建立了校外实习基地。学院通过校企合作构建了以建筑装饰工作过程为导向的课程体系,制订了工学交替的特色人才培养方案,按企业和学校的双重要求考核学生,实现学校与企业双元合作。通过人才、感情、文化、管理的"四融合"实现了"教室工作室化、学生学徒化、教师师傅化、教程工艺化、作品产品化",使学院与企业合作实现了由松散到紧密、由形式到内容的深度融合。在教学内容、双师结构教师队伍、企业情境实训中心、学生职业能力与职业素养等方面取得了可喜的成果,校企"双主体"育人机制基本形成。

"三对接三融入"开发专业知识、技能标准,形成了科学的实践教学体系。对接职业标准、生产过程、职业资格证书,融入行业、企业、职业要素,借鉴国际上先进的职教理念,在调查研究的基础上,以岗位能力为目标,以工作任务为载体,开发了由28个知识单元和46个技能单元构成的专业知识、技能体系。融入行业要素,对接职业标准,开发了知识单元和技能单元教学标准;融入企业要素,对接生产过程,制订了实训项目标准、实习手册、实训考核与评价标准、顶岗实习运行管理标准;融入职业要素,制订了校内实训及校内实训基地建设标准,提升学生职业能力,对接职业资格证书。形成了"教、学、做三位一体"的实践教学机制,系统性地构建起实践教学的保障体系和考核评价体系,形成了体现高职特色、具有行业特点的高职建筑装饰工程技术专业教学内容和实践教学体系。

2014年8月,本专业牵头成立"全国建筑装饰工程技术专业联盟",专业联盟由全国23所高职学院发起成立,搭建了优势互补、协同创新,打造资源共建、共享的创新型人才培养平台。2014年,本专业牵头的国家级"职业教育建筑装饰工程技术专业教学资源库"建设团队中有11家全国装饰百强企业参加。2012年以来,本专业成功举办了 1 期"建筑装饰工程技术专业骨干教师国家级培训班"和 3 期《高等职业教育建筑装饰工程技术专业教学基本要求》宣贯培训班,学员达 300 余人;全国已有 100 多所学校来院参观学习,扩大了本专业在全国的影响力。江苏教育信息网 2014 年 9 月曾报道了江苏建筑职业技术学院多家企业"订单抢人"的消息,本专业毕业生供不应求,全国装饰企业排名第一的苏州金螳螂建筑装饰公司连续 6 年来校招聘毕业生(系金螳螂校园招聘中唯一一所高职学院),2014 年招聘本专业 87 名毕业生,该公司员工中我院本专业毕业生达 300 余人。本专业呈现"进口旺,出口畅"的良好态势,成为学院最受家长和学生青睐的专业。

建筑装饰专业学生就业展现"四高一多"的良好态势。2014 年,我校被评为"2014 年度全国毕业生就业典型经验高校"。根据教育部委托国家统计局的调查结果显示,我校毕业生满意度在参加调查的 44 所高职高专院校中排名第一,其中专业设置、专业方向、教育教学水平等的满意度均排名第一。

学校每年组织毕业生进行离校前就业状况调查并委托第三方专业调查机构麦可思公司开展对应届毕业生毕业半年后就业状况的调查。学校通过对调查得出的各专业就业率、专业对口率、单位满意度等数据分析,综合评价各专业毕业生就业质量,并以此为依据,评选年度就业最佳专业。建筑装饰专业于 2013 年、2014 年连续两年被学校评为"就业最佳专业"。

年终就业率高。江苏建筑职业技术学院招生就业数据报告显示,我院建筑装饰工程技术专业毕业生年终就业率一直保持在 95% 以上(见表 2),保持了较高的水平,并呈现就业、升学、出国深造等多元化发展的局面。

表 2　建筑装饰工程技术专业毕业生年终就业率一览表

届数 ＼ 就业率	年终就业协议率	升学、出国率	年终就业率
2012 届	95.65%	1.74%	97.39%
2013 届	87.97%	7.52%	95.49%
2014 届	89.10%	10.26%	99.36%
2015 届	92.60%	12.70%	99.58%
2016 届	94.30%	17.80%	99.67%

专业对口率高。江苏建筑职业技术学院招生就业数据报告显示,我院建筑装饰工程技术专业毕业生专业对口率一直保持在 90% 以上(见表 3),该专业毕业的学生受本行业、企业欢迎度高。

表3　建筑装饰工程技术专业毕业生专业对口率一览表

对口率 届数	一般对口率	相关率	专业对口率
2012 届	61.11%	31.11%	92.22%
2013 届	53.76%	45.16%	98.92%
2014 届	42.90%	47.30%	90.20%
2015 届	49.60%	45.20%	91.80%
2016 届	51.70%	43.40%	95.10%

用人单位对毕业生的满意度高。江苏建筑职业技术学院招生就业数据报告显示,用人单位对建筑装饰工程技术专业毕业生的满意程度较高,其中对 2012 届、2013 届满意和非常满意的比例之和分别为 80%、82%(见图 1)。

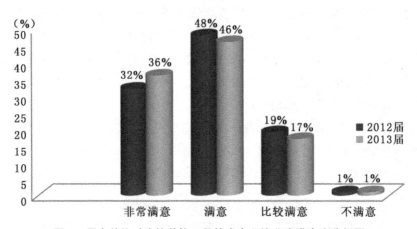

图 1　用人单位对建筑装饰工程技术专业毕业生满意度分析图

用人单位评价高。苏州金螳螂建筑装饰公司(位居中国装饰行业百强第一)人力资源中心副总监汪灏评价:该学院建筑装饰专业培养目标定位准确,人才培养质量高,十多年来,为我公司输送了 300 余名员工,很多已成长为公司的技术骨干。

江苏紫浪装饰装璜公司总经理严俊评价:江苏建筑职业技术学院建筑装饰专业学生在我们公司能吃苦、上手快、适应性强,我们合作开展订单培养,共同制订培养计划,课程设置符合工程项目实际,与工作任务相吻合,培养的学生与我们企业需求相吻合。

杰出校友多。从 1994 年开办该专业以来,3 800 多名毕业生已经成为专业品牌与名片。他们在企业弘扬建院精神,秉承"厚生尚能"校训,多数校友已经成为企业的管理骨干、技术能手。目前,在全国百强建筑装饰企业从事管理与技术工作的校友占毕业学生总数的 60% 以上, 28.74% 的毕业生已经取得国家一级注册建造师执业资格、32.28% 的毕业生已经取得国家二级建造师执业资格, 47.68% 的毕业生成为企业的项目经理。涌现出像黄华兵、司马东兰等杰出校友。他们有的已经成为全国杰出中青年室内建筑师、高级幕墙设计师、园林高级工程师、全国装饰行业优秀设计师、高级室内建筑师。他们是专业名片,在推进专业建设与发展中做出了重要贡献。

建筑装饰专业招生制度健全,生源呈现出"两高"态势。专业招生制度健全,充分发挥激励机制。作为国家示范性高等职业院校,在我院高考统一招生的基础上,结合自主单独招生和江苏省普通高校对口单招考试,形成了建筑装饰工程技术专业立体化的招生格局,吸纳了各类型中等教育学校的优秀毕业生进入我院深造。尤其利用自主招生的自主权,通过校长推荐制、免试直录、免文化联测考试、高分奖励等措施选拔了大量优质生源。

自主单独招生。面向已参加普通高考报名的高级中等教育学校毕业生和江苏省内具有高级中等教育学历的复转军人,自主命题单独招生。本专业三年累计自主单独招生人数达 145 人。

校长推荐制。制订学校《单独招生"校长推荐制"实施方案》,对江苏省内三星级及以上的普通高中综合素质全面、学习成绩良好、至少有一项突出特长,且有技能发展潜能、社会责任感强、学业水平测试必修科目成绩达到 2B2C 以上的应届高中毕业生实行校长推荐、学校面试的录取方式,吸引优秀生源。本专业已直录 3 名校长推荐学生。

免试直录。对于学业水平测试必修科目(两门选测科目除外)成绩达到 2A2B 等级的普高学生和在服役期间荣立二等功(含)以上表彰的复转军人等优秀生源,通过学校单独面试合格后,可免试直接录取本专业。本专业已免试录取了 4 名学生。

免文化联测考试。对于学业水平测试必修科目(两门选测科目除外)成绩达到 3A1C、2A1B1C、1A3B 和 4B 等级的普高学生和在服役期间荣立三等功表彰的复转军人可免参加文化联测考试(成绩按联测 B 级折算分数计入录取总分,达到此条件仍参加文化联测的考生,成绩取实际考核成绩或折算成绩高者计入录取总分),同时加上学校单独面试成绩汇总排名录取。本专业仅 2014 年就有 30 名学生报名。

高分奖励。取得学业水平测试必修科目(两门选测科目除外)4A 的考生奖励 5 000 元,取得 3A1B 的考生奖励 3 000 元,取得 2A2B 的考生奖励 2 000 元。近两年本专业已有 5 名学生获得高分奖励。

专业生源旺盛,呈现"两高"态势。江苏建筑职业技术学院招生就业数据报告显示,建筑装饰工程技术专业招生情况良好。2012 年本专业第一志愿符合率96.53%,2013 年为 99.52%,2014 年为 100%,2015 年为 98.89%,2016 年因江苏省生源人数急剧下降,本专业第一志愿率为 97.18%。本专业近三年新生录取分数线一直保持高分位,2014 年本专业录取分数线为 274 分,超专科线 84 分,低于三本线 5 分,最高分超三本线 27 分(见表 4)。

表 4　建筑装饰工程技术专业招生录取分数线一览表

年度 分数线	省控线	本专业录取线
2012 年	180	276
2013 年	185	283
2014 年	190	274
2015 年	200	287
2016 年	180	264

四、建筑装饰专业教育教学改革展望

《高职教育创新发展行动计划》(2015—2018)(以下简称《三年行动计划》,主要内容见图 2)是建筑装饰专业新一轮教育教学改革指南。江苏省高校品牌专业建设是落实《三年行动计划》的重要举措。我校建筑装饰专业作为江苏省高校品牌专业建设项目,要实现"建设一流专业、造就一流人才、打造一流平台、产出一流成果""四个一流任务",建筑装饰专业教育教学改革必须在以下几个方面进行聚焦与着力。

聚焦与着力推进建筑装饰专业"发展型、复合型、创新型"技术技能人才培养,提升建筑装饰人才培养的层次。面对建筑业发展的新常态与工业化、产业化、信息化,在人才目标定位、培养模式、课程体系构建、信息化教学手段开发、专业教学资源库开发上下大的力气。在课程改革方面,要着力引进 PC 技术、BIM 技术。争取政策支持,开展四年制装饰人才培养试点。会同建筑行业与建筑装饰企业,认真制订四年制人才培养方案,准确定位人才培养目标和培养标准,科学设置理论课程体系和技术技能实践训练体系。

高等职业教育创新发展行动计划
（2015—2018）

总体要求

指导思想

▶ 思想：邓小平理论、"三个代表"重要思想、科学发展观、习近平总书记重要指示精神。

▶ 三个坚持：坚持适应需求、面向人人，坚持产教融合、校企合作，坚持工学结合、知行合一。

▶ 目的：推动高等职业教育与经济社会同步发展，加强技术技能积累，提升人才培养质量，为实现"两个一百年"奋斗目标和中华民族伟大复兴的中国梦提供坚实的人才保障。

基本原则

▶ 坚持政府推动与引导社会力量参与相结合；

▶ 坚持顶层设计与支持地方先行先试相结合；

▶ 坚持扶优扶强与提升整体保障水平相结合；

▶ 坚持教学改革与提升院校治理能力相结合。

主要目标

▶ 体系结构更加合理；

▶ 服务发展的能力进一步增强；

▶ 可持续发展的机制更加完善；

▶ 发展质量持续提升。

主要任务与举措

扩大优质教育资源

提升专业建设水平	凝练专业方向、改善实训条件、深化教学改革。
开展优质学校建设	办学定位准确、专业特色鲜明、社会服务能力强、综合办学水平领先、与地方经济社会发展需要契合度高、行业优势突出。
引进境外优质资源	探索中外合作办学的新途径、新模式。
加强教师队伍建设	健全专任教师的培养和继续教育制度、加强兼职教师队伍建设。
推进信息技术应用	构建国家、省、学校三级数字教育资源共建共享体系；应用信息技术改造传统教学；推进落实职业院校数字校园建设相关标准。
完善高等职业教育结构	推进高等学校分类管理，系统构建专科、本科、专业学位研究生培养体系；健全职业教育接续培养制度。
推动职业教育集团化发展	鼓励中央企业和行业龙头企业、行业部门、高等职业院校等，围绕区域经济发展对人才的需求，牵头组建职业教育集团。
促进区域协调发展	科学规划区域高等职业教育布局与发展。

增强院校办学活力

推进分类考试招生：健全"文化素质+职业技能"的考试招生办法。

建立学分积累与转换制度：建立以学分为基本单位的学习成果认定积累制度、建立终身学习成果档案、设立学分银行、探索学分转移与认定。

探索混合所有制办学：鼓励社会力量以资本、知识、技术、管理等要素参与公办高等职业院校改革。

鼓励行业参与职业教育：健全与行业联合召开职教工作会议、联合制定行业职教发展指导意见；建立行业发布制度，办好全国职业院校技能大赛。

发挥企业办学主体作用：支持企业发挥资源技术优势举办高等职业院校，按照职业教育规律规范管理。

落实高等职业院校办学自主权：构建政府、高校、社会新型关系，更好落实学校办学主体地位。

支持民办教育发展：鼓励各类办学主体通过独资、合资、合作等形式举办民办高等职业教育。

服务社区教育和终身学习：职业院校要发挥教育资源优势，向社区开放服务；发展多样化的职工继续教育。

加强技术技能积累

将专科高等职业院校建设成为区域内技术技能积累的重要资源集聚地。

服务中国制造2025

配合国家"一带一路"战略,助力优质产能走出去,扩大与"一带一路"沿线国家的职业教育合作。

支持优质产能"走出去"

深化校企合作发展

与当地企业合作办学、合作育人、合作发展,鼓励校企共建以现代学徒制培养为主的特色学院和应用技术协同创新中心建设。

将学生的创新意识培养和创新思维养成融入教育教学全过程,促进专业教育与创新创业教育有机融合。

加强创新创业教育

支持地方和行业引导、扶持企业与高等职业院校联合开展"现代学徒制"培养试点。

开展现代学徒制培养

培育新型职业农民

建立公益性农民培养培训制度,扶持涉农专科高等职业院校的发展和专业建设。

促进文化传承创新与传播

深化文化艺术类职业教育改革,重点培养文化创意人才、基层文化人才,传承创新民族文化与工艺。

加强与职业教育发达国家的政策对话,探索对发展中国家开展职业教育援助的渠道和政策。

扩大职业教育国际影响

完善质量保障机制

完善院校
治理结构

落实生均拨款
政策，建立多
渠道筹资机制。

建立健全依法自主
管理、民主监督、
社会参与的高等职
业院校治理结构。

巩固学校、省和国家
三级高等职业教育质
量年度报告制度，进
一步提高年度质量报
告的量化程度、可比
性和可读性。

提高经费
保障水平

完善质量
年报制度

加强相关
理论研究

完善教师专业技术
职务（职称）评聘办
法；推动教师分类
管理、分类评价的
人事管理制度改革。

建立诊断
改进机制

加强职业教育科研
机构建设，开展热
点难点问题、教育
教学改革和相关标
准建设研究。

以高等职业院校人
才培养工作状态数
据为基础，开展教
学诊断和改进工作。

改进高职
教师管理

保障措施

措施1：加强组织领导

各级教育行政部门及
有关组织要明确职责，
保证方案的顺利实施。

措施3：营造良好环境

鼓励各地根据需要出台
职业教育条例、校企合
作促进办法等地方性法规
优化区域政策环境；深化收
入分配制度改革；定期开展职
业教育活动周宣传教育工作等。

措施2：强化管理督查

实行项目管理，列入省政府督查
范围，各级教育行政部门加强日常
指导、检查与跟踪，社会各界监督。

提升思想政治教育质量

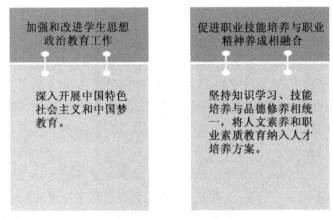

加强和改进学生思想
政治教育工作

促进职业技能培养与职业
精神养成相融合

深入开展中国特色
社会主义和中国梦
教育。

坚持知识学习、技能
培养与品德修养相统
一，将人文素养和职
业素质教育纳入人才
培养方案。

图2 《三年行动计划》主要内容简图

聚焦与着力提高建筑装饰专业国际化水平。引进国际先进且成熟适用的职业标准、专业课程、教材体系和数字化教育资源；选择类型相同、专业相近的国（境）外高水平院校联合开发课程，共建专业、实验室或实训基地，建立教师交流、学生交换、学分互认等合作关系；举办高水平中外合作办学项目和机构。同时，配合国家"一带一路"战略，助力优质产能走出去，扩大与"一带一路"沿线国家的职业教育合作。主动发掘和服务"走出去"建筑企业的需求，培养具有国际视野、通晓国际规则的技术技能人才和中国建筑企业海外生产经营需要的本土人才。

聚焦与着力推进建筑装饰专业教学改革和课堂创新。要全面分析生源特点，切实推行"封层教学、分类培养"；目前要制订《建筑装饰专业课堂创新行动计划》，强化课堂教学创新的政策导向，促进教师更加重视课堂教学，充分发挥学生在学习中的主观能动作用；优化专业课程体系和教学内容，深化教学方式方法改革，努力构建优质高效课堂，不断增强课堂育人的时代性、针对性和实效性。

聚焦与着力推进建筑装饰专业群校企合作模式的转型升级。搭建好、利用好建筑职教集团、建筑节能协同创新中心、建筑装饰专业校企联盟、建筑装饰专业国家教学资源库等平台实现校企合作模式转型升级；探索与江苏紫浪装饰公司、苏州金螳螂股份有限公司等实力强劲的装饰公司试点"现代学徒制"，实现"双主体"或"多主体"协同育人机制。

聚焦与着力推进建筑装饰专业学生创新创业教育。把深化创新创业教育改革作为推进建筑装饰专业综合改革，提高人才培养质量的突破口，用"双创"教育理念，推进人才培养模式、课程成体系、职业素质教育改革和"三项综合改革"。发掘、树立创新创业教育典型,营造浓厚的创新创业教育文化氛围,充分利用各类资源,建设更多的创业基地、创客中心、创新工场等众创空间。

2015 年,建筑装饰专业被江苏省确定为省级品牌建设专业,开启了专业转型升级的新局面。专业教育教学改革是实现专业转型升级的重要支撑。人才培养模式、师资队伍建设、实验实训条件建设、国际合作与交流、校企合作等方面都要根据品牌专业建设的目标实现更大突破。因此,我们应该瞄准教育部《三年行动计划》,紧紧把握省品牌专业建设目标与建设任务,通过不懈努力,向"国内一流,国际有影响"的目标迈进。

本《论纲》是江苏省品牌专业建设《教育教学改革》项目团队围绕建筑装饰创新创业人才培养进行的探讨,这些探讨涉及品牌专业建设项目的目标设计、专业教学资源库建设方案设计、人才培养模式改革、体制机制改革、教育教学模式改革、课程教学方法改革、职业素质教育、创新创业教育等关系到人才培养的一系列关键问题。这些探讨既有继承又有创新,虽然在理论阐述、问题分析时有的还显得过于幼稚,但对进一步推动建筑装饰专业教育教学改革无疑具有较大作用。我们期待着更多的成果,期待着建筑装饰专业有更加辉煌的明天。

黄立营

2016 年 11 月 4 日于成园

C目录
CONTENTS

第一章
建筑装饰专业省品牌建设目标设计

第一节　建筑装饰专业省品牌建设目标设计依据

　　"江苏高校品牌专业建设工程"是落实《高等职业教育创新发展行动计划》（2015—2018）的具体举措，是如何创建优质高职院校的抓手。《江苏高校品牌专业建设工程实施方案》明确提出了品牌专业建设的总体要求、重点任务，是我们进行建筑装饰专业省品牌建设目标设计的依据。建筑装饰专业 2015 年 6 月被确定为省高校品牌专业建设项目，其建设总体目标设计概括起来就是坚持"三个原则"、实现"四个目标"、完成"四个一流"任务。

一、建筑装饰专业省品牌建设目标设计要突出"三个原则"

　　坚持顶天立地。2016 年，全国共有专科院校 1 335 所，建筑装饰专业办学点近300 个，分布在 31 个省（市、自治区），在校生近 6 万人。我校建筑装饰专业综合实力可以用"五个牵头"、"五个唯一"来说明（见图 1、图 2）。

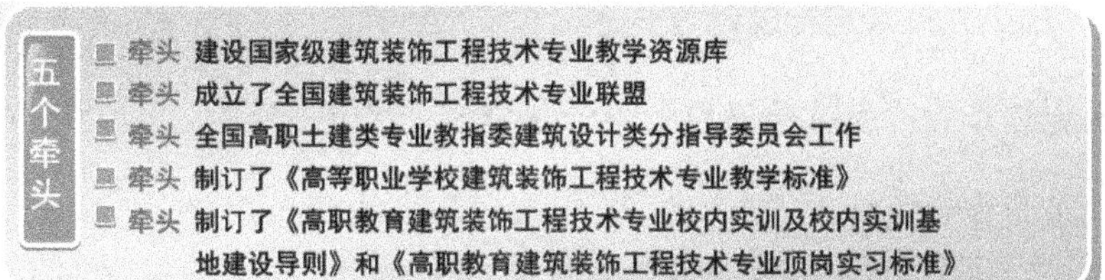

五个牵头
- 牵头 建设国家级建筑装饰工程技术专业教学资源库
- 牵头 成立了全国建筑装饰工程技术专业联盟
- 牵头 全国高职土建类专业教指委建筑设计类分指导委员会工作
- 牵头 制订了《高等职业学校建筑装饰工程技术专业教学标准》
- 牵头 制订了《高职教育建筑装饰工程技术专业校内实训及校内实训基地建设导则》和《高职教育建筑装饰工程技术专业顶岗实习标准》

图 1　建筑装饰专业综合实力"五个牵头"

五个唯一

- 唯一国家级教学团队（全国该专业中）
- 唯一获得3项国家级教学成果奖（全国该专业中）
- 唯一获得3门国家级精品资源共享课（全国该专业中）
- 唯一国家示范重点专业（省内15所国家级示范骨干院校61个重点专业中）
- 唯一核心专业（省“十二五”高等学校重点专业中）

图2 建筑装饰专业综合实力“五个唯一”

但本专业在全国同类专业中绝对领先优势地位不明显，在世界同领域中具有影响力和竞争力也不够强，在支撑区域经济社会发展，服务经济转型升级、结构调整、提质增效方面潜力巨大。因此，建筑装饰专业省品牌项目建设目标设计“顶天”就是要聚焦“国内一流”，“立地”就是能为区域经济发展培养人才。因此，在目标设计中，我们提出“立足徐州、服务江苏、聚焦全国、放眼世界”。

坚持特色发展。高职教育办学定位经历了“高层次实用人才——高等技术应用性专门人才——高技能专门人才——高素质技术技能人才”的嬗变，根据“大众创业、万众创新”的国家要求，《三年行动计划》聚焦的是“发展型、复合型、创新型”技术技能人才的培养。建筑装饰专业就是要瞄准这样的办学定位，把创新创业教育贯穿在人才培养的全过程，把“双创”人才的培养放在首要位置；要根据建筑业尤其是建筑装饰企业发展的工业化、产业化、信息化趋势，把PC技术人才、BIM技术人才培养当做人才培养方案改革的动力；专业建设项目的目标设计要围绕“行业优势明显、专业特色突出、社会声誉卓著、社会认可广泛”的要求进行设计和实施。

坚持示范引领。建筑装饰专业是国家示范专业，国家专业教学资源库牵头建设单位，“5+3”人才培养模式、PACD人才培养保障机制、“五进四融合”教育教学模式在全国同类专业中起到了引领与示范作用。但专业建设的机制还不够完善、带动其他相关专业建设发展能力还不够强劲、教学的中心地位还不够牢固。因此，我们建设项目目标设计时要围绕“创新人才培养模式、强化教学中心地位，促进内涵式发展”的要求进行设计与实施。

二、建筑装饰专业省品牌建设目标设计要突出“四个指标”

把建筑装饰专业打造成全国领先、具有国际影响的品牌专业。按照“突出优势、强化特色、创新机制、打造品牌”的要求，突出重点，加大投入，在全国同层次同类专业中具有领先优势、高标准通过国际专业认证、在世界同领域具有影响力和竞争力的品牌专业。因此,建筑装饰专业省品牌建设目标设计要找准国内、国际标杆。

重新定位建筑装饰人才培养规格要求,牢牢把握"发展型、复合型、创新型、技术技能型"人才培养的新要求,回归教育的本质,克服高职教育人才培养中的"工具主义",把人的全面可持续发展的理念贯穿在人才培养的全过程,提升毕业生就业竞争的"软实力"与"硬实力",继续使该专业"第一志愿率、专业技能竞赛获奖率、国际职业资格证书获取率、初次就业率、专业就业岗位对口率"等"五率"国内领先,达到国际先进水平,创新创业能力显著提高。

形成富有弹性、充满活力的建筑装饰人才培养机制。探索实施基于"分层培养、分类教学"专业的教学模式;探索"学分制、导师制、弹性学制""三制度"育人机制;转型升级校企合作模式,健全产学研协同育人机制,实现由"双主体育人"到"多主体育人"的根本转变;不断完善人才培养质量保障体系,使之更加健全完善。

产出一系列优秀教学成果和优质教学资源。现在,制约专业高水平发展的主要是师资队伍瓶颈。我们虽然有一支专兼结合的国家级教学团队,但团队中具有国际视野、国际化水平高、在全国有影响的专业带头人和大师名师奇缺;教育教学成果中虽然国家级奖项、课程、教材、课件、国家专业教学资源库建设等取得了一系列成果,但与真正的"优质""优秀"相比还有相当差距,成果的开放共享也有一定距离。因此,进行这方面的目标设计就是要把握"优质""优秀"的要求。

三、建筑装饰专业省品牌建设目标设计要体现"四个一流"

建设一流专业。牢固树立卓越教育人才培养理念,切实推动专业教学达到国际水平。发挥品牌专业优势,建立区域共享机制,在国内高校同类专业中形成较强的示范性、引领性。

造就一流人才。紧紧把握建筑业中工业化、产业化、信息化的发展趋势,培养一批发展型、复合型、创新型、技术技能型人才,为推动我省建筑业的发展提供智力支撑和人才保障。

打造一流平台。坚持产教融合、校企合作,构建建筑装饰专业与有实力建筑装饰企业协同育人平台,促进培养与需求对接、科研与教学互动。加大与境外标杆高校师生互访互换和学分互认,形成国际合作育人平台。

产出一流成果。围绕教育教学前沿领域的重大热点问题,加强教育教学研究,深化教育教学改革,培育重大理论研究成果和标志性实践成果。突出教师队伍建设,培养造就国家级教学名师和教学团队。

第二节 建筑装饰专业省品牌建设目标设计要把握的主要问题

建筑装饰专业省品牌建设目标设计要把握专业实力、生源、就业三大目标；完成师资、课程教材、实验实训、创新创业、国内外交流合作、教育教学研究六大任务，并围绕目标任务，突出标志性成果。

一、紧紧把握专业综合实力、生源、就业三大目标

整体实力目标：在同层次专业中显著提升，力争建设成为在全国同层次同类专业具有领先优势、在世界同领域具有影响力和竞争力的专业。第三方机构专业排名显著前移，或部分建设指标名列前茅。

专业生源目标：第一志愿率达到80%以上（或第一志愿率与立项建设前相比显著提高），具有完善的吸引优秀生源的政策及举措，生源质量稳步提升。

专业学生就业目标：毕业生年终就业率达到98%以上（或与立项建设前相比显著提高），工作与专业相关度高，职业期待吻合度高，就业现状满意度高，就业质量稳步提升。

二、重点把握省品牌专业建设的六项任务

（一）教师发展与教学团队建设任务

专业带头人：拥有在全国有影响的专业带头人，并着力培养或引进1~2名在全国或国际上有较大影响的名师、教学带头人和教育管理专家。

教学团队：专业教师结构明显优化，整体教学、科研水平明显提升，团队成员在全国性或国际教学组织、团体影响力明显增加。

教师综合能力：教师国际交流或具有国际教育背景比例、开设该专业双语课程或全外语授课教师比例均显著提升（提升比例应高于全校平均水平）；信息化教学能力显著提高，信息技术在教学中广泛应用，获全国或省级信息化教学大赛、微课比赛等奖项；创新创业教育能力显著提高。

（二）课程教材资源开发任务

课程建设：建成国内先进、富有特色的课程体系；建设在线开放课程；建设覆

盖主干课程重要知识点的微课程；引入行业企业参与符合职业资格标准的新课程开发；积极参与国家级和省级各类课程建设，并实现共享。

教材建设与选用：建设一批品牌主干基础课程教材、专业核心课程教材、实验实践类教材和双语教材；建设核心课程立体化教材；推进教材国际化建设，积极引进具有重要学术、应用价值和广泛影响的国际教材。新增国家级规划教材或省级重点教材。选用国家级规划教材或省级重点教材等优秀教材和新教材的比例高。

数字化资源建设：建立基本覆盖专业核心、主干课程的数字化资源，实现校内开放，校外共享。主持或参与国家或省级数字化教学资源建设项目。

（三）实验实训条件建设任务

实践教学平台建设：现有国家级实验教学示范中心、国家级仿真实验教学示范中心、国家级实践教育中心、中央财政支持的高职实训基地的专业，力争建设成为国内领先、国际上有一定影响力的教学平台；尚无国家级平台的专业，力争新增相应的国家级实践教学平台。

校企（地）协同育人平台建设：与地方政府、行业及企事业单位等共同建设实践教育中心，共同打造合作培养实践教学平台，创立联合培养人才的新机制，促进培养与需求对接、科研与教学互动。

数字化教学与信息化管理平台建设：建立可满足"互联网+"时代教育要求的数字化教学与信息化管理平台，平台使用效果显著。

（四）学生创新创业训练任务

学生能力达成：建立能够支持学生进行有效评价及学生能力达成评价的相关机制和相应支撑平台，学生评价良好，毕业生能力有效达成体现度高。

创新创业能力提升：学生创新发明成果显著；在各级各类创新创业竞赛、全国和省级职业院校技能大赛、影响力较大的国际国内重要竞赛中获得高等级奖项，学生参与度大；创新创业成效明显。

综合能力提升：学生具有良好的人文素质和科学精神，综合应用专业知识的能力强，毕业论文（设计）质量高，毕业要求达成度好。

职业资格取得：符合条件的专业，取得国家、国际职业资格证书的学生达到较高比例。

（五）国内外教学交流合作任务

具有国际视野的人才培养：加强与国际标杆高校合作，积极推进教师互派、学生互换、学分互认，为海外投资企业培养高技能人才。

优质教育资源引进：引进消化吸收海外先进课程资源，建立与国际对接的课程体系,专业的相关课程要与国际通用职业资格证书对接。积极使用国际通用教材。

国际影响力提升:留学生比例与立项建设前相比显著提高。

国内合作交流:扩展社会服务领域和发展空间,与地方政府、企事业单位合作与共建;与国内标杆高校建立良好合作关系,互派学生,实现学生跨区域的培养合作;主办全国性教学交流研讨会。

(六)教育教学研究与改革任务

教育教学研究立项:围绕教育教学前沿领域重大热点问题,加强教育教学研究,开展校级教改项目的研究与实践,力争获得省部级及以上教育教学研究课题立项。

人才培养机制创新:实施弹性学制、学分制,建立与社会资源协同育人机制,探索国际合作联合培养机制。

教学手段与方法改革:探索能调动学生主动学习、研究性学习、合作性学习积极性的教学方法改革,实施以能力考核为主的考核方式改革。

通过专业认证、评估和诊断:通过以行业企业用人标准为依据的专业诊断与改进。

教学改革成果与推广:深化教育教学改革,培育理论研究成果,发表较高水平教学研究论文,积极参加省级和国家级教学成果奖的申报并力争获奖,充分发挥其引领示范作用。

三、围绕六项任务指导性要求,突出显性成果

任务目标取得标志性成果数目及级别要求见表1。

表1 任务目标取得标志性成果数目及级别要求

资助类型及标志性成果级别		高职高专院校	
		示范性高职	一般高职
A	Ⅰ / Ⅱ	2项	1项
	Ⅲ	1项	2项
B	Ⅰ / Ⅱ	1项	
	Ⅲ	1项	2项
C	Ⅰ / Ⅱ	1项	
	Ⅲ		1项

备注:Ⅰ代表国际通用标准;Ⅱ代表国家级;Ⅲ代表省级。

第三节 建筑装饰专业省品牌建设目标设计要把握的关键难题

立标杆、找差距,校企合作协同育人机制建设,国际合作、提升国际化水平是建筑装饰专业省品牌建设目标设计要把握的关键难题。也是我们努力做但始终没有做好的工作,或者说是我们始终不满意的工作。尤其是校企合作、国际合作与国际化水平的提高是最大的难题。

一、找准国内外同类专业建设的标杆,全面分析本专业与其之间的差距

建筑装饰工程技术专业仅在我国高职院校开设,相近专业为室内设计技术、环境艺术设计专业,本科相近专业为建筑学、环境设计和工程管理,国外相近专业为室内建筑设计、室内设计、室内与家具设计等。

在国内高职院校中,上海工艺美术职业学院的室内装饰设计专业,利用地处中国装饰设计前沿高地的优势,提出了"三保障"的教学思想,将企业优质的真实项目引入教学,将教学、科研、设计融为一体,保障教学与行业、企业无缝对接;设立大师工作室,连续多年选派教师参加国际学术交流,保障师资结构和师资素质与行业、企业同步;以工作室作为教学组织形式,组织学生参加各种国际、国内展览和比赛,以此开阔学生的视野,同时,利用校企合作工作室培养学生的职业意识、职业精神和职业能力,保障学生的学业与职业岗位对位。该专业的"三保障"做法为我院建筑装饰工程技术专业在校企合作、国际合作与交流、国际展览与比赛三方面树立了标杆。

在国外同类院校中,新加坡南洋理工学院的现代职业教育,是理论与实践教学有机结合的典范,设计系的空间与室内设计专业双轨并行的人才培养模式、理论与实践并重的课程设计、"无界化"的校园概念、"教学工厂"的实训环境和"经验积累与分享(AES)"的教学资源以及"4C"特色(学院文化、创新理念、技能开发和企业联系)的职教理念,为我院建筑装饰工程技术专业在人才培养模式、纳入国家标准的集成课程、跨专业工程项目合作、团队及创新精神的培养、共享型教学资源建设和复合型人才的培养与训练等方面树立了标杆。

瑞典国立艺术与设计学院(Konstfack University College of Arts Crafts and Design)的室内与家具设计专业,把学习分为艺术培训、专业培训、工作室学习三个

阶段的人才培养模式,学分制、工厂式的教学,车间成为主要的课堂,教师既是学生学期计划的指导者,又是学生工作项目的协作者。这一欧洲著名设计学院的专业建设与教学为我院建筑装饰工程技术专业在人才培养模式、学分制、工厂式教学、国际交流等方面树立了标杆。

我院建筑装饰专业与以上同类院校专业的主要差距表现在以下几个方面:一是在项目化课程建设、工作室建设、教师境外培训等方面取得了一些成绩,但与上海工艺美术职业学院的室内装饰设计专业相比较,本专业在企业优质的真实项目引入教学、设立大师工作室、选派教师参加国际学术交流、组织学生参加各种国际展览和比赛等方面还需要进一步深化与拓展;二是在"5+3"人才培养模式、纳入职业标准的集成课程、教学团队建设、教学资源建设等方面取得了一些成果,但与新加坡南洋理工学院相比,本专业在纳入国际标准的集成课程建设、学生跨专业工程项目合作、团队及创新精神培养、共享型教学资源建设和复合型人才的培养与训练等方面还需要进一步丰富和提升;三是在工作室项目化课程开发、学分制、实训室建设、教学做一体教学模式等方面取得了一些成绩,但与瑞典国立艺术与设计学院相比,本专业在工作室学习项目开发、学分制、工厂式教学以及学生的能力体系等方面还需要深入改革和完善。

二、对准标杆专业,抓住建筑装饰本专业品牌项目建设的三大关键难题

深化校企合作,健全产学研协同育人长效机制,完善培养体系。继续深化与行业、企业的深度合作,积极健全本专业产学研协同育人长效机制,打造协同育人平台;持续加强多元合作,增加优质实际项目引入,并以实际项目为载体,强化以工作室为主的教学组织形式,加大工作室、实训室建设力度和管理方式的转变,推进双导师制,加强学生无界化合作、团队及创新精神培养;加快建设开放、共享型专业教学资源库。

开展国际合作,缩小与国际同类院校的差距,提升办学层次。主要解决专业教学标准与发达国家同行业标准对接、人才培养目标对接、职业能力标准对接、专业课程体系对接、国际职业资格证书对接等问题;开展专业标准、教学模式、专业评价、技术开发等方面的深入研究与有效转换;搭建国际合作育人平台,组织学生参加各类国际展览和比赛,考取专业国际证照。

优化团队结构,加强多方互通的师资交流,打造顶尖团队。通过开展形式多样、行之有效的培养和培训,开阔专业教师的视野,持续推进教师的专业教学能力提升、工程技术能力强化,让教师积极参与专业领域国际学术交流、团队项目合作,打造与企业同步的高水平教学团队。

第四节　建筑装饰专业省品牌建设目标设计的内容

一、建筑装饰专业省品牌建设总体目标设计

依托我国建筑装饰行业发展优势和江苏建筑装饰强省优势,不断深化校企合作工作室项目化教学改革,完善与国际专业认证对接的教学标准,探索双语化专业课程建设,构建多方协同的育人平台;深化课程体系、教学内容与方法改革,落实学分制、双导师制和弹性学制,建成多样资源集成的国家级开放共享型专业教学资源库,形成产学研协同育人机制和"5+3"工学交替的人才培养模式;打造一支校企互通、专兼结合、双语融通的国家级优秀教学团队;进一步完善实训平台,系统设计实践训练体系,突出创新创业能力培养,提高专业人才培养质量和综合竞争力,持续发挥"标杆"作用,引领全国高职建筑装饰专业的建设与发展,建设成为国际知名的具有中国特色的职业教育品牌专业。

二、建筑装饰专业省品牌建设具体目标设计(6大具体目标)

健全协同育人机制,实现专业建设理论与实践成果的示范化。开展对发达国家同行业标准、专业标准、专业评价、国际职业资格认证以及开发理念和开发技术的研究,借鉴新加坡南洋理工学院的双轨并行人才培养模式,深化与行业、企业的深度合作,有效运行项目教学,实施学分制、双导师制和弹性学制,探索校、行、企协同育人新模式,探索资源开放共享机制,在人才培养模式、人才培养质量保障体系、产学研协同育人机制、国际合作育人等方面形成系列研究成果。

优化师资培养机制,实现专业教学团队的校企互通化。引进4～6名青年教师,加强双语教学能力培养,培养2名在全国有影响的专业带头人和教学名师,以及15名骨干教师;聘请2～4名外籍教师,聘任20～25名企业技术骨干或能工巧匠担任专业兼职教师;"双师素质"教师比例达到90%,具有硕(博)士学位教师的比例超过85%。

对接国际行业标准,实现专业教学资源的集成化。专业教学标准对接发达国家同行业标准、职业能力标准、国际职业资格证书和专业人才培养目标、专业课程体系等,构建由职业基础"平台"、专业方向"模块"、工作室"项目"共享开放的课程体系;深化集成化课程内容改革,探索跨专业工程项目合作和团队精神培养的无界化

教学模式;开展4门基础平台课、7门专业核心课、5门工作室项目课建设,编写7本教材;不断完善包含"两大平台、六大模块及一个系统"的专业教学资源库,完成16门网络课程、18 000多个素材资源、50多个培训包、300多个企业案例,促进教与学的方法改革和效果提升,提高专业人才培养质量和社会服务能力。

打破校企融合壁垒,实现实训平台的产学研一体化。开放式管理现有工作室、实训室,校企合作新建家具教学工厂、建筑幕墙研究中心、低碳装饰技术研究中心、建筑文化研究中心、住宅集成技术研究中心,建成3个传统技艺大师工作室和10个教师工作室,将教学、科研、设计融为一体,突出职业能力、职业精神培养,形成一个完整且可以灵活组合的实训平台。

融入创新创业元素,实现创新创业教育的常态化。系统化设计建筑装饰专业创新创业教育体系,将创新创业课程融入培养方案;开设专业、校友、企业3类创新创业讲坛;设立创新创业基金,培育3支学生创新创业团队,参加各类创新创业大赛;实现学生申请专利40项以上、设计成果产业转化80项以上。

拓展国际与地区交流渠道,实现育人平台的国际化。搭建国际职业资格认证平台,组织学生考取国际证照,获取率达到80%以上;拓宽与海内外高校的合作和学分互认,加大与中国台湾建国科技大学和新加坡南洋理工学院等高校的师生交流,达成与欧洲、澳洲及美国等高校的合作,搭建国际合作育人平台,实现60人次以上的互访互换。

三、建筑装饰专业省品牌建设措施目标设计

加强专业建设的理论与实践研究,推进现代学徒制改革,完善协同育人平台。按照建筑装饰工程技术专业建设的特点与要求,借鉴新加坡南洋理工学院的双轨并行人才培养模式,深化与行业、企业的合作,以"合作办学、合作育人、合作就业、合作发展"为主线,与中国建筑装饰行业协会深入合作,全面推进工学结合、协同育人机制改革。用互利共赢机制做纽带,打破校企之间的门户界限,实现资源共享、优势互补、人员互聘,开展(工程、课程)项目管理、绩效管理,联合开展各类技术攻关和技能培训工作,共同培养建筑装饰复合型技术技能人才。

根据装饰行业的工程特点和人才培养规格的要求,完善"5+3"工学交替人才培养模式。继续深化与苏州金螳螂装饰公司、江苏水立方建筑装饰设计院的合作,共建校内工作室和装饰设计院,与金螳螂家装e站、天力建筑装饰工程公司、江苏紫浪装饰公司设立"订单班",积极推进现代学徒制改革;有效运行项目教学,实施学分制、双导师制和弹性学制改革,深入做好校企合作、产教融合、工学结合、协同育人、共同发展长

效机制的研究,为项目导向、任务驱动、顶岗实习等教学模式的有效运行提供保障;创新和完善教学管理与运行机制,建立行业、企业和社会参与的人才培养质量保障体系。形成系列职业教育建筑装饰工程技术专业建设的理论与实践研究成果。

优化团队结构,加强师资交流,打造国际化的"工程型"专业教学团队。以建筑装饰工程技术专业国家级教学团队为核心,以校企合作为平台,实施"分层培养、双向提高"和"企业进校园、工程师进课堂、教师进项目"的联合培养机制,打造校企互通、专兼结合、具有国际视野和创新精神的工程型教学团队;优化团队专业结构。目前建筑装饰专业已构建起以建筑装饰设计、建筑装饰工程施工为主,以工程管理、工程造价为辅的教学团队。为了更好地适应我国建筑装饰行业发展需要,在今后四年内,重点引进或培养建筑装饰工程造价方向、建筑装饰工程项目管理方向教师2～4名,进一步优化教学团队的专业结构和知识结构;提升团队学历层次。目前团队中具有硕士学位教师占75%,今后四年,将鼓励并资助青年教师到全国重点高校攻读博士学位,采取培养、引进等方式,使具有硕(博)士学位教师的比例超过85%;打造合理教师梯队。目前教学团队专职教师共24人,其中50岁以上教师占12%,36～49岁教师占50%,35岁以下教师占38%;高级职称教师占50%,中级职称教师占25%,初级职称教师占25%;在未来四年,团队重点补充4～6名青年教师,特别是30岁以下的青年教师,优化年龄结构和职称结构;每年派遣2～3名专业教师到企业进行挂职锻炼,校企合作培养,四年内使具有双师素质专业教师比例达到90%;培养专业带头人2名。在现有1名专业带头人的基础上,再培养1名专业带头人。安排专业带头人赴国外考察与培训,通过国外进修,学习国际先进技术、职业教育理念;通过企业研修培养,提高专业实践能力、技术服务能力、专业设计能力;加强高职教育理论学习,提高教育教学研究能力,在全国有一定影响力,带领团队出色地完成各项建设任务;培养骨干教师15名。通过国内外进修和企业挂职锻炼,四年内全部取得相关职业资格证书;为企业提供技术服务,主持或参与企业工程项目不少于3项/人/年;通过参加专业方案设计、专业建设、实训室建设,参加教科研项目,主持工学结合课程建设和课程网站建设,提高教师双语教学能力和基于工作过程的教学设计与实施能力;培养青年教师10名。通过国内外培训和企业挂职锻炼,注重对他们进行高职教育人才培养目标、教育理念、教学组织方法、双语教学能力和"双师素质"培训,使他们能够独立承担专业课程教学,参与校级以上教学科研项目研究,参与专业与课程建设,教学质量达到优秀;聘请外籍教师2～4名、兼职教师20～25名。逐步加大外籍教师来校授课学时,加强交流合作;加大从企业聘请技术骨干、技师、能工巧匠担任兼职教师,兼职教师承担的专业课学时比例稳定在 50%；加强对兼职教师教学基本能力的培训，引导兼职教师参加专业建设、课程建设，共同研究教学、共同进行科研和技术服务，保障团队结构的优化组合。

完善专业课程体系，开发与国际接轨的教学标准，完成共享型专业教学资源库建设。根据专业所面向的建筑装饰服务域，分析发达国家同行业标准、专业认证标准、国际职业资格证书要求，以职业能力标准分析为基础，构建适应专业必修的 6 门职业基础课程，形成职业基础"平台"；各专业方向按照核心岗位的工作任务和工作过程开发确定 6～8 门专业方向课程，形成专业方向"模块"；充分考虑学生的岗位适应能力和职业迁移能力，设置 10 门左右专业项目课程，形成工作室"项目"；按照核心岗位涉及的工作内容确定课程内容，形成专业平台与专业方向彼此联系、相互渗透、共享开放的课程体系，制定与国际接轨的专业教学标准；重点做好《表现技法》《建筑制图与识图》《建筑装饰材料、构造与施工》《建筑装饰设计》4 门职业基础平台课程和《顶棚装饰施工》《墙、柱面装饰施工》《轻质隔墙装饰施工》《门窗制作与安装》《楼地面装饰施工》《楼梯及扶栏装饰施工》《室内陈设制作与安装》7 门工学结合专业核心课程建设，校企合作完善《建筑装饰施工图绘制》《建筑装饰工程计量与计价》《建筑装饰工程招投标与合同管理》《建筑装饰工程质量检验与检测》《建筑装饰工程信息管理》5 门工作室项目课建设，形成丰富的课程素材和工程案例资源，建成网络课程，方便专业师生和企业人员共享。制定突出职业能力培养的课程标准和实训项目标准，规范课程教学的基本要求，以此带动其他课程的教学内容改革与建设（见表 2～表 4）。

表 2　职业基础平台课程建设一览表

序号	课程名称	负责人	经费（万元）	建 设 内 容						
				文本资源（个）	图片资源（张）	动画资源（个）	视频资源（个）	教学课件（套）	虚拟仿真（个）	题库资源（套）
1	表现技法	陈志东	30	21	2 165	69	193	10	30	11
2	建筑制图与识图	王　睿	17	15	103	52	81	8		6
3	建筑装饰材料、构造与施工	邱玉磊	21	30	1 500	39	76	12	40	11
4	建筑装饰设计	翟胜增	28	19	1 600	44	81	10	61	7
	合　计		96							

表3 工学结合专业核心课程建设一览表

序号	课程名称	负责人	经费（万元）	建设内容						
				文本资源（个）	图片资源（张）	动画资源（个）	视频资源（个）	教学课件（套）	虚拟仿真（个）	题库资源（套）
1	顶棚装饰施工	石 峰	16	17	1 120	46	61	5	10	11
2	墙、柱面装饰施工	江向东	22	37	1 020	70	71	9	13	11
3	轻质隔墙装饰施工	张薇薇	15	14	1 020	41	61	4	10	11
4	门窗制作与安装	王旭东	15	22	1 400	40	81	8		11
5	楼地面装饰施工	张 鹏	16	20	1 120	44	61	7	10	11
6	楼梯及扶栏装饰施工	王 峰 马 璇	15	16	1 220	42	61	5	10	12
7	室内陈设制作与安装	孙亚峰	18	29	1 320	45	76	5	21	12
合 计			117							

表4 工作室项目课程建设一览表

序号	课程名称	负责人	经费（万元）	建设内容						
				文本资源（个）	图片资源（张）	动画资源（个）	视频资源（个）	教学课件（套）	虚拟仿真（个）	题库资源（套）
1	建筑装饰施工图绘制	陆文莺	10	33	1 120	21	75	10		12
2	建筑装饰工程质量检验与检测	王利华	11	38	460	20	61	7		8
3	建筑装饰工程招投标与合同管理	杨 锐	6	17	10	5	51	5		11
4	建筑装饰工程计量与计价	金儒欣 杨 洁	10	24	70	28	51	11		11
5	建筑装饰工程信息管理	史华伟 李 昕	10	16	10	5	51	4		5
合 计			47							

以项目工作过程为主线,按理论与实践一体化项目教学形式来进行设计,以技能为切入点,形成新的教材结构体系和内容,采用模块、项目、训练项目单元的结构方式,突出职业实践活动,穿插各类图片、表格和工艺流程图,增强启发性和趣味性;引入行业和国家、国际职业标准,吸收企业技术人员参与教材编写,将工程实际中应用的新知识、新技术、新工艺、新方法编入到教材中去,体现岗位的针对性。校企合作开发《顶棚装饰施工》《楼地面装饰施工》《墙、柱面装饰施工》《楼梯及扶栏装饰施工》《室内陈设制作与安装》《建筑装饰施工图绘制》《建筑装饰工程质量检验与检测》7本理论与实践一体化的项目课程教材。

联合全国22所院校、14家企业组建资源库建设团队,遵循满足需求、系统设计,多元合作、资源共享,资源集成、提高质量,校企联管、持续更新的基本思路,共同搭建教师、学生、企业员工和社会学习者四种用户界面,构建资源和服务两大平台,创建专业中心、课程中心、素材中心、培训中心、企业中心、社会中心六个资源模块,搭建一个管理系统。开发虚拟仿真、动画、视频等多样化的资源,按素材、积件、模块、课程分层建设,强调结构化设计、标准化制作。提供智能查询、资源推送、教学组课、在线组卷、在线学习、讨论互动、培训认证、信息咨询、在线测试、分析评价等十类服务。建成16门网络课程、18 000多个素材资源、50多个培训包、300多个企业案例,满足多区域职业院校学生、企业员工和社会学习者的学习需求。通过线上教学或线上线下混合教学、虚拟实训与实操实训有机结合,促进教与学的方法改革和效果提升,提高专业人才培养质量和社会服务能力。

建立资源建设与产业发展随动机制,实现资源库可持续发展。资源库项目建成后,探索校企共建、共享开放运营机制,采取有效激励措施,保障资源建设合作单位能够紧跟产业发展需求和建筑装饰工程技术的发展,持续更新资源库内容,保证资源的先进性;通过科学管理形成"自我造血"功能,实现共建、共享、共管、共赢,保障教学资源库的可持续发展(见表5)。

表5　教学资源库建设一览表

资源模块	资 源 内 容	计划数量	资源类型
专业中心	专业介绍、专业调研报告、专业教学标准、人才培养方案、课程标准、考核评价标准、专业评估等	15个	文本
课程中心	课程标准、课程整体设计、说课课件	16套	混合
	单元设计	78个	文本

资源模块	资 源 内 容	计划数量	资源类型
课程中心	学习指南	77 个	文本
	教学课件	113 个	PPT
	实训指导	65 个	文本
	教材资源	16 个	文本
	标准规范	32 个	文本
	图集资源	22 个	jpg/dwg
素材中心	文本	16 套	文本
	图片	15 000 张	jpg 图片
	器材	200 个	jpg 图片
	动画	600 个	flv、flash
	案例	600 个	混合
	视频	1 100 个	flv 格式
	音频	70 个	mp3 格式
	虚拟仿真	200 个	混合
	试题库	130 套	文本
	课件	206 个	PPT
	工具软件	10 个	混合
培训中心	职业（执业）资格培训包	20 套	文本
	国际认证培训包	4 套	文本
	技能培训包	25 套	文本
	师资培训包	5 套	文本
	竞赛培训包	20 套	文本
企业中心	企业在线	200 个	混合
	优秀案例	300 个	混合
	"四新"平台	100 个	混合
	政策法规	30 套	混合
	标准规范	60 套	混合
	技术前沿	60 个	混合
	就业指导	90 个	混合

续表

资源模块	资 源 内 容	计划数量	资源类型
服务中心	建筑文化	600 个	混合
	装饰虚拟	200 个	混合
	家装讲堂	9 套	混合
	拓展知识	15 套	混合
管理系统	素材中心、微课中心、课程中心、专业中心、学习社区、个人中心、搜索引擎七个管理模块	7 个	系统

四、系统设计实践训练体系,打造产学研一体化的实训平台

系统化设计与建设专业实训教学内容,建成由训练中心课程、项目中心课程、体验中心课程、培训中心课程 4 个模块构成的专业实践教学体系。重点探索专业实践教学实施的方法与途径,以校内训练中心和项目中心建设为重点,聘请企业专家、技术人员到项目中心兼职任教,实施项目真题真做,按市场标准对学生进行考核,逐步完善并形成"产、学、研"三位一体的实践教学运行机制;加强学生社会实践和实践教学管理,系统性地构建起实践教学的保障体系和考核评价体系。

开放式管理建筑装饰设计工作室、模型工作室、建筑装饰工程信息与管理实训室、室内陈设工作室和表现技法工作室;校企合作新建家具教学工厂、建筑幕墙研究中心、低碳装饰技术研究中心、住宅集成技术研究中心、建筑文化研究中心,设立传统技艺大师工作室(木雕工艺、家具镶嵌技艺、古建筑彩绘)和室内设计、家具设计、景观设计等教师工作室(见表 6);研究中心和工作室将教学、科研、设计、技艺传承融为一体,突出学生创新创业能力培养,开展国际国内合作、竞赛、展览等交流活动,营造浓厚的职业文化氛围,培养良好的职业精神、职业技能和先进的设计理念、国际视野,提高教科研水平与人才培养质量,培养复合型高素质技术技能人才。

表 6 建筑装饰专业新建工作室(研究中心)一览表

序号	实训室名称	建设目标	建设内容	经费(万元)
1	家具教学工厂	完成建设工作,建成满足建筑装饰专业的家具设计和制作、家具研发等产学研一体化的实训中心	(1)教学工厂内的功能分区; (2)家具生产设备购置到位; (3)完成家具实训项目设计; (4)开展家具设计的研发; (5)开展技术服务	115

续表

序号	实训室名称	建设目标	建设内容	经费（万元）
2	建筑幕墙研究中心	完成幕墙施工实训场建设,满足技能培训、职业技能鉴定、技术研究等需要的产学研一体化的研发中心	（1）幕墙检测设备购置到位； （2）完成幕墙实训项目设计； （3）开展技能培训和职业技能鉴定； （4）开展幕墙研究与技术服务	60
3	低碳装饰技术研究中心	校企深度融合,建成满足低碳装饰装修集成技术研究、教学、技术服务等需要的一体化的研发中心	（1）环境、材料检测设备购置到位； （2）完成实训项目设计； （3）开展低碳装饰装修集成技术研究； （4）开展技能培训和低碳检测技术服务	55
4	建筑文化研究中心	完成建设工作,建成产学研一体化工作室,建成满足建筑文化研究与教学的活动中心	（1）办公设备购置到位； （2）完成建筑文化的项目设计； （3）开展建筑文化的研究、咨询服务	30
5	住宅集成技术研究中心	校企深度融合,建成满足住宅集成技术研究、教学、技术服务等需要的一体化的研发中心	（1）住宅集成研发设备购置到位； （2）完成住宅集成技术的实训项目设计； （3）开展住宅集成技术研究； （4）开展技能培训、职业技能鉴定与技术服务	50
6	家具设计工作室	校企深度融合,建成家具设计产学研一体化工作室	（1）家具设计与研究的仪器设备购置到位； （2）完成实训项目设计； （3）开展家具的技能鉴定与设计、咨询服务	40
7	装饰设计工作室（2个）	校企深度融合,建成装饰设计产学研一体化工作室	（1）装饰设计的仪器设备购置到位； （2）完成实训项目设计； （3）开展技能鉴定与设计、咨询服务	80
8	景观设计工作室（2个）	校企深度融合,建成景观设计产学研一体化工作室	（1）景观设计的仪器设备购置到位； （2）完成实训项目设计； （3）开展景观的技能鉴定与设计、咨询服务	80
9	传统技艺大师工作室（木雕工艺）	校企深度融合,建成产学研一体化的木雕技艺工作室,传承雕刻的技艺	（1）激光雕刻机等雕刻设备购置到位； （2）完成实训项目设计； （3）开展木雕雕刻的技术的研究、技能鉴定与技术服务	60
10	传统技艺大师工作室（家具镶嵌技艺）	校企深度融合,建成产学研一体化的家具镶嵌技艺工作室,传承传统的技艺	（1）家具镶嵌设备购置到位； （2）完成实训项目设计； （3）开展家具镶嵌技艺的研究、技能鉴定与技术服务	65

续表

序号	实训室名称	建设目标	建设内容	经费（万元）
11	传统技艺大师工作室（古建筑彩绘）	校企深度融合，建成产学研一体化的古建筑彩绘工作室，满足专业实训的需要，传承传统的技艺	（1）彩绘设备购置到位； （2）完成古建筑彩绘的实训项目设计； （3）开展古建筑彩绘的设计、咨询和技术服务	55

系统设计创新创业体系，强化创新创业教育，搭建"三创"人才的孵化平台。结合装饰行业未来发展方向和需求，系统化设计建筑装饰专业创新创业体系，设定装饰专业创新创业型人才培养理念与目标。组建创新创业导师团队、设计创新创业课程、改革创新创业教学方法，完善创新创业教学组织管理体制。组织学院专业骨干教师、邀请创业成功校友和专业对口企业负责人开设 30 次创新创业讲坛，培育学生创新创业意识。依托学院家具工厂、4 个研究中心、10 个工作室平台，培育创新创业项目，参与全国、江苏省创新创业大赛，营造创新创业环境。设立 30 万元创新创业基金，培育、孵化和资助专利创新、技术服务、自主创业 3 支创新创业团队。团队入住学校创业园、徐州大学生创业园，着力提升学生创业的层次和水平。物化大学生创新创业成果，争取完成专利申请 40 项以上，完成产品化的学生设计成果 80 项以上。

加强国际交流，开展国际职业资格认证，搭建国际合作育人平台。开展对欧洲、澳洲及美国同行业标准、专业标准、专业评价、国际职业资格认证的专题研究，以及他们的开发理念、开发技术的研究，用以支撑品牌专业的建设实践。组织学生考取 Autodesk 3ds Max Design 和 Autodesk、AutoCAD 等国际证照。加大与中国台湾建国科技大学和新加坡南洋理工学院等海内外高校的师生互访互换的力度，实现"海本直通车"班与瑞典国立艺术与设计学院等海内外高校的合作和学分互认。

五、建筑装饰专业省品牌建设可预期标志性成果（见表 7）

表 7　建筑装饰专业省品牌建设可预期标志性成果一览表

序号	建设内容	标志性成果
1	教育教学研究与改革	（1）与中国建筑装饰行业协会、全国装饰百强企业中 15 家深度合作； （2）实施学分制、双导师制和弹性学制； （3）实践现代学徒制； （4）形成产学研协同育人机制； （5）人才培养质量保障与评价体系

序号	建设内容	标志性成果
2	教师发展与教学团队建设	（1）引进 4～6 名青年教师； （2）培养 2 名在全国有影响力的专业带头人和教学名师、15 名骨干教师，"双师素质"教师比例达到 90%； （3）具有硕（博）士学位教师的比例超过 85%； （4）聘请 2～4 名外籍教师来校授课，30% 的教师进行双语教学； （5）聘任 20～25 名企业技术骨干或能工巧匠担任专业兼职教师
3	课程教材资源开发	（1）与国际接轨的专业教学标准、课程标准和实训项目标准 1 套； （2）建设 4 门基础平台课、7 门专业核心课、5 门工作室项目课，全部建成网络课程，达到国家精品资源共享课标准； （3）编写 7 本工学结合教材； （4）12 门课程实施项目教学； （5）完成包含"两大平台、六大模块及一个系统"的国家级专业教学资源库建设； （6）资源库共建、共享开放运营机制
4	实训条件建设	（1）实训室（工作室）开放式运行机制与管理办法 1 套； （2）实践教学的保障体系和考核评价体系 1 套； （3）建成 1 个教学工厂与 4 个研究中心； （4）建成 3 个传统技艺大师工作室与 10 个教师工作室
5	学生创新创业训练	（1）建筑装饰专业创新创业教育体系与管理制度 1 套； （2）开设 30 次创新创业讲坛； （3）设立 30 万创新创业基金； （4）12 名学生自主创业； （5）30 名学生在省级及以上比赛获奖； （6）学生申请专利 40 项，设计成果产业转化 80 项
6	国内外教学交流合作	（1）学生 Autodesk 3ds Max Design 和 Autodesk、AutoCAD 获取率达到 80%； （2）海内外高校的师生交流 60 人次以上； （3）与新加坡、欧洲、澳洲两所以上学校开展国际合作，实现互访互换； （4）欧洲、澳洲及美国同行业标准、专业标准、专业评价、国际职业资格认证的专题研究成果

第二章
建筑装饰专业国家教学资源库建设实践

第一节　建筑装饰专业教学资源库建设的背景与基本思路

一、建筑装饰专业教学资源库建设的背景

国家非常重视高等职业教育,先后出台了《国务院关于大力发展职业教育的决定》(国发〔2005〕35 号)、《教育部　财政部关于实施国家示范性高等职业院校建设计划,加快高等职业教育改革与发展的意见》(教育部〔2006〕14 号)和《关于全面提高高等职业教育教学质量的若干意见》(教育部〔2006〕16 号),提出坚持以服务为宗旨,以就业为导向,把工学结合作为人才培养模式改革的重要切入点,带动专业调整、专业建设,引领课程设置、课程内容和教学方法的改革,在实验实训条件建设、师资队伍建设、人才培养模式与课程体系改革及社会辐射与带动等方面要实现突破。

课程开发与教学资源建设是全面提高高等职业教育教学质量的重要保障,2007 年 11 月 21 日,国家示范性高等职业院校建设工作协作委员会正式启动了示范性高职院校课程开发与教学资源建设工作,实现全国范围内的课程与资源共享,实现优势资源整合,促进高等职业学校办学水平和教育质量的整体提高。

二、建筑装饰专业教学资源库建设的基本思路

高等职业教育建筑装饰工程技术专业教学资源库(简称"建筑装饰专业教学资源库")项目建设依据教高〔2006〕14 号文和教职成司函〔2014〕25 号文要求,确立了"调研为先、用户为本、校企合作、共建共享"的建设思路。

　　满足专业需求,系统设计体系。根据建筑装饰行业发展前景预测,在开展充分的专业人才市场需求状况和专业毕业生就业现状调研的基础上,以我院编制的《高等职业学校建筑装饰工程技术专业教学标准》为课程体系构架,力求教学内容与实际工作内容一致、实训项目与岗位工作任务一致、教学过程与生产过程一致,系统设计和建设"两大平台、六大模块"专业教学资源,通过持续更新,确保专业教学资源的有效性,满足以学习者为中心的需求,使专业教学资源库具有通用性和标准化。

　　多元合作开发,实现资源共享。以满足专业的共性需求为基本,兼顾不同区域、不同院校特点,通过多元合作,整合优秀专业团队,吸纳全国优秀教学资源和企业优质技术资源,利用网络和数据库技术支撑,探索开放式管理和网络化的建设和运行机制,建设共享开放、持续更新的专业教学资源库,满足多元使用者的需求,使资源库具有实用性、开放性。

　　虚拟实操结合,提高教学质量。综合利用计算机图形学、仿真技术学、计算机网络技术等虚拟现实技术,设计制作能够展示设备、工具、材料、构造、施工过程的动画,建立设计、施工和安装等专项技术的虚拟实训平台。通过虚拟与实操实训有机结合,有效降低实践教学成本,提高教学质量,实现专业教学资源效益的最大化。

　　校企联合管理,确保持续更新。资源库建设采用联合共建的方式,整合企业的市场化需求,建立企业乐于共建、共用、共管的运行机制。设立校企信息互通信息网站,设立企业在线、技术前沿、"四新"平台等专栏,及时更新新技术、新材料、新工艺、新产品,有效地丰富专业教学资源库的内容,实现高效互动和持续更新,最大限度地发挥专业教学资源库的效能,增强专业教学资源库服务社会的能力。

第二节　建筑装饰专业教学资源库建设的目标设计

　　依据教高〔2006〕14号文和教职成司函〔2014〕25号文要求,我们确立了"建设代表国家水平、具有高等职业教育特色的建筑装饰专业教学资源库,为全国相同专业的教学改革和教学实施提供范例、共享资源"的建设目标,完成"一库(资源库)一馆(数字博物馆)一系统(虚拟仿真系统)"整体框架结构设计,开发两大资源平台,6个资源中心。资源平台包括辅教辅学和社会服务两部分,辅教辅学包括专业、岗位、课程、项目和素材五级教学资源,方便教师个性化搭建课程、组织教学,支持学生自主学习、测评;社会服务包括岗位培训、职业资格、政策法规、标准规范、技能大赛、就业创业六部分。服务平台是资源库使用功能的载体，主要包括教师、学生、企业员工、社会学习者四种用户界面的搭建。

以共建共享、边建边用为原则，以学习为主、突出服务为指针，强化针对不同使用者的资源检索、学习方案推送、在线学习、讨论互动、监测评价等功能，把资源库建设成为智能化、开放性学习平台，满足"终身性、全民性、泛在性、灵活性"的学习型社会要求（见图1、图2、表1）。

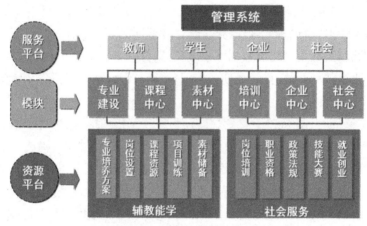

图1　建筑装饰专业教学资源库建设总体框架

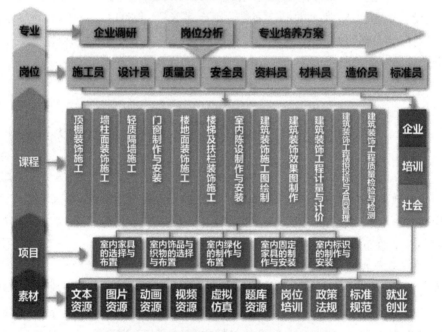

图2　建筑装饰专业教学资源库建设内容框架

表 1 建筑装饰专业教学资源库建设任务

序号	任务名称	建设内容
1	专业资源中心	研究制订专业标准,明确专业教学内容与要求、考核与评价、办学基本条件等,提供专业建设整体解决方案。系统提供专业建设国家相关标准(专业教学标准、实训基地建设标准等)、专业评估、各类标准开发方法与模板,充分满足不同层次用户进行专业建设的需求,不同学校典型或特色的人才培养方案、人才培养模式、专业知识和技能考核标准与评价等
2	课程资源中心	将本专业 16 门主干课程建成集自主学习与教学功能为一体的高水平网络课程,具备在校学生和社会学习者网上交互式、自主学习的功能。主要包括课程标准、学习指南、整体设计、单元设计、教学课件、教学视频、教学动画、考核标准、实训指导、案例库和试题库等内容
3	素材资源中心	建成便于用户独立创新、集成创新、直接使用和消化吸收的满足基本需求和个性需求的素材资源,建成 18 000 多个内容丰富、分类清晰的素材资源。主要包括文本素材、图片素材、动画素材、视频素材、虚拟仿真素材、课件、题库(学习测试)、案例、常用软件等素材资源
4	培训资源中心	根据装饰行业相关职业(执业)资格标准,建成涵盖国际认证、师资培训、技能培训等在内的各种培训包 60 套以上,建成不少于 600 小时的在线培训资源。建设建筑装饰行业施工员、质量员、安全员、材料员、资料员、造价员、标准员、室内设计员等职业能力及专业技能培训包;建设注册建造师、注册造价工程师、注册监理工程师等执业资格培训包;建设镶贴、涂裱、金工、木工、幕墙等工种技能培训包;建设国际认证培训、师资培训、竞赛培训包,各类培训包中包括培训信息、培训方案、培训内容、测试系统等
5	企业资源中心	收集和整理企业资源,集中展示装饰行业领域中的国内外著名企业 50 家以上,企业案例库 300 套以上,包括企业在线、优秀案例、"四新"平台、政策法规、标准规范、行业资讯、技术前沿、就业指导等,开发企业学习包
6	社会服务资源中心	以普及建筑文化、家装设计、家具设计、环境设计、装饰材料等基础知识为目标,包括建筑文化、装饰虚拟、家装讲堂、拓展知识四部分
7	资源库管理系统	以资源共建共享为目的,集资源分布式存储、资源管理、资源应用、资源评价、知识管理为一体,实现资源的快速上传、检索、归档;搭建管理方便、界面友好、分类规范、功能齐全、操作简单的教学资源集成与服务系统。包括素材中心、微课中心、课程中心、专业中心、学习社区、个人中心、搜索引擎七个管理模块的建设与应用

一、专业资源中心建设目标与建设内容

紧贴经济社会发展实际需求,按照专业与产业、企业、岗位对接,专业课程内容与职业标准对接,教学过程与生产过程对接的原则,研究制订专业标准,明确专业教学内容与要求、考核与评价、办学基本条件等,提供专业建设整体解决方案。

建设内容:系统提供专业建设国家相关标准(专业教学标准、实训基地建设标准等)、专业评估、各类标准开发方法与模板,充分满足不同层次用户进行专业建设的需求,不同学校典型或特色的人才培养方案、人才培养模式、专业知识和技能考核标准与评价等。

二、课程资源中心建设目标与建设内容

将本专业 16 门主干课程建成集自主学习与教学功能为一体的高水平网络课程,具备在校学生和社会学习者网上交互式、自主学习的功能。所有的资源进行统一整合,按照专业方向、课程、单元、知识点、技能点进行组织,方便用户快速搜索,所有资源可以在线浏览和下载。

建设内容:主要包括课程标准、学习指南、整体设计、单元设计、教学视频、教学动画、考核方案、案例库、电子课件、习题库、试题库等内容。

三、素材资源中心建设目标与建设内容

建成便于用户独立创新、集成创新、直接使用和消化吸收的满足基本需求和个性需求的素材资源,建成 18 000 多个内容丰富、分类清晰的素材资源。

建设内容:主要包括文本素材、图片素材、动画素材、视频素材、虚拟场景素材、课件、题库(学习测试)、案例、常用软件等。

四、培训资源中心建设目标与建设内容

根据装饰行业相关职业(执业)资格标准,建成涵盖岗位培训、师资培训、学生技能竞赛等在内的各种培训包 50 个左右,建成不少于 600 小时的在线培训资源。建设内容主要包括建设建筑装饰行业施工员、质量员、安全员、材料员、资料员、造价员、标准员、室内设计员等职业能力及专业技能培训包;建设注册建造师、注册造价工程师、注册监理工程师等执业资格培训包;建设镶贴、涂裱、金工、木工、幕墙等工种技能培训包;建设师资培训、技能竞赛培训包,各类培训包中包括培训信息、培训方案、培训内容、测试系统等。

五、企业资源中心建设目标与建设内容

通过校企合作,收集和整理企业资源,集中展示装饰行业领域中的国内外著名企业 50 家以上,企业案例库 300 套以上,满足行业"四新"推广、政策法规、标准规范咨询、就业信息等多方面的需求,提高产品竞争力和企业创新力。建设内容主要包括企业在线、优秀案例、"四新"平台、政策法规、标准规范、行业资讯、技术前沿、就业指导等,开发企业学习包。

六、社会服务资源中心建设目标与建设内容

建成可提供社会学习者、企业员工等了解建筑文化,直观认识不同功能空间的虚拟装饰,学习装饰设计、家具设计、室内陈设、装饰材料等专业知识,查询装饰行业百科信息等学习资源。建设内容包括建筑文化、装饰虚拟、专业百科、拓展知识四部分。平台将提供多种支持服务,以满足专业教学资源库建设的需求,达到预期的建设目标。

第三节 建筑装饰专业国家教学资源库可预期的功能设计

通过校、企、行的密切合作,建成具有先进性、实用性、开放性、共享性、可持续性特点的建筑装饰工程技术专业教学资源库。项目的建设及推广应用,将引领专业的改革与建设,提升人才培养的质量,同时为企业、行业发展和职业培训服务,为继续教育和终身教育提供学习平台,提升服务地方经济与社会发展的能力。

一、集成创新,建成覆盖专业知识点、技能点的云资源库,推进专业信息化建设

以职业岗位典型工作任务所需的知识点、技能点为资源载体,顶层设计专业教学资源库建设内容。科学分类、有效整合、集成创新国内外行业发展前沿技术和最新生产实践资源以及高职院校优质教学资源,构建由"两大平台、六大模块"所组成的专业教学资源库。建成有 900 小时教学视频录像、800 个重点难点动画演示、60 个虚拟实训项目、200 个虚拟场景, 600 个案例、15 000 张图片、16 门网络课程资源及若干培训资源包等构成的建筑装饰工程技术专业教学资源库。

二、引领专业教学改革,提升人才培养质量

教学资源库在全国高职院校中的推广使用,将引领全国高职院校建筑装饰工程技术专业教学模式和教学方法改革,推进建筑装饰工程技术专业教育教学信息化建设,促进不同类型和地区的高职院校建筑装饰工程技术人才培养水平均衡发展,整体提高建筑装饰工程技术职业教育教学水平,提升人才培养质量。

三、满足多样化学习需求,服务学习型社会建设

资源库能针对教师、学生、企业员工、社会学习者等不同人群的不同需求,将资源载体任意组合成若干能力模块、岗位技术课程和个性化的课程体系,服务他们的专业学习、职业成长与终身学习。整合开发基于云技术、具有社区化模式的多终端数字化教学空间,支持碎片化、个性化、探究式学习、移动学习与协作学习。教学资源支持 10 万人同时在线,日访问量 100 万的需求,保证教学资源的更新跟上建筑装饰工程技术的发展且年更新量不少于 10%。

四、建立资源建设与产业发展联动机制,实现资源库可持续发展

资源库项目建成后,以建立合理的运营机制为基础,分步实施,保障资源建设合作单位能够紧跟产业发展需求和建筑装饰工程技术的发展,持续更新资源库内容,开放式管理、网络化运行,保证资源的先进性,实现共建、共享、共管、共赢,保障教学资源库的可持续发展。

第四节　建筑装饰专业教学资源库建设过程及成果

一、建筑装饰专业教学资源库建设过程

建筑装饰专业教学资源库建设项目启动于 2009 年 10 月,至 2010 年 10 月间完成了全国范围内建筑装饰工程技术专业调研、教学资源库的需求分析,邀请专家研讨建筑装饰工程技术专业教学基本要求和课程体系建设方案。

2010 年 10 月至 2014 年 2 月,是资源库的先期建设阶段。这一阶段的主要任务是完善专业调研报告,修订人才培养方案,校企合作开展 15 门建筑装饰工程技术专业精品课程建设,完成专业级教学资源的建设。2012 年制订《高等职业学校

建筑装饰工程技术专业教学标准》，并由教育部颁布实施；2013 年制订《高等职业教育建筑装饰工程技术专业教学基本要求》和《高职教育建筑装饰工程技术专业校内实训及校内实训基地建设导则》，通过住房与城乡建设部和土建教指委审批，并由中国建筑工业出版社出版。

2014 年 4 月，由江苏建筑职业技术学院联合中国建筑装饰协会、23 所高职院校、13 家装饰企业提出建筑装饰工程技术专业教学资源库建设申报，经过教育部审批，建筑装饰工程技术专业教学资源库建设项目于 2014 年 7 月正式立项。

2014 年 7 月至 2015 年 12 月，为资源库的集中建设阶段，综合考虑合作单位现有建设成果并发挥各自在资源库建设中的优势，进一步明确子项目负责单位及负责人、参与单位及参加人，各项目建设小组进行资源库开发与建设，包括网络平台本身的构建及资源库内容的建设。在此期间，完成了资源库功能设计、内容设计、学校教学资源开发、企业学习资源开发、职业培训资源开发、资源库服务与管理建设等内容，并顺利完成了资源库中期检查和资源审查。

2016 年 1 月起，建筑装饰资源库建设进入资源入库、集成、运行、推广、维护与完善阶段。在资源导入过程中，边导入边修改边使用，不断优化资源与资源平台配合度。2016 年 1 月至 2016 年 11 月，联合开发团队以行业、企业、合作院校等为依托，利用资源库建设研讨会、职业教育教学指导委员会建筑与规划类专业指导委员会工作会议、职业教育教学指导委员会建筑与规划类专业系主任论坛、全国职业院校建筑装饰综合技能大赛等平台向全国同行院校展示建筑装饰资源库建设成果及推广使用，进行专业示范教学，推进教学模式和教学方法改革，开展全国同行教师教学资源使用培训。提高建筑装饰行业、企业与社会学习者对该资源库的认可度，推动企业应用该资源库进行员工培训与培养。

二、建筑装饰专业教学资源库建设成果

（一）项目总体完成情况

建筑装饰资源库建设团队按项目任务书要求，完成了全部建设任务，建成了"一库（资源库）、一馆（数字博物馆）、一平台（虚拟仿真平台）"的建设成果，完成资源库功能与管理系统设计。通过政、校、行、企的密切合作，使之具有先进性、实用性、开放性、共享性和可持续性等特点，实现了"能学、辅教"，通过在全国范围内的推广应用，引领了本专业的改革与建设，提高了人才培养质量；同时，为继续教育和终身教育提供了学习平台，为企业、行业发展和社会培训提供了服务，为地方经济与社会发展做出了一定贡献。

1. 资源库功能设计

搭建了教师、学生、企业员工、社会学习者四种用户界面,完成了智能查询、资源推送、教学组课、在线组卷、在线学习、讨论互动、培训认证、信息咨询、在线测试、分析评价等功能设计,如图 3 所示。

图 3　资源库网站专业首页

2. 资源库框架建设

从用户需求出发,资源库的总体框架在"两大平台、六个中心、一个系统"基础上增加了建筑装饰数字博物馆和虚拟仿真实训平台,建成了"家装讲堂""手绘100""校企直通车网"等特色网站,使资源库框架体系更完整、功能更完善、内容更丰富。

3. 资源库任务完成情况

项目团队超额完成资源库建设任务,发布线上专业课程 20 门、完成率达125%;完成培训包资源 80 套,完成率 103.9%;发布微课 650 个,完成资源总量 25 696 条,资源冗余 7 696 条,学习人数超过 15 000 人。资源库总体完成情况见表 2。

表 2　建筑装饰资源库总体完成情况一览表

序号	模块	建设目标	建设内容	单位	任务书指标	完成情况	完成率
1	专业中心	制订专业标准，明确专业教学内容、要求、考核与评价、办学基本条件等，提供专业建设整体解决方案	专业介绍	个	1	2	200%
			专业调研报告	个	1	1	100%
			专业教学标准	个	1	2	200%
			校内实训及校内实训基地建设标准	个	1	3	300%
1	专业中心	制订专业标准，明确专业教学内容、要求、考核与评价、办学基本条件等，提供专业建设整体解决方案	人才培养方案	个	3	10	333.3%
			课程标准	个	1	3	300%
			人才培养模式	个	1	5	500%
			实习手册	个	1	4	400%
			考核评价标准	个	1	2	200%
			国家示范院校建设成果	个	2	24	1200%
			专业评估	个	1	1	100%
			专业联盟	个	1	1	100%
2	课程中心	将本专业 16 门主干课程建成集自主学习与教学功能为一体的高水平网络课程，具备在校学生和社会学习者网上交互式、自主学习的功能	完成 16 门专业课程的文本、图片、视频、动画、虚拟、课件、题库等课程资源	门	16	20	125%
3	素材中心	建成 18 000 多个内容丰富、分类清晰的素材资源，方便用户独立创新、集成创新、直接使用和消化吸收，满足基本需求和个性需求	完成 18 000 多个内容丰富、分类清晰的素材资源	个	18 000	25 647	142%
4	培训中心	根据装饰行业相关职业（执业）资格标准，建成涵盖国际认证、师资培训、技能培训等在内的各种培训包，建成不少于 600 小时的在线培训资源	职业（执业）资格培训包	套	21	21	100%
			国际认证培训包	套	4	4	100%
			技能培训包	套	25	25	100%
			师资培训包	套	7	7	100%
			竞赛培训包	套	20	20	100%

续表

序号	模块	建设目标	建设内容	单位	任务书指标	完成情况	完成率
5	企业中心	收集和整理企业资源,集中展示装饰行业领域中的国内外著名企业50家以上,企业案例库300套以上,满足行业"四新"推广、政策法规、标准规范咨询、就业信息等多方面的需求	企业在线	个	200	220	110%
			"四新"平台	个	100	106	106%
			优秀案例	套	300	462	154%
			标准规范	套	60	219	365%
			法律法规	套	30	30	100%
			技术前沿	个	60	70	116.7%
			就业指导	个	90	90	100%
6	社会服务中心	普及建筑文化、家装设计、家具设计、环境设计、装饰材料等基础知识,为社会学习者、企业员工等多层次学习者提供了解、查询建筑文化知识和装饰行业相关信息	建筑文化	个	800	800	100%
			装饰虚拟	个	200	247	123.5%
			家装讲堂	套	9	9	100%
			拓展知识	套	16	16	100%
7	管理系统	以资源共建共享为目的,集资源分布式存储、资源管理、资源应用、资源评价、知识管理为一体,实现资源的快速上传、检索、归档;搭建管理方便、界面友好、分类规范、功能齐全、操作简单的教学资源集成与服务系统	素材中心	套	7	9	128.6%
			微课中心	套	7	8	114.3%
			课程中心	套	7	8	114.3%
			专业中心	套	3	3	100%
			学习社区	套	4	5	125%
			个人中心	套	5	5	100%
			搜索引擎	套	4	4	100%

（二）子项目完成情况

1. 专业中心建设

项目建设团队通过对全国高职院校建筑装饰工程技术专业人才培养现状、装饰行业与企业发展现状、人才结构与需求现状等的调研分析,紧贴社会经济发展实际需求,按照专业与产业、企业、岗位对接,专业课程内容与职业标准对接,教学过程与生产过程对接的原则,充分依靠行业,加强产学研合作,密切校企合作、工学结合,推进专业改革与实践;联合专业联盟院校,以突出职业能力培养为目标,创新人才培养模式、探讨人才培养方案、开发课程标准、制订考核评价标准、研究保障体系与机制等。

项目团队完成了涵盖专业介绍、专业调研报告、专业教学标准、实训基地建设标准、人才培养模式、课程标准等12个方面的专业信息资源,这些资源系统提供了专业建设国家相关标准、专业评估、各类标准开发方法与模板,满足不同用户对专业建设的需求,起到了规范性和指导性作用(见表3)。

表 3　专业中心建设完成情况

序号	项目名称	建设内容	完成情况
1	专业介绍	社会背景与行业发展、专业现状、就业面向、培养目标与规格、职业证书、课程体系、学习建议等	完成了包括专业介绍 1 个文本、4 个视频
2	专业调研报告	（1）装饰行业背景、现状和发展趋势 （2）行业人力资源需求分析、专业基本情况和专业定位 （3）岗位和能力要求	完成专业调研报告 1 项
3	专业教学标准	专业名称、专业代码、招生对象、学制与学历、就业面向、专业发展、培养目标与规格、职业证书、教学内容及标准、专业办学基本条件、继续学习深造建议	完成专业教学标准 1 项、专业教学基本要求 1 项
4	专业校内实训及校内实训基地建设标准	（1）校内实训教学 （2）校内实训基地 （3）实训师资	完成校内实训教学及校内实训基地建设标准 1 套、视频 1 个、样板图片 1 套
5	人才培养方案	（1）专业人才培养方案开发的指导性意见 （2）普适性人才培养方案 （3）个性化（含中高职衔接）人才培养方案	完成江苏建筑职业技术学院等学校建筑装饰工程技术专业人才培养方案 10 个
6	课程标准	（1）基于工作过程的项目化普适性课程标准 （2）专业知识、技能项目标准	完成了基于工作过程的项目化普适性课程标准 1 套（20 项），完成知识教学项目标准 1 套（18 项）、技能实训项目标准 1 套（29 项）
7	人才培养模式	不同院校代表性人才培养模式	完成了不同院校代表性人才培养模式 5 个
8	实习手册	（1）企业实境训练手册 （2）顶岗实习手册	完成了专业认知实习手册 1 个、企业实境训练实习手册 2 个和顶岗实习手册 1 个
9	考核评价标准	（1）专业知识考核标准与评价 （2）专业技能考核标准与评价	完成了专业知识考核标准与评价 1 套；专业技能考核标准与评价 1 套
10	国家示范院校建设成果	国家示范（骨干）院校专业建设成果	完成 9 所国家示范、骨干等院校专业建设成果 24 项
11	专业评估	专业评估方案与指标体系	完成专业评估方案与指标体系 1 套
12	专业联盟	专业联盟倡议书、专业联盟院校	完成专业联盟倡议书，成立了装饰专业联盟，召开 4 次联盟会议

2. 素材中心建设

项目建设团队按照开放式关联、开放式重组、动态排序、灵活分类的原则,突出标准化制作,以建筑装饰工作过程中的关键知识点和技能点为载体,建设完成了便于用户独立创新、集成创新、直接使用和消化吸收的 26 400 多个"颗粒化"素材资源,包含 20 门专业课程和 5 个培训包素材资源,满足了用户基本需求和个性需求。

素材资源的媒体类型包括文本、图片、音视频、动画、虚拟仿真等。素材资源中心原计划完成素材资源总量 18 000 个,实际完成 26 419 个,其中文本 3 317 个,图片 18 680 张,音视频 2 120 个,动画 621 个,虚拟仿真 247 个。素材资源按照媒体类型、应用类型、适用对象进行了分类,极大地方便了学习过程中的检索、使用、交流与互动。素材中心建设完成情况见表4。

表 4　素材中心建设完成情况

序号	资源类型	建设内容	单位	任务书指标	完成情况	完成率
1	文本	包括课程标准、课程整体设计、单元设计、电子教材、标准规范、实训指导、施工案例等	套（个）	16 套（223 个）	20 套（3 317 个）	125%
2	图片	包括空间设计、装饰风格、家具、陈设品、灯具、装饰材料、施工场景、构造、质量检测、施工图图纸、手绘表现、电脑表现、工程图等	张	15 650	18 440	117.8%
3	器材	包括施工工具、施工机具、测量检测仪器等图片	张	200	240	120%
4	动画	包括建筑装饰构造动画、施工动画、图纸绘制动画、空间设计动画、计量计价动画等	个	613	621	101.3%
5	案例	包括空间设计案例、计量与计价案例、施工案例、施工组织管理案例等	套	690	1487	215.5%
6	视频	包括说课视频、课程教学视频、实践教学视频、微课等	个	1 270	2 029	159.8
7	音频	包括专业讲座、技术讲座等	个	81	91	112.3%
8	虚拟仿真	包括绘图虚拟实训、空间虚拟实训和施工虚拟实训等	个	205	247	120.5%
9	试题库	虚拟实训测试	个	15	22	146.7%
		课程、学习单元测试	套	115	136	118.3%

序号	资源类型	建设内容	单位	任务书指标	完成情况	完成率
10	课件	包括说课课件、课程教学课件、微课课件等	个	206	655	318.0%
11	工具软件	包括 AutoCAD、3DsMax、Photoshop、SketchUP 等软件	个	10	11	110%

3. 课程中心建设

项目建设团队按照建设任务和建设方案的要求,通过校企合作组建课程开发团队,建立审核与动态更新机制,按建筑装饰工程的设计及施工过程,重构课程体系,以建筑装饰工程施工流程为主线,按"行动导向"课程开发方法,实现了教学内容与职业标准相融合、教学环节与工作过程相对接。

原计划完成 16 门课程建设,实际完成了 20 门课程的资源建设。每一门课程主要包括课程标准、学习指南、单元设计、教学视频、教学动画、虚拟仿真、教学案例、图片资源等,辅以课后作业、单元测试、课程考试等环节,提供了完整的学习方案。建成了集教学功能与自主学习于一体,具有职业教育特色的"能学、辅教"课程学习平台。经智慧职教平台上线推广,受到了全国同类专业院校和相关企业的一致好评。课程中心建设完成情况见表 5。

表 5　课程中心建设完成情况

序号	建设内容	完成情况	资源展示
1	课程标准	完成课程标准、课程整体设计 20 套	
2	学习指南	完成学习指南 183 个	

续表

序号	建设内容	完成情况	资源展示
3	单元设计	完成教学设计、单元设计 195 个	
4	电子教材	完成电子教材 17 个	
5	教学课件	完成教学课件 655 个	
6	实训指导	完成实训指导 66 个	
7	标准规范	完成相关标准规范 41 个	

续表

序号	建设内容	完成情况	资源展示
8	图集资源	完成相关图集 28 个	
9	其他资源	完成拓展阅读 516 个	

4.培训中心资源建设

项目建设团队与高职院校、装饰企业联合收集和整理了国家级的职业标准、技术标准、业务流程、职业岗位资格证书分类、职业资格认证体系、考试大纲、考核标准、模拟试题库等,开发面向学生、教师、企业、社会人员等不同用户的分类培训包。为学习者提供具备职业培训、技能考核、复习备考的功能,通过自主学习和在线咨询、培训,实现职业能力和专业技能提升。

开发完成了职业(执业)资格培训包、国际认证培训包、技能培训包、师资培训包、竞赛培训包。原计划完成 77 套培训资源,实际完成 77 套,各类培训包中包括考试要求、考试大纲、培训课件、培训手册、试题库等,形成了系统的技能指导及评价系统,并与装饰行业岗位职业资格相对应,为学生就业、技术提升及企业员工培训、社会人员再就业提供学习、考核及技术能力评价平台。培训中心建设完成情况见表6。

表6　培训中心建设完成情况

序号	建设内容	完成情况	资源展示
1	职业(执业)资格培训包	完成装饰装修施工员、质量员、安全员、材料员、资料员、标准员、机械员、劳务员等培训包 15 套;室内装饰设计员培训包 3 套;建造师、造价师、监理工程师等培训包 3 套	

序号	建设内容	完成情况	资源展示
2	国际认证培训包	完成 Autodesk 国际认证培训包 2 套；Autodesk 3D 国际认证等培训资源 2 套	
3	技能培训包	手绘技能培训包 5 套；软件技能培训包 10 套,装饰施工技能培训包 10 套	
4	师资培训包	教学内容培训、教学技能、评价方法等培训资源 7 套	

续表

序号	建设内容	完成情况	资源展示
5	竞赛培训包	制图竞赛、手绘竞赛、造价技能竞赛、施工技能竞赛、创业创新竞赛等培训资源20套	

5. 企业中心资源建设

项目建设团队通过校企合作,采取企业与行业提供和自行采集的方式,获取政策法规、标准规范和就业信息,并通过网站对新技术、新材料、新工艺、新产品等信息进行展示。由合作企业提供优秀案例,分享项目开发经验和资料,通过建立审核与动态更新机制,保证了企业案例资源持续更新。

原计划完成企业优秀案例300套,实际完成462套,通过真实企业案例,学习者了解到当前行业、企业的技术水平,以及从事本行业的技能需求。完成政策法规30套、标准规范文件219套;建立"四新"平台,通过平台展示了106项新技术、新材料、新工艺、新设备等信息;介绍了国内外装饰行业前沿技术70多个,涵盖材料加工、施工技术、施工管理、软件技术等方面的内容,为学习者学习新技术、新标准、法律法规等提供指导。

搭建了校企直通车网,学校和用人单位发布就业指导、招聘公告等110余条,使学习者及时了解当前的就业形势、就业政策和就业信息,及时得到就业方面的帮助和指导。该网站为用人单位与学习者之间搭建了一个良好的双向选择平台,为用人单位节约了成本,为学生拓宽了就业渠道。企业中心资源建设完情况见表7。

表7　企业中心资源建设完成情况

序号	建设内容	完成情况	资源展示
1	企业在线	完成百强企业介绍信息220条	

续表

序号	建设内容	完成情况	资源展示
2	"四新"平台	新技术、新工艺、新材料、新设备 106 个	
3	优秀案例	设计方案案例、施工组织和管理、工程实例 462 套	
4	标准规范	完成装饰行业从业人员标准、规范文件 219 套	
5	法律法规	建筑装饰相关法律 10 套,相关法规 20 套	
6	技术前沿	完成前沿软件技术、前沿施工技术 70 个	

续表

序号	建设内容	完成情况	资源展示
7	就业指导	就业政策、就业信息、招聘企业、就业创业等110条	

6.社会服务中心资源建设

联合装饰行业协会、建筑、装饰、园林、景观等企业和设计院、兄弟院校等收集整理各类建筑文化信息、拓展知识资源、虚拟空间资源,以普及建筑文化、装饰材料、装修技术、家具陈设艺术、设计发展等知识为目标,为社会学习者、企业员工等多层次学习者提供了解、查询建筑文化知识、设计艺术和装饰技术等相关信息的资源中心。

建设完成了建筑文化资源800个,装饰虚拟资源247个,搭建了"家装讲堂""手绘100"网站,拓展课程2门,专业百科1套300个,拓展知识12套。社会服务中心,资源建设完成情况见表8。

表8 社会服务中心资源建设完成情况

序号	建设内容	完成情况	资源展示
1	建筑文化	完成西方建筑文化、中国建筑文化、近现代建筑文化、城市建设文化、园林景观文化、建筑装饰文化资源800个	
2	装饰虚拟	完成居住空间、酒店空间、办公空间、商业空间、餐饮空间、娱乐空间等空间虚拟247个	办公空间　家居空间
3	家装讲堂	完成网站搭建,包含:家装新闻、家装指南、家装常识、家装设计、家装选材、装修报价、家装论坛、装修风格、案例分析,共9套	

序号	建设内容	完成情况	资源展示
4	拓展知识	完成"手绘100"网站搭建,完成拓展课程《住宅空间室内设计》《环境景观设计》2门;完成专业百科1套、拓展知识12套	 中外园林

7. 资源库管理系统建设

项目建设团队采用"整体顶层设计、先进技术支撑、开放式管理、网络运行"的方式,以数据系统为支撑,采用云计算技术,海量存储技术,数据挖掘技术等技术,搭建了管理方便、界面友好、分类规范、功能齐全、操作简单的教学资源集成与服务系统。以资源共建共享为目的,集资源分布式存储、资源管理、资源应用、资源评价、知识管理为一体,实现了资源的快速上传、检索与归档。

完成了素材中心、微课中心、课程中心、专业中心、学习社区、个人中心、搜索引擎七个管理模块的建设,资源库管理系统建设完成情况见表9。

表9　资源库管理系统建设完成情况

序号	名　称	建设内容	完成情况
1	素材中心	具备全文检索、在线预览、资源评价、资源审核、资源批量传输、资源个性化推荐、资源收藏、资源下载等功能	9套
2	微课中心	具备微课设计、项目设计、协同编辑、学习评价、学习认证、素材聚合、学习活动、微课分享等功能	8套
3	课程中心	包括课程大纲、课程管理、课程评价、课程活动、协同编辑、在线作业、在线答疑、课程收藏等模块,覆盖课程辅助教学和学生自主学习过程中用到的大部分功能	8套
4	专业中心	包括专业资源管理、专业课程管理、专业信息发布等模块	3套
5	学习社区	包括即时通讯、社区定制、智能推荐、激励体系、统计等功能	5套
6	个人中心	包括通知公告、学习日历、资源收藏、学习同伴、个人信息等功能	5套
7	搜索引擎	包括分词检索、全文检索、提供按照元数据的高级检索以及在检索结果的基础上实现关联资源的智能推送等功能	4套

第五节　建筑装饰专业教学资源库的应用与推广成效

一、项目应用情况

本着"边建边用、边用边完善"的原则,项目团队在资源制作、上传、组课的同时,利用会议、讲座、竞赛等活动和微信、微博、报纸等媒介宣传推广装饰资源库;设计制作了资源库使用手册,并通过问卷调查、座谈会、走访等多种形式获取各类用户评价意见,针对应用中发现的问题进行汇总反馈,及时对资源库进行完善和改进。

（一）建设单位内部推广应用

建筑装饰资源库的建设成果,首先在共建院校和企业内部进行了初步推广应用。项目团队积极组织建筑装饰工程技术、室内艺术设计、环境艺术设计等专业的教师和学生在线学习和应用,共建企业如德才装饰股份有限公司、天正建筑装饰江苏有限公司等组织员工学习应用。此外,项目建设团队积极在建筑设计类教指委和其他各类师资培训会议上进行推广,建筑装饰资源库建设成果达到了教师率先使用、学生广泛使用的效果。主持单位和共建院校利用资源库进行教学的学时数占专业课总学时比例分别为 85.6% 和 53.7%,对使用过程中发现的问题进行了反馈,并及时进行了修正。

项目主持单位将资源库作为建筑装饰工程技术专业核心课程和校内其他专业的网络选修课程纳入日常教学,黑龙江建筑职业技术学院、山西建筑职业技术学院、四川建筑职业技术学院等学校利用资源库,启动环境艺术设计、室内设计技术等专业的课程建设。各参建单位将建筑装饰资源库网站链接加入各单位网站首页,以方便师生、员工使用资源库。

项目参建院校的专业老师充分利用资源库培训中心竞赛培训包和技能培训包中的资源,开展了"第三届全国建筑装饰专业综合技能大赛"的训练指导工作,取得了良好的训练效果,建筑装饰资源库在学生技能培训方面的作用已初步显现。

（二）面向全国相关院校推广使用

通过国家师资培训项目推动相关专业教师教学应用。2015 年 7 月和 2016 年 8 月,河南工业职业技术学院举办了两届建筑装饰专业国家师资培训班,资源库项目主持人孙亚峰教授受邀作了"建筑装饰工程技术建筑装饰资源库建设的思考与实践""教学资源库在信息化教学中的运用"专题报告,向全国22个省市45所院校150余名建筑装饰专业、室内设计专业教师和管理人员宣传推广资源库,取得了良好效果。

通过教指委平台进行推广。建设团队借助全国住房和城乡建设职业教育建筑与规划类专业指导委员会举办的各种活动,对教学资源库进行了大力推广。如2016年8月在呼和浩特举办的"全国住房和城乡建设职业教育教学指导委员会建筑与规划类专业指导委员会第一次工作会议暨第十届系主任论坛"会议上向参会的56所高职院校介绍了资源库的建设情况和建设成果;2016年10月,在滕州举办"第三届全国职业院校建筑装饰综合技能大赛"期间,项目建设团队向全国82所高职院校介绍了资源库的注册和使用方法,并对230余名专业教师进行了应用培训。

通过建筑装饰专业联盟进行推广。2014年8月,由江苏建筑职业技术学院牵头,联合38所高职院校和25家装饰企业成立了全国建筑装饰工程技术专业联盟,以开展专业建设和研究,提升专业水平。专业联盟会员不断扩大,分别于2014年12月,2015年10月、2015年12月、2016年8月召开了四次联盟大会,资源库的建设和推广是每次会议的重要常规工作。通过专业联盟,向其他院校和相关装饰企业展示的资源库建设成果,促进了资源库的应用。

面向装饰行业企业及社会推广应用。2014年8月,在江苏建筑职业技术学院举行建筑装饰专业校企联盟成立大会。项目主持单位充分利用这一平台,向来自全国的33所职业院校、21家装饰企业推介资源库,就资源库的建设与应用、企业员工继续教育、行业企业信息交流等方面与代表进行了交流,听取企业专家的意见与建议,并与15家装饰企业签订合作协议,建设院校通过资源库为企业提供培训服务,企业为资源库建设提供实际案例和实质技术支持,实现共建双赢。

职教集团推广。作为江苏建筑职教集团理事长单位,项目主持院校在职教集团2015年年会上推介资源库,向出席会议的省内48家企事业单位的80余人介绍资源库内容、功能及使用方法等,并就行企信息库、培训认证库的建设进行了深入讨论,一致认为资源库为企业的职工培训提供了新的平台。截至目前,利用资源库开发的技能培训包,已在江苏水立方建筑装饰设计院、南京金鸿装饰工程有限公司等15家企业用于新员工入职培训、职业资格培训及岗位技能培训等,累计培训员工530人次,受到广泛好评。

公众推广。项目主持单位编印了宣传手册,与共建院校在各自地区向公众广泛宣传建筑装饰设计与施工知识,向新建小区业主介绍资源库"家装讲堂"内容,指导公众如何登录网站使用资源库,宣讲装修材料识别、施工验收等公众关心的热点问题,得到了广大社会公众的一致好评。

二、项目推广成效

建筑装饰资源库的用户主要包括教师、学生、企业员工、社会学习者。目前在线注册学习用户已超过 15 000 人,其中学生用户比例最高,占 85.3%;其次为教师、企业员工、社会学习者,所占比例分别为 4.7%、5.9%、4.1%。

经宣传推广,共建单位内部采用线上线下混合教学,探索新的教学模式,达到了教师率先使用、学生广泛使用的效果。参建院校教师在备课、上课、作业布置、过程考核、在线测试、课程考试、成绩登记等教学环节充分应用教学资源库。项目主持院校和参建院校专业教师使用资源库进行专业教学的学时数占专业课总学时数的比例分别达到 85.6% 和 53.7%;本专业学生使用本资源库的比重分别达到 96.7% 和 78.2%。同时,引导企业用户和社会积极使用资源库浏览、下载资源,参与课程学习和线上互动。

资源库平台功能齐全、使用便捷。项目建设团队建立了开放式共享平台,系统地搭建了由专业园地、课程中心、微课中心、素材中心、培训中心、企业中心、社会服务中心、家装讲堂网、手绘 100 网、数字博物馆等十个平台组成的教学资源库。从四类用户使用角度出发,设计完善各项功能,优化用户界面,确保操作简单、使用便捷。

资源库素材多样、新颖、实用。在对资源库的素材质量的调查中,满意度最高的素材类型是动画(95.2%),其次是虚拟仿真(93.8%)、微课(92.3%),学习者对于其他素材类型的质量的满意度都在 85% 以上。大量的动画、仿真素材增加了学习的直观性、趣味性和互动性。虚拟仿真资源模拟了建筑装饰工程施工各环节的真实情景,让学习者如临其境,原创动画形象逼真地反映了建筑装饰工程施工中典型的施工环节,并将工程管理、施工安全知识融入其中,实用性较强。

资源库平台用户分布广、学习时间长。通过对资源库用户数据进行分析,用户分布地区较广,遍及全国 23 个省、市,其中学习人数最多的是江苏(占 34%)、其次是黑龙江(占 31%)、山西(占 17%)、江西(占 11%)。通过对用户使用时长的调查分析,每次使用 30～60 分钟的学习者比重最大,占 42.3%,以学生和教师为主,企业员工、社会学习者由于其职业特点,比较倾向于每次 10～30 分钟的短时间学习。经统计分析,企业员工和社会学习者应用资源库累计学习时间分别达到每周

3.8 小时和 1.6 小时。综合以上数据,说明资源库的学习者分布广泛、使用时间长,得到了良好的推广应用效果。

三、项目建设对专业和产业发展的贡献

（一）项目建设对建筑装饰类专业发展的贡献

强强联合、资源整合、提升装饰专业整体水平。项目建设团队中有国家示范院校 8 所、国家骨干院校 6 所,11 家装饰百强企业、2 家一级资质企业,1 家出版社、1 家数字公司,通过强强联合,打破校校、校企界限,实现优势互补,资源整合、资源共享,促使专业建设的发展。资源建设过程通过前期的行业调研、人才培养方案制定,到确定建设的内容和要求,再到教学资源的具体制作,最终将数量繁多的专业教学资源进行重组、优化,并按照逻辑关系进行分类、整理,以合理的方式展现给用户。建设团队历时三年建成了在全国范围内统一、示范、共享应用的建筑装饰资源库,有力促进了建筑装饰专业优质教学资源的建设与应用,大力推动了全国高职建筑装饰专业的建设与发展。

资源共享、辐射带动相关专业发展。建筑装饰专业在土建类职业院校具有人数较多、专业分布地域广、在校人数多、企业需求量大等特点,通过建筑装饰资源库的共建,使参建的 20 所院校在资源库建设中取长补短,相互借鉴,实现优势互补,提升了资源的使用价值。通过装饰专业资源库的建设应用,带动了室内设计专业、环境艺术专业、古建筑专业、园林工程技术专业等相关专业的教学改革,整体提升了我国建筑类专业职业教育培养质量和社会服务能力。

开发颗粒化资源,提高教师信息化教学水平。建筑装饰资源库具有"颗粒化资源、结构化课程、系统化设计"的显著特征,为全国高职装饰类专业教师提供了专业建设、课程建设、教学改革与创新所需的丰富资源,很好地为教师用户提供了"辅教"功能。基于现代信息技术的教学资源库建设,充分考虑了教师基本能力和综合能力的提升需求,同时重点突出对教师实训、实践能力的提高,教师可以充分利用教学资源库的教学资源进行课程整合和二次开发,有效地提高教师的信息化教学水平。

引导教学改革,提高人才培养质量。在项目建设中,教学资源的开发充分体现了高职教育以项目为载体、以任务为驱动的特色。理论教授、技能训练、素质培养贯穿每门课始终;教学动画、虚拟仿真、实训视频、经典案例等新型教学资源为学生提供了基于项目工作过程的教学素材,满足学生自主学习与个性化学习的需要。建设完成便捷式、开放式、互动式的新型网络学习平台,全面引领建筑装饰专业教

育理念、教学方法与教学手段的变革。学生通过该学习平台,了解本专业的人才培养目标与能力素质要求,明确学习任务和目标岗位技能需求,提高学习针对性,提升职业能力与职业素质,切实改善人才培养质量。

搭建终身学习平台,实现无界化教学。建筑装饰资源库以服务行业相关人员为宗旨,通过汇集资源、搭建学做一体化的教学平台,为全国装饰专业师生及从业人员提供了丰富的教学资源,为学生自主学习提供了大量的学习案例,为企业人员提供典型工程案例,成为从业人员、在校学生终身学习、提升专业技能的园地。资源库建设的共建、开放、共享,实现了无界化教学。参与建设的院校组成共建共享联盟,达成了基于资源库学习的学分互认,从而鼓励学生使用资源库学习。学生可以利用资源库学习学历课程和培训课程,并通过考核取得相应学分,使线上线下课程具有同等作用和地位。

（二）项目建设对建筑装饰产业发展的贡献

整合优质教育资源,提高行业从业人员素养和技能。项目团队充分把握我国建筑装饰行业发展的战略机遇和面临的严峻挑战,在资源库建设中融入装饰施工中的新技术、新材料、新工艺、新设备,围绕施工流程及施工工艺,提供了职业资格标准、装饰企业优秀案例、行业企业专家讲坛等培训课程和海量优质资源,为企业和社会人员提供了专业知识学习和技能训练的多种学习方案,满足装饰企业员工培训、继续教育培训、职业资格培训与鉴定等的需要,方便装饰企业从业人员通过自主学习提高职业素养。

创建双赢机制,实现校企深度合作。建筑装饰资源库的建设构筑了一个崭新的校企合作平台。通过建筑装饰资源库建设使用,有力促进校企深度合作,形成了校企合作建设,提升人才培养质量,企业持续健康发展的良性闭环循环。构建了一种社会需要、企业参与、学校维护、持续发展的良性运行环境。企业中心资源的建立不仅使学校通过教学资源库平台可以获取最新的行业发展动态,了解企业需求,及时调整人才培养方案,使人才培养更加具有针对性,同时又能使学校为企业提供技术支撑,架立企业和学生之间的沟通桥梁,为在校学生提供就业、实习信息。既满足企业用人的需要,为企业提供智力和人力支持,又满足学生就业和顶岗的需要,最终实现了资源共享、校企双赢。校企联手打造了一个资源丰富、功能全面、服务用户、持续发展的互利双赢的平台。

汇集先进技术,推动我国装饰产业转型升级。建筑装饰资源库为企业提供了行业政策法规、标准规范、行业资讯、新材料、新技术、新工艺、新设备、毕业生信息等资源。通过更新行业概况,为企业及时掌握行业规范和标准、获取最新的行业信息提供帮助。企业将资源库作为宣传企业文化、案例发布、人才招聘的平台,实时更新企业信息、技术动态、人才需求信息等,其他企业用户也可以通过资源库,及时了解到同类企业的发展动向和最新成果,及时开展互动交流与合作,提升自身的技术水平和管理水平,从而推动装饰行业整体转型升级。

四、典型学习方案

(一)建筑装饰表现技法学习方案

1. 课程学习方案

为了方便学生使用建筑装饰表现技法资源库中的课程进行自主学习,课程项目团队设计了学习方案,通过整体认知学习→典型项目、任务学习→讨论作业考核学习→评估总结、完善学习四个过程,让学习者借助该学习方案,可以随时进行系统学习或选择性学习,达到预定的学习目标。

下面以《建筑装饰表现技法》课程学习为例。学生用户登录资源库门户首页,选择【专业】→【课程中心】→进入课程导航页面→选择相应的课程【建筑装饰表现技法】,进行课程学习。

图 4　课程学习界面

(1)整体认知学习

点击课程学习后,学生第一步对学习课程进行整体认识。首先浏览【课程标准】,阅读课程【整体设计】,了解课程性质、学习目标、学习内容,各模块所包含的学习项目、任务内容等,了解课程具体学习进度安排,从总体上了解课程的基本内容,再结合自身情况,确定学习思路及时间安排,需要掌握的知识点和技能点。

| 教学大纲 | 学习指南 | 课程内容 |

（2）典型项目、任务学习

选择某一个模块学习时,首先阅读该模块的【单元设计】、【学习指南】等综述内容,了解相应的模块整体情况,再选择不同项目。不同的项目包含相应的学习任务,学习任务由知识点和技能点组成,一般按照先后顺序一次学习知识点和技能点中的【ppt课件】、【教学视频】、【动画】、【图片】等素材,可反复观看,同时可以根据所需查找相应的微课视频学习。下面以手绘场景综合表现→住宅空间手绘表现→卧室手绘综合表现为例进行说明。

学习指南 　　 单元设计

教学课件 　　 知识点、技能点

图片 　　 教学视频

2. 讨论作业考核学习

完成某一个模块、项目任务学习后,学习者可选择【讨论】,把手绘作品拍照上传到对应知识点和技能点的讨论区,老师和学生进行交流,共同发现画面存在的优点和缺点,以便更好地提高。还可以选择【作业】进行必答题随堂测验,进行自我考核和评分。

学习任务　　　　　　　　　　　　　　　　　　讨论和练习

作业　　　　　　　随堂测验　　　　　　　考核标准

3. 评估总结完善学习

学生在学习完《建筑装饰表现技法》课程的全部内容后,可以进行单元考试和课程考试,对自己所学的内容掌握的程度进行评估,依据考试成绩,决定是重新进行本课程学习还是选择进入新的任务学习。

(二)利用课程平台参加手绘竞赛学习方案

建筑装饰表现技法资源库课程是辅导学生参加全国手绘大赛的主要平台,借助资源库课程线上线下学习培训,在 2016 年第十三届中国手绘艺术设计大赛中,江苏建筑职业技术学院作为全国唯一一所高职获奖院校备受关注,白玉杰同学的作品《梵蒂冈印象》获学生组三等奖,孔都阳、胡浩楠同学的作品获优秀奖,王炼老师荣获导师奖。

1. 赛前准备

在专职教师的指导下,学生在赛前仔细学习研究中国手绘艺术设计大赛的参赛要求,了解手绘大赛学习的三个阶段(基础阶段、拓展阶段、深化阶段),做好相关准备。

2. 线上自主学习

对于首次参加本课程的学生,进入"智慧职教"资源库门户首页,注册并登录账号后选择【专业】→【课程中心】→进入课程导航页面→选择【建筑装饰表现技法】,根据自身专业技术水平选择基础较弱的模块进行自学。在教师指导下,学生根据所处手绘水平,结合基础阶段、拓展阶段、深化阶段的进阶要求,进行【手绘线稿表现】、【手绘单体上色表现】和【手绘场景综合表现】课程模块的强化学习和训练。

3.线上线下混合式学习

在线上自主学习之后,学生参加指导教师进行的一对一、有针对性的线下辅导学习。学生利用课程平台中【交流】板块,上传自己的作品,让大家对作品提出修改意见。

现场讲解　　　　　　　　　　示范

交流区上传作品　　　　　　　　评论

(三)顶棚装饰施工学习方案

1.课程学习方案

为了方便学生使用建筑装饰工程技术资源库中的课程进行自主学习,课程项目团队设计了学习方案,通过整体认知学习→典型项目、任务学习→讨论作业考核学习→评估总结、完善学习四个过程,让学习者借助该学习方案,可以随时进行系统学习或选择性学习,达到预定的学习目标。

下面以《顶棚装饰施工》课程学习为例。

学生用户登录资源库门户首页,选择【专业】→【课程中心】→进入课程导航页→选择相应的课程【顶棚装饰施工】,进行课程学习。

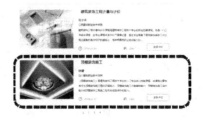

点击【课程学习】后,学生第一步对学习课程进行整体认识。首先浏览课程教学设计,阅读【课程标准】,了解课程性质、学习目标、学习内容,各模块所包含的学习项目、任务内容等,了解课程具体学习进度安排,从总体上了解课程的基本内容,再结合自身情况,确定学习思路及时间安排,需要掌握的知识、技能点。

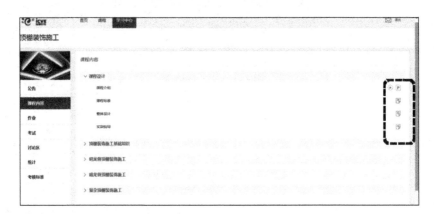

2.典型项目、任务学习

选择某一模块学习时,首先泛读该模块的【单元设计】、【电子讲义】、【学习指南】等综述内容,了解相应模块整体情况,再选择不同项目。不同的项目包含相应的学习任务,学习时先阅读任务中【电子讲义】、【教学课件】、【学习指南】、【课程标准】等素材,理解掌握任务内容、要求及相应知识点和技能要求。再灵活自由选择任务中【教学录像】、【教学课件】、【电子讲义】、【动画】、【虚拟仿真】、【图片】等素材,针对知识点反复仔细观看,同时可以搜索对应的微课学习。下图是以模块三→项目二→轻钢龙骨纸面石膏板顶棚装饰施工为例进行说明。

第三单元:暗龙骨顶棚装饰施工

项目3:轻钢龙骨纸面石膏板顶棚装饰施工

目标:掌握轻钢龙骨纸面石膏板吊顶施工的基本规定

3.讨论作业考核学习

完成某一模块、项目任务学习后,学习者根据知识和技能两方面分别选择【作业】、【讨论】进行学习巩固和交流,对老师提出的问题进行讨论,并根据测试成绩选择【继续学习】或【重新学习】。

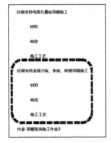
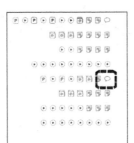

4. 评估总结完善学习

学生在学习完《顶棚装饰施工》课程全部内容后,可以进行课程考试,对自己所学内容掌握的程度进行评估,依据考试成绩,决定是重新进行本课程学习还是选择进入新的任务学习。

五、建筑装饰专业教学资源库建设的经验、问题与后续建设规划

（一）基本经验

资源库项目建成后，探索校企共建、共享开放的产学联盟运营机制，以联盟章程为契约，以实现合作办学、合作育人、合作就业、合作发展的目标，本着"资源共享、优势互补、互利多赢、共同发展"原则出发，自愿组建的地区性、行业性、综合性、多功能、非营利、不具法人资格的产学研合作联合体。以"依托联盟、服务联盟"为原则，整合政、校、行、企优势，从产学研联盟视域出发，重新审视教学资源库的顶层设计、建设内容和运行机制，能很好地实现教学资源库有效共享、持续更新、长效运行。

利益共享，责任共担。教学资源库建设涉及面广、利益相关方复杂，包括政府、学校、行业、企业、社会人员等，必须依托联盟通过章程等形式理清各成员的权利、责任和利益，借助联盟整合各成员的资源和需求，明确各成员作为资源提供者、使用者的权利和义务，健全利益分享和责任分担制度，完善联盟各成员之间学分互认、经历互认，最终形成多方受益、多变联动的资源共享新生态，打好资源共享的基石。

完善制度，奖罚分明。完善资源入库制度，制定和完善资源建设技术规范，建立多级审核制度，严控资源入库关，保证资源的优质与可靠。完善评价反馈制度，及时处理用户评价等信息反馈，对使用率低或用户评价差的资源，进行淘汰或更新，建立"资源入库——资源使用——使用数据分析——评价结果反馈——资源修改更新——资源再入库"的评价反馈流程，实现对用户使用情况的动态响应，促进资源质量和适应性的提升，实现资源的自我完善。制定后期奖励制度。依托联盟筹措一定的经费支持，激励资源建设者依据行业、产业动态，不断开发新的资源类型紧跟产业发展，不断丰富和充实资源内容，以保证资源库的持续更新；同时根据使用数据分析评选优秀资源给予奖励。

开拓渠道、创新方式进行推广应用。拓展宣传推广渠道。通过成果展示的形式向联盟内的院校宣传推广，通过合作院校的使用再辐射到其他院校；还可以通过技能大赛、信息化教学大赛向参赛的师生进行宣传推广，扩大资源库的应用范围；另外，还可以通过联盟的行业协会、企业员工培训和技术交流等渠道宣传推广。

制定应用激励制度。首先，借助联盟面向一线教师组织资源应用培训、资源应用竞赛、信息化教学设计比赛等形式多样的资源应用交流活动；其次，借鉴 MOOC

理念,探索通过资源库学习、培训等学习成果认证、积累和转换制度,实现联盟内部学校之间学生学分互认,企业之间员工继续教育培训经历互认,创新资源应用形式,实现资源深层次共享。

不断提高用户体验。资源库的用户体验关系到用户的黏性,通过技术手段不断提高访问速度,优化导航指引信息。首先,建立客服中心,快速、友好地解决用户在使用中的困难,并积累整理为常见问题,高效、方便地解决各类常见问题。其次,资源碎片化处理、开发移动平台,以满足用户基于移动终端的泛在学习需求。

探索半市场化运营,促进资源的自增长。教学资源库的前期建设资金由中央专项资金和项目自筹资金两部分组成,资源库中的内容为职务作品,不得对资源库内容设置访问门槛,不得用于商业目的,处于一个完全免费共享的状态。由于缺乏利益驱动和市场竞争,难免造成资源相对陈旧、可用性差等问题,因此依托联盟引入第三方运营机构,探索多方共赢的半市场化运营模式,来解决教学资源库所面临的问题,激发资源提供者的开发和创新活力,从根本上解决资源的共建、共享,实现资源库的"自我造血"功能。可以借鉴百度文库等数字资源服务平台,建立资源库积分管理制度,包括制定核定资源积分值、积分奖励办法、积分规则、充值方法等,从而实现前期资源免费,后续优质资源商品化,实现优质资源的聚集和自增长。

（二）问题分析

随着高等职业教育教学改革的不断推进,对教学资源提出新的要求,专业教学资源库建设理念要转变,根据行业、企业要求,不断优化、更新资源,将教学资源库建成真正的学习中心,满足教师、学生、企业和社会学习者多方面的学习需求。

专业教学资源库平台建设不够完善,系统平台内部结构和接口不全,影响资源有效的组合、交换,影响用户体验效果。

现阶段教学资源库的推广主要借助教育门户网站、教指委、技能大赛,很好地实现了在职业院校同类专业中的推广应用,企业员工和社会学习者的推广应用存在一定问题,需要加大宣传、提升资源库的吸引力。

（三）后续建设规划

加强高等职业教育建筑装饰工程技术专业教学资源库的宣传推广工作,让更多院校师生、企业员工和社会学习者成为资源库的使用者和建设者。

完善高等职业教育建筑装饰工程技术专业教学资源库建设、应用与运行管理机制,实现资源库内容每年至少 10% 的持续更新。

　　健全资源建设的标准,推广和实施资源建设"标准化"的工作,"资源库"的设计和运作的全过程都必须严格遵从有关标准和规范,以此在技术上保证教学资源无障碍的共享。

　　开展高等职业教育建筑装饰工程技术专业教学资源库骨干教师培训,使教师真正利用"课程中心""素材中心"进行教学,提高信息化教学水平。深化校企合作,完善平台功能设计,使资源库成为企业员工培训和考核的重要工具。

第三章
建筑装饰专业人才培养模式中外比较与借鉴

第一节　发达国家职业教育人才培养模式比较与借鉴

发达国家在职业教育的发展过程中逐步探索出各自行之有效的发展之路,其中校企合作、工学结合被公认为是职业教育人才培养的有效途径,尤以德国的"双元制"、美国的"合作教育"、英国的"工读交替"、日本的"产学合作"和澳大利亚的TAFE 等模式为世人所称道。

一、发达国家职业教育人才培养典型模式

纵观国外产学研结合、校企合作办学发展职业教育的典型模式,大致有以下几种:

（一）德国"双元制"模式

德国的"双元制"闻名于世。在二战之后的德国经济发展过程中,"双元制"职业技术教育为德国的经济发展培养了大批各种层次、各种类型的技术人才,被誉为创造德国经济奇迹的"秘密武器"。

所谓"双元制",就是一种国家立法支持、校企合作共建的办学制度。"双元制"中的一元是职业学校,主要负责传授与职业有关的专业知识;另一元是企业等校外实训场所,主要负责学生职业技能方面的专门培训。这种模式的特点:职业培训是在企业和学校两个完全不同的场所进行的,但以企业培训为主。在企业受训的时间是学校理论教学时间的 3 ～ 4 倍,以突出职业技能培训;针对性强,企

业参与度高。学校每个专业均设有专业委员会,其成员主要由企业和学校的代表构成,双方共同参与教学计划的制订、实施、检查和调整,共同完成教学任务;政府出面干预并使校企合作制度化。一方面,企业要按给予学校的财力支援比例来分享教育成果;另一方面,学校要通过培养企业所需人才,来接受企业的资金援助。同时,政府设立"产业合作委员会",对企业和学校双方进行监控,对与学校合作的企业给予一定的财政补偿。德国明确规定企业接受学生实习的,可免缴部分国税。

（二）美国"合作教育"模式

美国的"合作教育"于1906年开始实施。其实施办法是:新生入学后,先在大学里学习半年,而后便以两个月左右为期限在企业进行实际训练和在大学学习理论知识,到毕业前半年再集中在大学授课,最后完成毕业设计。其目的是减轻大学在设施与设备上的负担,优化教育资源配置,并使学生在学习期间获得就业技能和经验。其主要特点:办学以学校一方为主,学校根据所设专业的需要与有关企业取得联系,双方签订合作合同,明确权利与义务。学校一方派教师到企业去指导、监督学生劳动,沟通学校与企业合作双方的要求;企业一方提供劳动岗位、一定的劳动报酬,并派管理人员辅导学生适应劳动岗位、安全操作,协助学校教师确定学生应掌握的技能,共同评定学生成绩、劳动态度、工作数量和质量等;在教学时间分配上,大致为1:1,一半在校学习,一半在企业劳动,学习与劳动更换的方式灵活多样。美国实施高等职业教育的主体是社区学院,"合作教育"贯穿于社区学院的办学全过程。实践证明,"合作教育"符合社会的发展要求,贴近大众的生活需求,是学校、学生、企业三方合作,三方受益的教育模式。

（三）英国"工读交替"模式

英国的"工读交替"制也称"三明治"学制。其主要特点是:在正规学程中,安排工作学期,在工作学期中,学生是以"职业人"的身份参加顶岗工作并获得报酬。其学制主要分为长期和短期两种。长期的工读交替制是指,在学院学习和在企业工作的年限都较长,如四年制的课程,前两年在学校学习,第3年在企业工作,第4年又回到学院学习、考试,取得证书,即"2+1+1"。而短期的则通常为6个月。"工读交替"制的学生也分为两类:以企业为依托的和以学院为依托的。以企业为依托的学生,无论是在企业工作还是在学院学习,都由企业付给薪金。以学院为依托的学生,在学院学习期间由学院提供资助,在企业时领取企业付给的工资。企业的学生可以通过学习获取更高的职业资格,改善其职业前程;学院的学生由于在企业实习,因而有可能在择业中处于优势。这种学习形式要求有非常细致、周密的组织。使得学院的学习与企业的实习融为一体,同时对教师也提出了比较高的要求。实践证明,这一模式有利于学生更好地理解理论知识。掌握生产技巧和生产过程中较为重要的管理知识。熟悉自己所从事的生产活动在整个生产过程中的地位及其前后衔接的生产程序和关系。

（四）澳大利亚"TAFE"模式

"TAFE"是 Technical and Further Education 的缩写,即"技术与继续教育"。"TAFE"模式是政府主导,同企业与行业密切合作,具有统一教育和培训标准,主要以职业教育与培训为主的教育;是一个面向职业资格准入,融合职业资格和职业教育,强调终身教育培训。充分体现以"能力本位"为特点的职业教育模式。其主要特点:①生源广泛。学制灵活,普职贯通。"TAFE"学院的招生没有年龄上的限制,它突破了传统的一次性教育局限,建立了"学习——工作——再学习——再工作"的多循环的终身教育模式。②结合学生实际。开展教学活动。一是提供灵活的多级证书,从低到高,共分6级,学生可根据需要进行选择学习及分段提高;二是采取学分制,学生可根据自己的情况选择不同的学习方式,如课堂学习、现场学习、不同时间学习,以及利用互联网学习、协议学习等。③注重实践教学。理论与实践课程大体相当,学院都建立有实力雄厚的实践基地;行业与学校在办学过程中密切合作,全程参与;拥有深厚专业背景的"双师型"师资队伍。"TAFE"学院的教师全部是从有实践经验的专业技术人员中招聘,必须有4级技能等级证书,4～5年的实践经验或行业工作经历。这为培养实用型应用人才提供了强有力的保证。

（五）日本"产学合作"模式

日本的"产学合作"分为两种主要形式,一种为中等教育阶段产学合作,一种为高等教育阶段产学合作。中等教育阶段产学合作主要为:①双结合。定时制高中同企业里的职业训练机构合作,学生拥有双重身份,既是定时制高中的学生,又是职业训练机构的受训生,在职业学校学习普通课和一部分专业课,在职业训练机构学习其余专业课并实习。②三结合。定时制高中、函授制高中及职业训练机构三方合作,普通课在函授制高中里学,一部分专业课在定时制高中里学,其余的专业课和实习在训练机构进行。③委托培养。新录用的初中毕业生到全日制高中脱产学习,集体入学,组织专门的班级,企业须提供设备和派出讲课教师。④集体入学。企业里的全部初中毕业生读函授制高中,高中派出教师到企业集中面授。⑤巡回指导。企业在职人员每周花一个白天,三个晚上到校学习,同时高中教师到生产现场巡回指导,确定学生的实习学分。

高等教育阶段"产学合作"主要为:产业界向高校提供资助或捐赠,还有一些企业对在校学生提供"奖学金",以吸引学生毕业后到企业服务和发展;企业与高校在人员上互相交流;企业委托高等学校搞科研项目;企业为高等学校学生提供实习场所;在大学建立"共同研究中心"。

二、发达国家职业教育人才培养典型模式比较

校企合作已发展成为当今发达国家实施职业教育的重要特点,但因各国在社会经济发展和文化背景上的差异,使其在校企合作的具体操作上各有其特征。概括起来主要呈现为三种不同的模式。

以企业为主的模式。最为典型的代表仍是德国的"双元制"。它以企业的实践培训为主,以部分时间制职业学校的理论教学为辅,学校教育与企业培训的办学费用分别由各级政府与企业全额负责。学生须与培训企业订立培训合同,整个培训过程由行业协会作为中介,执行监管与质量考核。

以学校为主的模式。其代表是美国的"合作教育"。这种模式下,教育对象的主要身份是职业学校的学生,教育部门成为职业教育的主要组织者。它将学生在企业的培训纳入学校的教学计划,学生以接受学校教育为主,同时按一定方式轮流或交替到企业进行技能培训。

以行业为主导的模式。澳大利亚的职业教育是最为典型的"行业主导型"模式,其行业在职业教育发展中发挥着极为重要的作用。具体表现在:主导有关职业教育和培训的宏观决策;参与"TAFE"学院办学的全过程,如直接参与学校管理、充实学院教师队伍、支持实训基地建设;负责教学质量评估;投资岗位技能培训;协助政府提供岗位要求及就业信息,指导职业院校的专业设置;帮助学习者选择专业方向;组织受训者进行技能考核等。

三、发达国家职业教育人才培养模式可供借鉴的经验

在当前我国大力发展职业教育的形势下,认真研究、借鉴这些国家的成功经验,无疑对我国职业技术教育持续健康发展有着十分重要的意义。这些典型模式提供的经验借鉴表现在以下几个方面:

拥有完备的职教法规。发达国家的职业教育法律法规都十分完备。使校企合作有法可依,有章可循。如被誉为当今世界职业教育典范的德国,为了使"双元制"职业教育体系适应经济,走向市场,依法发展。德国颁布了《职业教育法》《成

人教育法》《改进培训场所法》等十多项有关职业技术教育的法令。通过立法给企业规定了相应的责任和义务。日本政府也非常重视职业技术教育立法,如在1951年6月颁布的《产业教育振兴法》和1958年通过的《职业教育法》以及《学校教育法》《社会教育法》《职业训练法》等,用法律形式规范产学合作职教的实施,明确职业学校和企业各自的职责和权力。美国在不同时期根据其社会经济发展和各方面的要求,适时制定法律、法规。并运用立法手段确保职业教育的不断发展壮大。如美国从1958年的《国防教育法》开始,就有关于职业教育培训方面的条款;20世纪90年代又制定了著名的《帕金斯法》,使"产学合作"双方有法可依。强化了政府与社会各界对"产学合作"教育的支持力度。

企业全程参与办学。发达国家在实施校企合作过程中,都很重视企业积极性的发挥,企业全程参与办学过程,如学校管理、专业设置、师资培养、教学计划、课程改革、教学条件建设等。如德国职业教育对毕业生的能力要求由行业协会统一制订。在"双元制"办学体制下,企业不仅制订完善的培训规划,促进专业理论与职业实践相结合,强化技能培养,而且能提供充足的培训经费,使教学有足够的物质保障。在英国,企业作为雇主在一些教育基金会等关键机构中任职;直接参与学校领导班子;参与制定职业资格标准;参与对学校的评估;以各种方式对学校提供资助;与学校建立合作办学制度,提供实训设备、场地。在澳大利亚,所有"TAFE"学院均有院一级的董事会,主席和绝大部分成员都是来自企业第一线的资深行家。董事会通常每季度开一次会,对学院的规模、基建计划、教育产品开发、人事安排、经费筹措等进行研究和决策。

有政府财政和政策的积极支持。从国外校企合作发展的历程看,政府对教育的干预主要通过立法和财政资助手段来间接地实现。从某种意义上说,财政干预是最有效的教育政策。如美国政府自1990年起每年用于企业员工培训预算均超过70亿美元,而美国企业用于员工的教育培训开支年递增5.5%,1996年达560亿美元。德国职业教育培训经费由企业、工会和政府部门分别承担,并且从法律上规定了政府、企业最低投资比例,同时鼓励政府、企业、团体和私人投资职业培训。日本职业培训经费由国家、地方和企业三方共同承担。国家办的学校由国家承担50%经费;企业办的学校,由国家、地方、企业各承担三分之一。各国政府所采取的优惠政策或规定性政策,鼓励和促进了社会各界尤其是企业界积极支持和参与职业教育,形成了开展校企合作的动力机制。

确立完备的人事保障机制。发达国家推动职业教育和培训的一项主要政策,就是国家全面推行职业资格制度,建立职业资格体系。例如,英国自20世纪80年代以来,为改变重学术轻技术、重学位轻职业资格的传统观念所导致的毕业生职业素质下降问题,决定在全英加强职业技术教育,并实行统一的"国家职业资格证书"和"普通国家职业资格证书"制度。澳大利亚也建立了全国统一的资格认证框架(AQF)。这些国家还把职业资格证书和毕业文凭证书等值,来推动资格证书的实施。许多国家严格推行职业资格制度,形成了没有职业资格证书的人员既找不到工作,企业也不能录用的用人机制和社会环境。

第二节　国内建筑装饰专业人才培养典型模式比较分析

一、黑龙江建院"三线合一,五位一体"人才培养模式

　　黑龙江建筑职业技术学院建筑装饰工程技术专业在教学实践中根据"三线合一,五位一体"的人才培养模式(见图1),联合企业办学、开发教学资源、培养适合行业需求的高素质技术应用性专门人才。

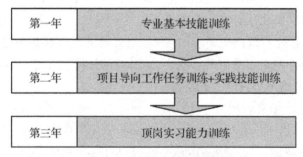

　　第一年　专业基本技能训练

　　第二年　项目导向工作任务训练+实践技能训练

　　第三年　顶岗实习能力训练

图1　"1+1+1"的课程体系框架

（一）人才培养模式

　　建筑装饰工程技术专业的培养目标,就是努力培养德智体美全面发展,特别是具有创新精神和实践能力的高素质技能型专门人才。建筑装饰工程技术专业的发展要走自己的特色发展之路,在教学方面,需要知识线、技术线、技能线,三线合一的课程内容。具体体现在第一学年设立以基本技能训练为主的课程,课程结构以知识→技术→技能来完成构建。第二学年以工程项目为载体,完成专业技术课程的学习。课程结束后开展实践技能训练;在办学方面,需要学校与企业融合一体的文化、需要理论与实践融合一体的课程、需要工作与学习融合一体的教学、需要

产业与教学融合一体的平台、需要教师与员工融合一体的队伍。根据以上的总结和经验,提出了构建适合建筑装饰工程技术专业的"三线合一,五位一体"高职人才培养模式。

（二）课程体系与教学模式

课程体系、教学模式描述。构建"1+1+1"的课程体系,创新"基本技能＋项目导向＋实践技能＋顶岗实习"教学模式。针对"三段式"教学模式忽视了能力以及综合素质培养,人才培养方案设计提出了构建"1+1+1"的课程体系,创新"基本技能＋项目导向＋实践技能＋顶岗实习"教学模式的思路。实施建筑装饰工程技术专业"1+1+1"的课程体系,指在校的三个学年分别有各自的教学目标:第一学年在校内开展专业基本技能的教学和实训,培养学生的专业基本功,以及今后的可持续发展能力;第二学年在校内开展工程项目导向的专业技术课程教学工作,培养学生的职业岗位能力,按企业工作状况在校内的实训室里,完成专业技术课和专业实践技能的教学活动;第三学年,用1年时间顶岗实习的方法培养学生综合实践能力,在校外企业实训基地,由企业工程技术人员指导学生直接参与实际岗位工作,达到顶岗实习的目标。

开发三个内涵式系统。课程系统建设采用分解学习内容,开发三个内涵式系统（见图2）。"1+1+1"的课程体系的内涵建设,要把提高教学质量作为主要的发展任务,坚定不移地走内涵式发展道路。在建筑装饰工程技术专业"1+1+1"的课程体系中,设有六种类型课程:通识教育课、基础技能课、专业技术课、认识实习课、实践技能课、顶岗实习课。将六种类型课程分为三个系统分别为:知识教学系统:基础知识教学—专业知识教学—专业知识拓展;技术教学系统:基础技术教学—专业技术教学—岗位管理实训;技能教学系统:基础技能教学—实

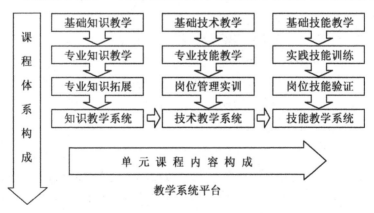

图2　三个内涵式课程内容系统化建设

践技能训练—岗位技能验证。课程系统设计紧紧围绕专业人才培养目标,对知识、技术技能的教学内容等在每门课程中深度融合,完善三个内涵式课程内容系统化建设。

总之,以学生为主体的设计思路始终围绕着每门课程由知识传授、技术学习、技能实践(反映运用专门技术熟练的程度)等三个不可分割的整体展开设计。课程标准建设也是围绕课程的知识点,技术点,技能点的广度、深度来设计课程内容。并且,在教学情境中反映了能力描述、目标、主要内容、教学媒体、教学方法、学生应具备知识和基本能力、教师安排、教学场所、考核评价方式、考核时间等教学信息内容。

二、四川建院建筑装饰专业"123 人才培养模式"

四川建筑职业技术学院建筑装饰工程技术专业在教学实践中形成"标准引领、建筑装饰施工(工作)导向、校企合作的 123 人才培养模式",联合企业办学、开发教学资源、培养适合行业需求的高素质技术应用性专门人才。

(一)人才培养模式

坚持用行业标准引导教育标准,用教育标准指导培养方案,以社会需求为方向,以行业协会和企业为依托,经过三年示范建设的再实践、再认识,进一步凝练升华,总结出"标准引领、建筑装饰施工(工作)导向、校企合作的 123 人才培养模式"(简称"123 人才培养模式"),其内涵为:

1——指培养面向建筑装饰工程施工、管理一线需要的高素质技能型专门人才的目标定位。

2——指在行业标准引领下,以建筑装饰工程施工(工作)为导向,构建的能满足就业岗位需要并使学生具备一定的可持续发展能力,既相对独立又相互联系的理论知识培养系统和实践能力培养系统。

3——指理论性课程采用课堂授课的教学组织形式,兼有理论和实践教学内容要求的课程采用多种形式的理实一体化教学组织形式,培养实践动手能力的课程采用校内实验、实训和校外实习相结合的教学组织形式。

(二)课程体系设计与教学模式

以建筑装饰工程技术专业"123 人才培养模式"为指导,从专业培养目标出发,以行业对人才需求为基础,分析建筑装饰工程技术专业主要的职业岗位(群);从职业岗位出发,由行业企业人员和教师组成的工作团队对职业岗位的工作任务和岗位核心能力进行分析,整理归纳出典型工作任务,再转换为行动领域,然后选择有教学价值的行动领域,按照职业能力形成规律,由易到难进行排序,并进行教学转换,构建起建筑装饰工程技术专业学习领域课程体系;最后将各学习领域按完整的行动过程,具体开发设计成适合教学条件的学习情境,具体表现为教学实施计划、课程标准和教学情景设计。建筑装饰工程技术专业课程体系建构思路见图3。

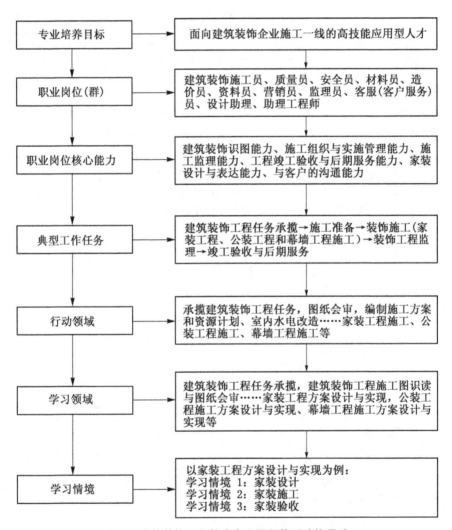

图3 建筑装饰工程技术专业课程体系建构思路

本课程体系以职业能力形成过程为核心构建课程内容,主要由两大类课程组成,分别是职业基础素质课程和校企综合实践课程。职业基础素质课程包括基本素质课程、专业技能课程和专业方向强化课程。基本素质课程包括"两课"、体育与心理健康、英语等；专业技能课程是培养学生岗位基本能力的学习课程，是强化和提高综合能力的基础；专业方向强化课程是培养学生职业岗位核心能力的学习课程，是形成综合能力的关键。校企综合实践课程是培养学生职业岗位综合能力的学习课程。建筑装饰工程技术专业课程体系见表 1。

表 1　建筑装饰工程技术专业课程体系

专业所对应的职业工作岗位（群）		建筑装饰装修工程施工员、安全员、资料员、质检员、材料员、造价员、营销员、监理员、客服（客户服务）员、设计助理、助理工程师
培养阶段		行动领域	学习领域课程名称
基本素质（通用能力）			两课、体育与心理健康、英语、国防教育、职业道德法律法规、高等数学、人文素养、装饰基础
专业技能（岗位基本能力）		承揽建筑装饰工程任务	建筑装饰工程任务承揽
		图纸会审	建筑装饰施工图识读与图纸会审
		编制施工方案、编制资源计划	建筑装饰工程施工方案与资源计划编制
		室内水电改造施工	室内水电改造方案设计与实现
		房间分隔施工	房间分隔方案设计与实现
		吊顶装饰施工	吊顶工程方案设计与实现
		楼、地面装饰施工	楼、地面工程方案设计与实现
		墙面装饰施工	墙面装饰工程方案设计与实现
		门窗、细部装饰施工	门窗、细部工程方案设计与实现
		室内陈设与布置	室内陈设方案设计与实现
		室内环境检测	建筑装饰工程室内环境质量检测
		工程竣工验收和后期服务	建筑装饰工程竣工验收与后期服务
专业方向能力强化（岗位核心能力）	家装方向	家装工程方案设计与施工	家装工程方案设计与实现
	公装方向	公装工程施工	公装工程施工方案设计与实现
	幕墙方向	构件材料质量检查和幕墙构件现场加工	幕墙构件加工与质量检查
		幕墙工程施工	幕墙工程施工方案设计与实现
校企综合实践（岗位综合能力）		到企业顶岗	顶岗实习（毕业项目）

　　在确定专业课程体系后,由建筑装饰企业专家、专职教师及课程开发专家组成的课程开发小组对专业核心课程进行课程开发。课程开发以职业能力培养为核心、以工作过程为导向、以建筑装饰工程项目为载体、以职业教育教学论和方法论为指导,学习领域课程内容以学习情境为表现形式,进行"教学做一体化"的教学,是一种全新的职业教学模式。学习领域课程分析见表2。

表2　学习领域课程分析

学习领域课程	学习情境					
	情境1	情境2	情境3	情境4	情境5	情境6
建筑装饰工程任务承揽	工程信息获取	投标文件的编写	装饰工程承包合同谈判和签订			
建筑装饰施工图识读与图纸会审	家装施工图识读与会审	公装施工图识读与会审	幕墙工程施工图识读与会审			
建筑装饰工程施工方案与资源计划编制	建筑装饰工程施工方案设计	资料计划编制				
室内水电改造方案设计与实现	确定室内水电改造施工方案	建筑装饰室内水工程改造	建筑装饰室内电工程改造			
房间分隔方案设计与实现	确定房间分隔方案	无水房间隔墙分隔	有水房间隔墙分隔			
吊顶工程方案设计与实现	确定房间吊顶方案	直接抹面顶棚装饰施工	一般吊顶装饰施工	异形吊顶装饰施工	采光顶棚装饰施工	
楼、地面工程方案设计与实现	确定楼地面工程方案	整体楼地面施工	块材楼地面干法施工	块材楼地面湿法施工	卷材楼地面施工	特殊楼地面施工
墙面装饰工程方案设计与实现	确定墙面工程方案	墙面基层处理	涂饰墙面施工	裱糊墙面施工	块材墙面施工	特殊墙面施工

续表

学习领域课程	学习情境					
	情境 1	情境 2	情境 3	情境 4	情境 5	情境 6
门窗、细部工程方案设计与实现	确定门窗、细部装饰工程方案	成品门窗及门窗套安装	非成品门窗制作与安装	橱柜及窗帘盒、窗台板装饰	楼梯栏杆及花饰装饰	
建筑装饰工程环境质量检测	确定室内装饰工程环境质量检测方案	室内装饰工程环境质量检测	室内装饰工程环境质量评价及治理			
室内陈设方案设计与实现	现代简洁风格室内陈设方案设计与实现	乡村风格室内陈设方案设计与实现	中国传统古典风格室内陈设方案设计与实现	日式风格室内陈设方案设计与实现	西洋古典风格室内陈设方案设计与实现	欧美现代风格室内陈设方案设计与实现
建筑装饰工程竣工验收与后期服务	家装工程竣工验收与后期服务	公装工程竣工验收与后期服务	幕墙工程竣工验收与后期服务			
家装工程方案设计与实现	家装设计	家装施工	家装验收			
公装工程施工方案设计与实现	展示空间装饰方案设计与实现	办公空间装饰方案设计与实现	售卖类商业空间装饰方案设计与实现	餐饮娱乐空间方案设计与实现	酒店休闲空间方案设计与实现	
幕墙构件加工与质量检查	幕墙构件加工(工厂加工＋现场加工)	幕墙质量检查(物理性能＋工程检测)				
幕墙工程施工方案设计与实现	玻璃幕墙的施工方案设计与实现	金属板幕墙的施工方案设计与实现	石材板幕墙的施工方案设计与实现			

（三）建筑装饰专业主要课程流程

建筑装饰工程技术专业主要课程流程见图 4。

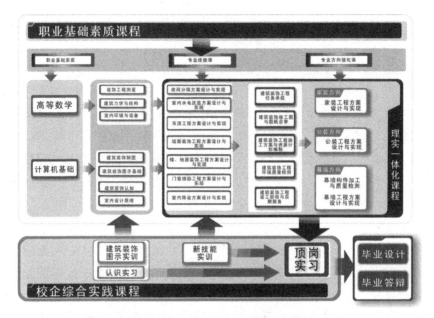

图 4　建筑装饰专业主要课程流程图

三、浙江建院建筑装饰专业"233 人才培养模式"

（一）人才培养模式

浙江建设职业技术学院与合作企业本着"优势互补、资源共享、互惠互利、共同发展"的原则进行合作，通过成立企业学院，与装饰企业共同培养装饰工程技术专业学生。学院从自身情况出发，进行了一系列适合该学院的改革，以胜任企业急需的装饰工程高级应用型人才。形成了特色鲜明的"二融合、三对接、三阶段"的人才培养模式，即"233 人才培养模式"。

二融合。按照装饰行业职业岗位需求，以装饰设计、装饰施工管理岗位需求的职业技能训练为主线，实施"建筑人文素质教育计划"，培养学生"自信、自律、自主、自理"的行为能力，将社会主义企业文化理念融入人才培养全过程，实现职业能力培养与建筑人文教育相融合。通过学生社团创新创业活动、学生新苗计划与"挑战杯"活动培养学生的创新创业能力，使之与以装饰设计和装饰工程施工管理两大职业岗位顶岗就业能力相融合。

三对接。通过"双向兼职，角色互换"使学校专业教师与企业能工巧匠相对接，通过校企共同开发专业核心课程，共同进行课程的整体设计，将行业企业各类工程技术标准规范、先进施工工法、新技术、新工艺融入课程内容，使课程教学内容与职业资格标准相对接，通过校内集"教、学、考、训"为一体的实训基地建设和亚厦装饰等企业教学场所的建设将课堂知识传授与工程实境教学相对接。

三阶段。即以专项能力、综合能力和顶岗能力三阶段教学内容为核心的第一阶段（第一、二、三学期）：培养专项职业能力阶段。重点培养学生的基本职业素质道德和专项能力，以"学中做"为主，是技术技能型人才的"雏形"阶段。第二阶段（第四学期）：综合职业能力＋职业拓展能力培养阶段。该阶段继续贯穿素质教育，重点培养学生职业综合能力和岗位拓展能力，通过装饰综合认知实习和装饰设计、装饰施工管理两个综合实务训练，融入职业标准、技术标准规范、以"做中学"为主，构成技术技能型人才的"成长"阶段。第三阶段（第五、六学期）：顶岗能力培养阶段。该阶段重点培养学生的社会能力、方法能力、职业综合能力，以"岗中学"为主，形成技术技能型人才的"成品"。在产教结合的教学模式中，理论教学以学校为主，实践教学以企业方为主，学做合一，即理论与实践教学按学期分比重相互渗透，在校期间主要包含以下实践活动。

第一学期，从新生始业教育开始，由企业派遣管理负责人介绍公司概况及企业文化宣传，带领学生参观企业，感受企业文化。第二学期，理论知识学习完成后，安排后两周课时，分配学生进入装饰企业施工现场进行劳动实习，锻炼学生专业感性认识，培养实践动手能力。第三学期，理论知识学习完成后，将进行为期 3 周的实行轮岗制（方向定位实习）。第四学期，由学院和企业选派实践经验丰富的教师和师傅根据学生确定的不同方向共同进行不同岗位专业教学和实训。第五、六学期，进行顶岗实习、毕业设计阶段，学生选择合适的岗位，学校指导教师与企业技术人员组成指导小组共同指导学生的毕业设计，很好地解决毕业生就业和毕业设计之间的矛盾。毕业设计课题来自生产实际，学生实践能力得到很大提高。由于企业已把这些学生视为自己的员工，也愿意提供适当条件配合学校开展这项工作，这对提高学生专业水平，保证毕业设计的质量起很大的作用。另外，在这一阶段，企业和学生之间加深了相互了解，学生对就业单位有了亲身体验和感受，有利于工作后及早地进入角色。

此外，企业与学院还尝试教学模式的变革：课程体系与行业标准匹配、教学内容与岗位需求匹配、实训设备与技能训练体系匹配、学习环境与实际工作环境匹配、素质养成与企业员工要求匹配。

第一，根据行业标准确定课程体系，保证学生的专业性，很多专业的课程体系是学院教师和企业工程师联合开发的；第二，根据学生的岗位需求指定教学内容，不拘泥于传统的学科要求而面面俱到，遵循职业教育"必须、够用"的原则，确保学生岗位的适应性;第三,根据技能训练体系配置教学设备,在"不求所有,但求所用"的原则下,或自己购买,或接受企业的捐赠,保证学生职业技术的核心竞争力;第四,根据学生未来的工作环境,构建了"教学工厂"的学习环境,使学生尽早适应企业的工作氛围;第五,根据企业的作业要求,引入企业的管理模式,培养学生"现代企业人"的良好工作习惯。

（二）教学模式

工学结合的学习模式。学生学习分为"2"和"1"两个阶段,形成"教学工厂"+"准就业实习"合一的学习模式。前2年,充分发挥学院培养主体的作用,依托校内以五个"合一"为内涵:即教室车间合一、教师师傅合一、学生学徒合一、教程工艺合一、作品产品合一的"教学工厂",进行生产性实训,交叉并行完成知识学习、技能训练和素质养成的任务;后1年,发挥企业培养主体优势,依托校外实习（实训）基地,在准就业实习过程中,结合实际岗位要求,实现高素质技能型人才培养目标。校外顶岗实习时培养学生"创新意识"和"团队精神",结合职业抓学习,结合就业预顶岗,通过"干中学、学中干,"使学生提早了解企业,融入社会,领会企业文化,提高责任意识、创新创业能力和团结协作精神。

校企教科研融合。学校以技术合作为切入口,以技术应用科研为特色,使教学、科研、工程项目相结合,教师围绕教学内容承接合作项目,根据技术合作项目开展教学,有效地提高了科研效率,也有效地提升了教学水平和效果。尝试逐步从企业聘请有实践经验的工程技术人员进入高校的机制,目前,企业已有数人在学院担任顾问;同时,学院教师也定期深入企业一线,了解学生在工程实践中遇到的问题,并与企业一起研究、协同解决。学院为企业提供职业教育和培训,调动企业的积极性,鼓励企业积极参与举办职业教育和培训。企业与学院以"专项·综合·顶岗"三阶段为主要人才培养模式,以产教结合、学做结合、校企融合为三大模块,同时,秉承"责任共担、人才共育、成果共享"原则,在校企双方的共同努力下,正逐步建立起一支高素质的教育管理团队,为企业培养出动手能力强、创新能力好、就业竞争力强的高素质技术应用型人才,促进学院与企业真正实现"互惠双赢"。

四、江苏建院建筑装饰专业"232 工学结合人才培养模式"

江苏建筑职业技术学院建筑装饰工程技术专业在教学实践中形成"232 工学结合人才培养模式",与企业深度融合,通过校企双元合作、实施一年三学期工学交替、达到毕业证与上岗证双证融通,培养适合行业需求的高素质技术应用性专门人才。

（一）人才培养模式

根据装饰行业的工程特点和本专业人才培养规格的要求,实施"232工学结合人才培养模式",即"校企合作、工学交替、双证融通"的人才培养模式（见图5）。深入做好校企合作、工学结合运行机制的研究,为项目导向、任务驱动、顶岗实习等教学模式的有效运行提供保障。

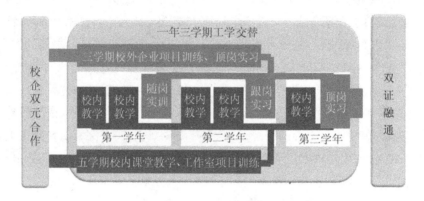

图5 工学交替人才培养模式示意图

工学交替即第一、二、四、五、七等5个学期为校内课堂教学和工作室项目训练,第三、六、八等3个学期为校外企业项目训练、顶岗实习,校内校外交替进行;其中第三、六学期为小学期,集中安排学生带着任务到工程现场随岗实训和跟岗实习,返校后带着问题接受工作室或实训室项目教学与训练;第七学期学生进入相应工作室和实训中心接受综合项目训练。在工作室做到"教、学、做合一",以任务为驱动、项目为导向进行真题真做,通过直接参与社会项目来锻炼学生技术能力,实现学生职业能力与职业素质同步培养的目标,完成1项中级职业技能的训练与考核。第八学期,学生以员工的身份进入建筑装饰企业顶岗综合实践,在实践过程中培养学生综合分析问题的能力,强化学生的职业素质和职业道德,培养创新能力和职业胜任能力,这期间达到职业资格标准并取得1项职业资格证书。实现校内生产性实训与校外顶岗实习的有机衔接与融通,实现毕业证书与上岗证双证融通,实现与企业岗位的对接。

（二）课程体系与教学模式

1.工作过程导向的课程体系构建

根据建筑装饰专业对应岗位群的公共技能和素质要求,确定10门职业基础课程;根据建筑装饰施工员核心岗位的工作任务与要求,参照相关的职业资格标准,按照建筑装饰项目工程施工过程(见图6)开发确定8门职业岗位课程;根据专业对应岗位群的工作任务与程序,充分考虑学生的岗位适应能力和职业迁移能力,确定7门职业拓展课程;构建了以建筑装饰工作过程为导向、理论与实践相结合、专业教育与职业道德教育相结合的适合开展工学交替的特色课程体系(见图7)。

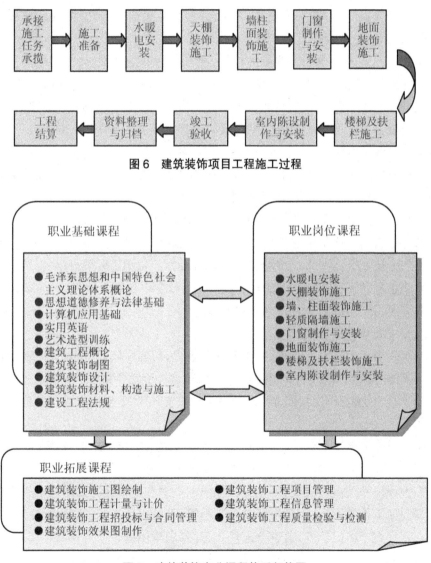

图6　建筑装饰项目工程施工过程

图7　建筑装饰专业课程体系架构图

2. 工学结合教学模式

新课程以装饰工程施工任务为载体,基于工作过程进行的课程开发和学习情境构建,符合工作过程和建筑装饰工程施工的流程,有明确的目标(标准、规程)或施工产品(实物),这就要求指导老师要充分发挥主导作用,积极采用启发式、探索式、讨论式的教学方法,把课程讲授与工程实践相结合,构建并有效运作"项目教学"模式。利用产学研一体化的训练中心和项目中心,融理论教学、实践教学与技术服务于一体,并及时融入新技术、新工艺,使学生做中学,学中做,做到"手、脑、口并用","教、学、做合一"。

在实践教学中强调学生的主体作用,激发学习的主动性,培养学生的科学精神、创新意识。学生在实践前应有预习,对自己提出要求,对课程提出问题,明确每个实践模块的目的、内容、要求;实践过程中要有步骤,做到认真观察,做好记录,勤于训练,善于分析;实践结束后及时写出实践报告,写出心得和独到见解,分析不足并改进方法。

在实践教学的途径方面,以校内训练中心和项目中心建设为重点,逐步完善并形成"产、学、研三位一体"的教学机制。

以校内训练中心和项目中心建设为中心,开展生产、科研和技术服务活动。建筑装饰工程技术专业学生通过训练中心完成装饰镶贴、装饰涂裱、装饰木工、装饰金属工艺等技能操作训练;在项目中心,教师带领学生积极开展科研和技术服务,提高专业水平和实践能力,使教师、学生在项目教学中得到了锻炼;经常聘请行业和企业专家、技术人员到项目中心兼职任教,以有机地协调技术和艺术的关系,有效促进产、学、研结合。

建筑装饰工程技术专业实行"多证书"教育,与国家职业资格标准接轨,把职业认证课程内容嵌入教学计划体系中。实践教学环节融合相应的职业技术、技能,达到相应职业技术资格的鉴定标准,经过培训中心的考试与鉴定,获得相应的职业资格证书。

建筑装饰工程技术专业工学结合课程因技术性、应用性强,在课程教学中采用"工作情境"教学,把"学习情境"系统化设计来实现学生的可持续发展。课程实训分校内和校外两组双轨交替,一组在校内工作室和建筑装饰技术实训中心模拟企业真实的工作氛围,6个学生组成1个小组,组员角色扮演,团队合作完成一个项目。教师充当部门经理,负责分配任务,并要求学生按企业工作流程要求,在整个实训过程中严格把关,层层负责,培养学生的工作责任心、团队合作能力和良好的职业素质。另一组在校外实习基地真实的工作氛围中6个学生组成1个小组,在企业工程技术人员的带领和指导下完成实际的工程项目。然后两组换岗,双轨交替进行(见图8)。

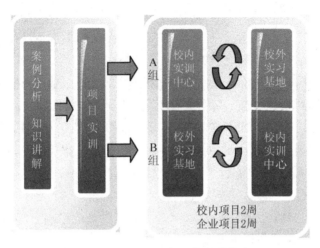

图8　工学结合、双轨交替教学模式

(三)校企合作与工学结合

为深入推行工学结合高职教育人才培养模式,提高教学质量,加强与企业的紧密合作,三年来,学院先后与上海睿合广告传播有限公司、徐州天力建筑装饰工程公司、江苏水立方建筑装饰设计院、徐州清大吉博力建材有限公司合作共建校内生产性实训基地和研发中心,与南京金鸿建筑装饰工程公司等40家企业建立校外实习基地。校企合作双方坚持"互相支持、双向介入、优势互补、资源互用、共同发展"的原则,深化合作的深度,拓展合作的广度,把产学合作、工学结合做实做细,不断深化合作的内容,在课程设置、教学内容、教学团队、实训基地、文体活动、管理体制等方面深入开展全方位合作,取得初步成效。

校企合作建立"仿真+全真"开放式创新型实训基地;利用学校的人力资源和场地,将教学、实训与技术服务工作相结合,实现"教室工作室合一、学生学徒合一、教师师傅合一、教程工艺合一、作品产品合一";把教师推向企业、推向市场,开展技术开发与工程服务;聘请企业领导、工程技术人员参与培养方案的制订和课程开发与建设,并邀请他们定期开展讲座或兼职授课;以(工程、课程)项目为纽带,形成专兼结合项目组,企业技术人员与教师互聘互认,实现人才融合,打造了一支校企互通、专兼结合的国家级优秀教学团队。

校企合作组织学生开展专业技能竞赛和系列文艺、体育活动。上海睿合广告传播有限公司设立"睿合杯"才艺大比拼系列活动,江苏水立方建筑装饰设计院设立"水立方杯"专业论坛和技能竞赛系列活动,徐州天力建筑装饰公司设立"天力杯"体育系列活动,并提供学生奖金和活动费用10多万元;清大吉博力建材有限公司设立"清大吉博力班",每年提供助学金8万元,开展订单培养。通过校企间的文艺活动、体育活动、专业竞赛等,在学校与企业间形成良性互动;从理念、教风、学风等方面实现感情与文化的融合。

创新体制机制,探索校企合作管理新模式。"学校、企业、行业协会三位一体"合作成立了"徐州建筑装饰学院",实施校企合作理事会制,以协会负责人、企业经理人和专业带头人三方为组织核心,探索互动合作、实现三方共赢的校企合作办学模式;用互利共赢机制做纽带,打破校企之间的门户界限,实现资源共享、优势互补、人员互聘,开展(工程、课程)项目管理、绩效管理,联合开展各类技术攻关和技能培训工作,共同培养各类技能型人才,实现管理融合。

通过"人才、感情、文化、管理四融合"提高了专业的影响力、学生的竞争力、教师的执行力、管理人员的领导力。

以上4所高职院校建筑装饰专业人才培养模式在实践中都取得了成功,江苏建院建筑装饰专业"232工学结合人才培养模式"获国家教学成果二等奖。这4种模式在形式上各有不同,但都强调校企合作是实现人才培养模式的根本保证。都是一种将工作与学习相结合的人才培养模式,它既是一种教学模式,也是一种学习模式。作为一种教学模式,强调的是教学与生产实践相结合,提倡"教学做"合一;作为一种学习模式,强调的是学习与工作任务相结合,提倡"做中学、学中做",在学与做反复交替中提高学生的职业技能。江苏建院建筑装饰专业"校企合作、工学交替、双证融通"人才培养模式是将学生的知识学习、技能训练与实际工作结合起来,强调学生将学到的职业知识和技能内化为解决实际职业岗位的职业能力;强调的是学生、企业、学校三者的互动,学生是"校企合作、工学交替、双证融通"人才培养模式实践过程中的受益人;企业接收学生实习,提供相应的实践岗位,优先录用毕业生;学校是实施"校企合作、工学交替、双证融通"人才培养模式的组织者、管理者和联络人。

第四章
建筑装饰专业人才培养体制机制改革与创新

第一节　西方现代学徒制的历史发展与经验借鉴

一、西方现代学徒制的产生

　　二战后，世界经济形态仍然沿续工业化生产的步伐，但是随着生产力的发展和科技的进步，工厂生产对员工的技术要求以及管理方式都在悄然发生新的变化。虽然20世纪五六十年代，泰勒主义（Taylorism）和福特主义（Fordism）还在工厂生产中大行其道，但随着科技的升级（尤其是以第三次科技革命为先导的技术变革）以及消费市场对大宗标准化产品的厌倦，许多新兴产业（如电子、信息、物流等）和企业生产及管理风格（如新福特主义、后福特主义、新现代泰勒主义、丰田方式等）不断涌现，这些快速变革带给职业教育的一个明显信号就是与工业化初期机器代替人力不同，现代企业需要更多熟练、多面且灵活的技术工人。"技能短缺"（skillshortage）将影响企业的生产力，危害企业的竞争力。同时，"技能短缺"问题也引起了国家层面的关注。战后，各国将更多的注意力转向了以经济为核心的综合国力竞争，人力资本理论（humancapital theory）受到了广泛的认同。各国都更加注重人力资源开发，将职业教育放在了国家发展战略的高度上。

　　在工业革命后的一百多年的历史中，甚至直到今天，学校职业教育一直占据了职业教育的主舞台，它在很长的一段时间里，也的确起到了培养工厂生产所需要的初级技能劳动者以及促进教育民主化的作用。然而，学校职业教育与工作世界的脱离以及职业教育课程"学问化"等一些根本性问题不可避免地使学校职业教育越来越受到企业界、教育界以及学生的质疑,改革势在必行。正当人们认为学徒制只适合家庭作坊的手工业经济而应该收入历史博物馆时,德国的异军突起,引起了世界的关注和对学徒制的重新思考。德国是一战和二战的策源国及战败国,战后不仅面临着因战争遭受的经济残局,还因为美苏冷战导致东西德分裂。但在二战后的短短十多年间,"联邦德国"经济高速发展,并在 20 世纪 60 年代再次超越了英法,成为资本主义世界第二大经济强国。其制胜的秘密武器之一,就被认为是德国以双元制为特色的强大的职业教育体系。而双元制恰恰是一种将学校本位教育与工作本位培训紧密结合的新的学徒制形态。紧接着,各国纷纷开始研究和效仿德国的双元制,希望在本国也能改造或者创生出类似的学徒制,以适应现代经济与社会发展的需要。特别是从 20 世纪 80 年代末开始,西方各国纷纷改革学徒制,相关的立法、政策和项目层出不穷。如欧洲许多国家进行了相关的立法:丹麦和希腊(1989 年)、卢森堡(1990 年)、葡萄牙(1991 年—1992 年)、法国(1987年、1993 年、1996 年)、爱尔兰(1993 年)、荷兰(1996 年)、西班牙(1993 年、1994年)。英国于 1993 年推行现代学徒制,澳大利亚在 1996 年推行了新学徒制,美国及加拿大从 1990 年代开始也一直进行着学徒制的改革等。就此,学徒制在现代社会得到了重生,抑起了新一轮学徒制研究与实践的高潮。

二战以后出现的这种以德国双元制为典型的、适应现代经济与社会要求、以校企合作为基础的、纳入国家人力资源开发战略的学徒制形态统称为"现代学徒制"。

作为官方正式用词,"现代学徒制"(modern apprenticeship)一词是在 1993 年英国政府的"现代学徒制计划"中出现的,而且从 2004 年开始,英国在新一轮的学徒制项目中也已经停止使用"现代学徒制"这个用语,但"现代学徒制"的说法,突出了它的时代感和特性,更有利于区别当前学徒制与以往学徒制的区别。另外,大量国外研究为强调这种区别,通常也是将这一类改革过的学徒制统称为"现代学徒制"或称这种改变是将学徒制现代化(modernizing the apprenticeship)。

目前,大多欧盟国家以及澳大利亚、加拿大等国家都建立了或正在探索建立适合新时期的国家现代学徒制系统。学徒制在当代德国和澳大利亚的职业教育中占有相当重要的作用,在诸如加拿大、法国、爱尔兰和英国这样的国家,也是学校职业教育的有力补充,但在美国,还显得较为势微。

二、西方现代学徒制的共同特征

现代学徒制在西方各国的具体表现与操作各有不同,但具有制度性、教学性的共同特征。

（一）制度性共同特征

一是学徒制是国家法制管理范畴。许多国家不但出台了相关劳动和教育的法律政策，为学徒制提供法律保障。还建立了现代学徒制的管理和监督机构，从制度上规范学徒制的实施，如德国的联邦职业教育研究所、奥地利的联邦学徒制顾问委员会、丹麦的国家职业教育委员会和职业培训顾问委员会、爱尔兰的培训与就业局和国家学徒制顾问委员会。并且利用财政杠杆鼓励企业和青年参与学徒制，如丹麦、法国、爱尔兰征收培训费，澳大利亚和英国向培训机构、雇佣企业以及学徒提供培训津贴等。二是学徒制的职业教育功能得到彰显。在 16 至 18 世纪的国家干预行会学徒制阶段，学徒制主要被当做一种济贫手段来缓解社会矛盾，而 20 世纪中期以后，各国对学徒制的相关立法，则是将其作为国家重要的人力资源发展战略。三是学徒制的相关利益者增加并且开始形成新的规范化的运作机制。学徒制的相关利益者包括政府、企业、产业指导委员会、工会、学校、师傅、教师、学徒，甚至还有第三方培训或中介机构，如英国现代学徒制中的学徒制代理机构（ApprenticeshipAgents）和澳大利亚新学徒制中的"集团培习公司"（Group Training Companies）都是起为学徒和雇主搭桥的中介作用。

（二）教学性共同特征

一是办学与教学的基本模式是校企合作、工学结合。现代学徒制要求将学校本位的知识、理论学习与企业本位的技能学习相整合。学校和企业共同承担培养技能型劳动者的责任。学生具备双重身份，在学校是学生，在企业是学徒。一般而言，学徒约有 2/3 至 1/2 的时间在企业接受培训，1/3 至 1/2 的时间在学校学习。二是学徒制与国家职业资格体系高度融合。许多国家的学徒完成学徒制后都可以获得国家认可的职业资格，这种职业资格往往是全国通行的，以此来增加学徒在劳动力市场上的竞争力。三是以技能为基准。学徒制的满徒标准逐渐从以时间为基准转向以是否达到技能要求为基准。

三、西方现代学徒制的差异

现代学徒制已经出现了多元化发展的趋势，国家间的差异性比较明显。总体上可以把西方现代学徒制分成两种典型类别：

德语系国家。以德国为典型，丹麦、奥地利、瑞士等都属于这一类别。这些国家普遍有重视职业教育的历史传统，相关立法较为完善，企业参与职业培训的责任感与热情较高。普遍采用双元制来开展职业教育，企业与学校分工合作明确。

盎格鲁撒克逊（Anglo. saxon）国家。以英国为典型，爱尔兰、澳大利亚、加拿大等都属于这一类型。这些国家企业培训传统一般为"自愿自助",企业投入职业培训的意愿较低。而国家又比较注重普通教育,职业教育的地位相对较低,人们对学徒制的态度比较负面。不过,自 20 世纪末以来,这些国家在政府大力推动下进行了大力度的改革,参加学徒制的人数显著增加。

四、西方现代学徒制的挑战与发展趋势

（一）西方现代学徒制存在的问题与挑战

虽然西方国家人才培养很重视现代学徒制,但一些国家在实施现代学徒制时遇到了许多问题。一是企业提供学徒岗位的意愿与数量难以保证。即使是在有着较好职业教育传统的德国,近些年来,也出现了企业提供的学徒岗位数不足的问题,而英国也不得不以私立的培训机构作为折中策略。二是高等教育大众化对学徒制的冲击。由于社会经济及民主的进步,人们受教育的权力得到了前所未有的彰显。更多的人选择了高等教育,而在许多情况下,普通中等教育是学生进入高等教育的主渠道,从学徒制进入高等教育的机会较少。这就使得进入现代学徒制系统的生源情况难以保证。另一方面,现代学徒制并不是可以接受一切人而不需要门槛的技能培训项目,学徒不具备基本的前提最终往往就只能中途辍学。正是由于学徒制生源不佳,现代学徒制培训的质量（体现为学徒制的完成率）也不乐观。如在英国,学徒中只有一半左右的青年人能完成学徒培训或者获得相关职业资格证书;而在澳大利亚,虽然自实施了新学徒培训制计划后,学徒与接受培训的学生人数持续增长,但与此同时,培训者的辍学人数也在逐年增长。三是通用技能（generic skills）培养与学生可持续性发展的挑战。随着科技的快速发展以及经济全球化的影响,一个人一生变换职业的频率或者更新职业技能的要求在不断增加。虽然学徒制能够很好地培训岗位特定技能,但如何解决通用技能的学习、技能的迁移性（transferability）以及学生的可持续性职业生涯发展,都是现代学徒制教学模式不得不面对的技术难题。

（二）西方现代学徒制的发展趋势

为了应对这些不断变化的形势,近些年来,西方国家仍然在不断改革现代学徒制,并且表现出了一些共同的发展趋势:一是学徒制的对象扩大。在中世纪的行会学徒制中,学徒的年龄一般在 12～21 岁之间,而在现代,由于学校义务教育的推行,学徒的起始年龄也在不断增长,同时,参加学徒制的年龄上限正在逐步取消,1960 年代,德国的双元制还只是面向初中水平的毕业生（约 16 岁）。但到了1970 年代中后期,德国的双元制就出现了高移的现象。高等职业教育中的职业学

院也提供了双元制的培训项目。现在,德国进入学徒制的平均年龄已经变成了 18
岁,法国有一半的学徒年龄在 18 岁及以上,丹麦的学徒通常都在 18 岁以上,澳大
利亚也在 1992 年去除了学徒制仅限青年的限制,允许成人参加。在英国,1994 年
启动现代学徒制时,它的对象还只是 16 ～ 25 岁的青年男女,并主要针对 16 ～ 17
岁的中学毕业生。但在 2004 年再次启动新学徒制项目时,英国不仅去除了 25 岁
的年龄上限,同时还建立了面向 14 ～ 16 岁青年的"青年学徒制"项目。另外,传
统学徒制的主要对象是男性,而在现代学徒制中女性所占比例也越来越大。如从
1996—2001 年,澳大利亚的学徒人数从 16.33 万人增加到了 32.96 万人,增长了
101.8%,其中女性的增长率为 239.9%,女性已经约占学徒总数的 1/3。换言之,西
方国家的现代学徒制几乎是面向完成义务教育后的所有人的。

　　二是从传统行业向广泛的职业领域扩张。在过去,学徒制主要集中在传统
行业,如手工业、建筑、金属制造等。然而,随着产业结构的调整,一些传统行业
正在逐步萎缩,而另一些新兴行业(尤其是第三产业)的劳动力需求则不断增
加。为了满足劳动力市场的技能需求,同时也为了使学徒制更具现代性,西方国
家越来越多地将学徒制向更广泛的职业领域推广。许多国家近些年来参加学徒
制人数的大量增加,正是由于新职业领域中的学徒制。1994 年,英国启动现代学
徒制计划时就已经在 14 个部门试行,包括农业、园艺、商业管理、化工、育儿、建
筑、信息技术和零售业等,到 1995 年,这个计划又扩展到了 54 个行业中,1997
年时已经有 72 个不同行业的培训框架。现在的英国学徒制涵盖了十大领域:农
业、园艺与动物养护;艺术、媒体与出版;建筑、规划与环境;教育与培训;工程
及制造技术;健康、公共服务与护理;信息及通讯技术;休闲、旅游与观光;零售
与商业;商业、行政管理与法案。而澳大利亚学徒制注册人数的大量增加,也被
认为主要归功于学徒制向新职业领域的扩大。如其 1995—2004 年学徒注册数
的增长就主要来自非传统学徒制行业的中级文员、销售和服务劳动者以及中级
生产和运输劳动者,这三个群体的学徒注册数增长了 19.26 万人,占学徒注册数
增长的 68.5%。

　　三是学徒制项目的阶梯化和模块化。为了增加学徒制的专业性和吸引力,
"阶梯化"(laddered)和"模块化"(modularization)似乎成了西方国家现代学徒制
改革的一个重要方向。英国是一个典型,它将学徒制与国家职业资格(NVQ)体
系相挂钩,分为前学徒、学徒制、高级学徒、高等学徒,分别对应于 NVQ 的
1 ～ 4 级。法国也有相当于英国 NVQ 的 2 ～ 5 级的学徒制体系;荷兰的学徒制
分层则相当于英国 NVQ 的 2 ～ 4 级,在这两个国家,从一个级别上升到另一个级

别,通常采用"2 年 +2 年"或"2 年 +2 年 +2 年"的模式。这样,学徒制项目之间形成了阶梯,突显了不同学徒制项目的层次性和专业性,也方便学徒个性化地选择适合自己能力水平与期望的学徒制项目。另外一个增强学徒制项目个性化的方式是将学徒制"模块化",英国当前进行的"资格与学分框架"(QCf)改革,就将包括学徒制在内的所有学习以学习单元的形式记入学生的学分系统,不同项目中的相同学习单元可以互认。在丹麦,提供学徒制项目的职业学院允许学生在规定的最短和最长学习时间之内灵活地完成学徒制。学院的课程按基础课、领域课、专业课以及选修课来安排课程,专业课是按地方企业的需要设置的,满足企业需要,而选修课则是为了满足学徒个人的兴趣。德国在 2005 年重新修订的《联邦职业教育法》中明确提出在职业教育领域实施模块化改革。2006 年,德国工会联合会联邦会议通过决议,在双元制培训中承认模块培训时间。2007 年,德国联邦教育部的《教育与职业培训模块化及组合式培训系统辩论会提要总结报告》又提出,德国联邦教育与研究部将与联邦职业教育研究所合作,在其后的三年里,为双元制内部的模块化改革提供便利。

四是学徒制与正规教育系统的整合。近几十年来,由于社会经济及民主的进步,人们受教育的权力得到了前所未有的重视和满足,普通教育不断扩大,尤其是高等教育大众化的趋势,使越来越多的人倾向于选择普通教育。这就使正规教育体制外的学徒制的吸引力下降,生源也受到影响。为了增加学徒制的吸引力,同时也为了提高学徒制的地位,近些年来,许多西方国家都努力将学徒制与正规教育系统进行整合,承认学徒制与普通教育相等的地位,同时也为学徒搭建继续接受正规学校教育的通道,使学徒拥有更加灵活、多元的职业生涯发展道路。如法国政府规定,学徒必须学习全国认可的职业资格证书,这些资格证书与全日制教育颁发的证书等值。1993 年的立法又将这一原则扩大到法国所有等级的资格和证书,包括第一学位(first degree),这些举措提高了法国学徒制的地位。在英国,学徒制也与基础学位(foundation degrees)联系在了一起,完成高等学徒制,就有获得基础学位的机会。另外,英国政府当前还正着力于使学徒制课程和学分能得到高等教育承认的改革。

五是注重基础理论与通用技能的培养。在自由的劳动力市场中,经常会有这样的情况发生,即一些公司本身不投入培训,只是将其他公司培训好的员工挖走,流失员工的公司并没有因为投入培训得到回报,而挖到员工的公司却白白享受了其他公司投资培训的成果,这被称为"偷猎外部性"(poaching externalities)。正是由于这种偷猎行为的存在,许多公司都不愿意对可迁移的技能进行培训,企业培训更倾向于只对本企业有意义的专门技能。然而，从个人发展的角度来说，随着科技的快速发展以及经济全球化的影响，一个人一生变换职业的频率或者更新职业技能的要求在不断增加，这就对人的可持续发展提出了挑战。在现代学徒制中，如何运用国家干预，与企业利益制衡，保障学徒的可持续发展，就成了决策者必须要考虑的问题，为此，西方各国在现代学徒制中，都越来越注重对学徒基础理论和通用技能的培养，几乎所有国家的现代学徒制中都必然包括了普通教育与技术理论教育的部分。比如，在德国双元制中，如果学徒不具备普通中学证书，就必须参加全日制职业学校或"基础职业培训年"，接受职业基础教育，才有资格进入双元制。英国的每个学徒制框架都要求包含能力本位要素（即职业技能）、知识本位要素（即技术理论基础知识）以及关键技能要素。学徒还被要求在完成学徒制时，不仅要获得国家职业资格，还必须获得技术证书和关键技能证书。荷兰在1996年的职业教育改革也规定，学徒制项目必须包括三个维度：社会/文化的、普通/技术的（确保继续学习的可能）以及职业的。这些措施的目标其实都是为了保证学徒能够学习到更广泛的职业能力，从而为技术和职业的变化做好准备。

六是第三方培训/中介机构的出现。双元制是西方现代学徒制的经典，它之所以称为"双元"，主要是指学徒既在企业又在学校进行学习和培训，企业与学校是西方现代学徒制的两大主体。然而，由于全球化和市场经济的影响，企业提供学徒岗位的意愿与数量越来越难以保证。就算在双元制传统悠久的德国，1990年代末开始还是出现学徒制岗位供不应求的状况。为此，在西方现代学徒制中，越来越多的国家出现了企业和学校外的"第三方"培训机构。这些机构或是起到联系企业与学徒的作用，或是直接承担起了教学与培训任务。在德国，据估计，有30%的学徒是与政府所设立跨企业培训中心签订培训协议的。他们在跨企业培训中心接受了集中训练后，再到各企业的劳动岗位上进行实际操作。而在英国，学徒制岗位的提供就是以"准市场"（quas-market）为特色的，即由营利性的培训公司与政府签订合同来寻找所需要的企业学徒岗位，英国仅有3%的学徒是由雇主直接招募并培训的，剩下的则全部是通过培训公司或其他非营利的培训机构获得学徒岗位的。在澳大利亚新学徒制中，集团培训公司（Group Training Companies）也是一个重要的机构，它们向企业推荐学徒，安排学徒的脱产培训，并以此获得政府的财政资助。1998年，由集团培训公司雇佣的学徒占总学徒数的13.9%。因此，有人甚至说，双元制似乎要变成"三元制"了。

四、学徒制与现代学徒制在职业教育中的价值

（一）学徒制具有职业教育教学论价值

技术是职业教育的核心内容。然而，技术作为知识，先是被巫术的神秘笼罩着，后来又被哲学的偏好所忽视，再后来又被"技术是科学的应用"这种想当然的假设所主宰。事实上，技术知识是独立于科学知识的另一套知识体系，它由技术理论知识和技术实践知识组成。它具有事实知识与价值知识共存、陈述性知识与程序性知识兼备、理性知识与经验知识互补、显性知识与隐性知识同在的特点。这些特点决定了技术的养成必然具有情境性和生成性的特点。虽然学徒制的教学形态在历史长河中发生了一定的变化，但究其本质而言，始终有一些特征是不变的。而正是这些特征满足了上述职业技术教育的知识和技能传授的要求：

1. 做中学。首先，学徒制包含了职业教育最本真、最朴素的原则——"做中学"。杜威把作业训练看做是"为职业进行的唯一适当的训练"，并认为通过作业进行的教育可以比任何其他方法都拥有更多有利于学习的因素。在现代心理学中，虽然行为主义的习惯论和认知心理学派的闭环理论、图式理论对动作技能学习的理解不太相同，但有一点却都是相同的，即它们都认可技能学习是需要通过不断练习、反馈和矫正而习得的。在学徒制中，学徒边做边学，甚至先做后学，它是"做中学"的典型。大量的实践操作和反复操作，使学徒不仅"会"操作，而且操作"熟练"。

2. 情境学习。情境学习理论产生于 20 世纪 80 年代，并在近几十年来成为了学习理论的主流。它的产生缘于学者们对传统教学中学习者与情境以及知与行相分离的情况的批判，强调学习与认知本质上是情境性的，学习者是在情境中通过活动获得了知识。然而，在情境中学习的做法却并不新鲜。历来，学徒制就最朴素地表达了情境学习的这种一般原则。学徒在真实的工作情境中学习，所学的知识技能与其应用之间的联系是明显的，他们更能理解学习的意义和价值，从而主动学习，并更有效率地习得那些知识和技能。此外，情境学习的意义还特别明显地表现在"默会"知识以及态度的习得上。如果把一个职业所需要的职业素养看做是一座冰山，那些可言明的知识和技能只不过是冰山露在水面上的一小角。在这个冰山的水面以下，是大量难以明言的"默会"知识和技能，而态度更是工作绩效的重要保证。在学徒制中，学徒通过观察师傅及其他工作者的工作，耳濡目染，从而逐渐习得那些重要的"默会"知识和技能，同时养成某职业所需要的工作态度。

3. 个别化教学。人类最早的职业教育（前学徒制）其实就用的是个别化教

学的方式。直到工业革命以后,"班组授课制"才走进历史。虽然班组授课制提高了人才培养的总体效率,然而,如同机器大工业的产品生产一样,班组授课制忽略了学生个体之间的差异,无法根据学习者个人的情况制订学习进度,进行专门化的指导。现代学习理论对班级授课制的这些弊端提出了批评,并重新回归了对个体的关注。其中,个别化学习理论就强调要"以学习者为中心"(learner centered),根据学习者个人的情况,来制订学习计划,帮助个体进步。虽然早期的学徒制未必是以学习者为中心的,但师傅之间一对一的亲密互动,毕竟为学徒的个别化学习提供了宽松的条件。个别化的教学使学徒可以得到较之班组授课更为细致入微的指导。

(二)学徒制意味着对个体从业资格的认可

除了是职业教育制度外,学徒制更是一种劳动力与就业政策。从中世纪行会学徒制起,学徒制便是与获得某种从业资格紧密联系在一起的。早期,它是限制从业的行会制度的组成部分,即使到了现代社会,它依然是与职业资格制度紧密相连。完成学徒制不仅意味着个体习得了某项技艺,更表示他得到了行业对其从业资格的认可。从某种意义上来说,学徒制成为了封建社会以来一种将社会职业分流"合理化"(legitimating)的机制。它的说辞是,你之所以可以从事这个职业,是因为你经过专门培训,拥有比别人更合适的该职业所需要的知识和技能。虽然有时候,情况并不尽然。那么,行业为什么更愿意赋予学徒制(而不是其他形式的职业教育)这种从业资格认定的功能呢?其原因包括以下两个方面:一方面从培训标准来讲,学徒制所规定的职业能力要求本身就是由行业制订的。不管在哪种形态的学徒制中,劳动力需求方(雇主/企业/行业)都是人才培养规格的主导者。换言之,劳动力需求方与人才培养规格制订方是同一的。因此,相对于大多学校职业教育而言,学徒制带有明显的"需求引导"(demand-led)特征,它最直接地体现了企业界对劳动力的素质要求。另一方面,企业界不仅控制了人才培养的规格,他们还直接参与了人才培养的过程。从培训过程来讲,企业界普遍更认可学徒制这种"做中学"的培训方式,他们认为学校教育过于理论化,脱离实际需要。正如一些学者所总结的那样,学校职业教育有三个靠本身无法克服的缺陷:不管学校的教学内容如何先进,与生产、服务第一线所应用的最新知识、最新技术、最新工艺相比,总有距离;不管学校的实训设施如何先进,与生产、服务一线最新生产设备相比,总有距离;不管学校的专业课师资如何"双师型",与生产、服务一线技术专家、操作能手相比,总有距离。因此,"为企业""在企业""由企业"开展的学徒制的培训质量就自然更为企业所认可。

（三）学徒制是从教育到就业过渡的桥梁

学徒制使得个体从教育到就业的过渡更为顺畅。在前工业社会,学校职业教育还没有产生,当时的学校教育是普通教育性质的,面向的是贵族子弟,培养的是上层阶级"劳心者",与职业教育无关。职业教育的唯一形式就是学徒制,它是培养工商业中产阶级的主要方式。学徒制与就业系统在很大部分上是相互重叠的。从某种程度上说,当时的学徒制更是一种带有职业教育功能的劳动就业制度。因此,在当时,并不存在从学校教育向工作过渡的问题,而从学徒到就业的过渡也顺理成章(见图1)。

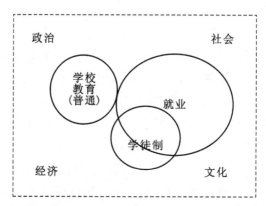

图1 前工业社会中的学校教育系统、就业系统与学徒制

到了工业社会以后,学校教育得到了普及,学校的功能也从纯粹的学术教育转为普通教育与职业教育并行。由于学校职业教育是一种与就业体系没有重叠的纯粹的教育制度,这时,如何从学校教育向就业系统过渡,便成为了一个重要议题,而现代学徒制便成为了解决这一议题的优质方案(见图2)。

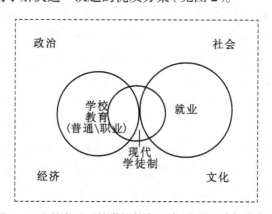

图2 工业社会以后的学校教育系统、就业系统与学徒制

　　有学者总结,在当今世界,存在4种从学校到就业的过渡模式:①直接过渡
(见图3);②没有规范的过渡(见图4);③规范的重叠过渡(见图5);④推迟的
过渡(见图6)。其中,第三种模式(即现代学徒制)被认为是最佳的过渡模式。因
为它在学校教育和就业之间形成了两道门槛,这两道门槛相对较低,从而推进了个
体从教育与工作的平缓过渡,减少了问题群体的数量。

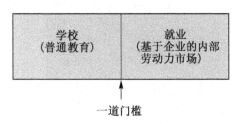

图3　从学校到就业过渡的模式一:直接过渡

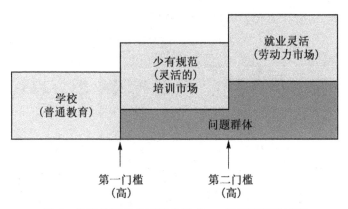

图4　从学校到就业过渡的模式二:没有规范的过渡

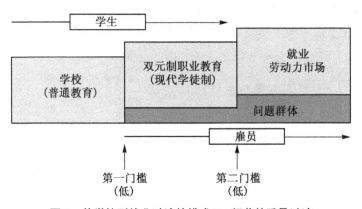

图5　从学校到就业过渡的模式三:规范的重叠过渡

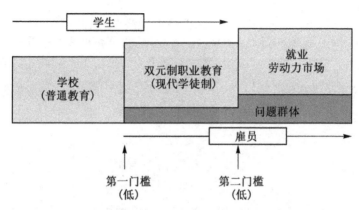

图6 从学校到就业过渡的模式四：推迟的过渡

学徒制成为从教育到就业过渡的桥梁的这一价值是通过前面所述两点学徒制价值发挥出来的。即，从学习者角度而言，学徒制有利于成长为合格的职业人；从企业方而言，他们更认可学徒制这一人才培养模式。

第二节 我国"学徒制"演变与职业教育现代学徒制试点

我国的"学徒制"以引号冠之，有三点原因：第一，新中国成立后，我国几乎不再称"学徒制"，而是称作"学徒培训"；第二，我国某些职业教育类型（如技工学校）虽然具有较明显的西方现代学徒制特征，但我国并不称其为"学徒制"；第三，学徒制的典型特征是以工作本位学习为主，但我国当前大多职业学校开展的"工学结合"实际上是一种以学校本位学习为主的职业教育形式，从严格意义上讲，它并不是中国的"现代学徒制"，但它又是我国职业教育当前的主要形式。

一、新中国成立前我国学徒制的基本形态

（一）民间学徒制

与西方国家一样，我国的职业教育也是发轫于家庭中父子的技艺传承。当时，技艺传承与家族制度是合二为一的。比如春秋时期的齐国规定："士之子桓为士""农之子桓为农""工之子桓为工""商之子桓为商"，士农工商的子弟需子就父学、弟从兄学。管子曾经论述了这种子承父业的职业教育的好处："且昔从事于

此,以教其子弟,少而习焉,其心安焉,不见异物而领焉。是故其父兄之教,不肃而成;其子弟之学,不劳而能。夫是故工之子常为工"。后来,传道授业逐渐打破了家族范围,便开始产生了我国的民间学徒制。出现这种情况的原因有很多,最通常的情况是匠师绝技在身却家无传人,只好谨慎物色学徒,培养继承人。还有其他原因包括,作坊生产人手不够,收取若干学徒帮忙;一些学徒天资聪颖,师傅被其诚心拜学感动;贫困人家无所生计,请求匠师收徒学艺。这种民间学徒制在我国众多的古代典故中经常出现。比如战国时期扁鹊跟着长桑君学医道,后来又招收了许多学徒,有姓名可考的就有子阳、子容、子豹、子明、子游、子越等人;三国时期华佗的高足也有吴普、樊阿、李当等人;被誉为木工祖师的鲁班也招收众多弟子,成语"有眼不识泰山"中的"泰山"便是他的弟子。民间学徒制完全是师徒私人间的约定,不受任何正式组织的约束;一般开始时会举行正式的拜师仪式,然后由学徒跟着师傅边学习边工作若干年,受到师傅认可后,便可出师。出师后学徒往往无偿为师傅工作一段时间(常为一年)谢师,其后便开始独立营业。直到现在,我国广大的农村地区和传统手工业还大量存在这种形态的学徒制。但是,这两个领域保留学徒制的原因是不尽相同的。农村地区还保留大量民间学徒制主要是因为对于生活贫困而可利用的(免费)教育资源又非常有限的农民来说,既学手艺又赚钱的学徒制,是多快好省地谋取一技之长的方式。民间学徒制在传统手工业中的存在,则更多是出于对祖传绝活的保密。

（二）官营学徒制

我国古代手工业技艺的传承除了家传和民间学徒制外,还有官营学徒制。它是随着官营手工业作坊的建立和发展而形成和发展的。到唐代时,这种官营手工业作坊中的学徒制已经比较完善了。据载,唐朝设立了"掌百工技巧之政"的少府监和"掌土木工匠之政"的将作监两个职务,对学徒的年限也依据工艺的复杂程度进行了明确的规定:"细镂之工,教以四年,车格乐器之工,三年;平慢刀架之工,二年;矢链竹漆层柳之工,半焉;冠冕弁帻之工,九月"。至宋代,随着官营手工业作坊规模的扩大,这种学徒制的发展又更进了一步,实行了"法式"教授学徒的方法,即在总结生产经验的基础上,编制了各种技术操作规范,内容包括"名例""制度""功限""料例""图样"等。

官营学徒制完全随封建王朝的兴衰而兴衰。随着封建社会的没落和灭亡,官营学徒制也在我国完全退出了历史舞台。

（三）行会学徒制

同西方国家一样,我国的行会学徒制也随着行会的建立而形成。中国的行会产生于唐代,由于时代、地区和行业的不同,我国行会组织的名称十分不一致,有历史文献可考的名称多达 20 多种,如行、团、作、会、堂、殿、宫、庙、阁、社、庵、院、馆、门、帮、祀、公等。到清朝,行会组织发展盛况空前,据文献对北京、上海、汉口、苏州、重庆、长沙等近 20 个大中城市的粗略统计,从 1655 年到 1911 年,各地有手工业行会 296 个,商业公所 182 个,商帮会馆 120 个,总计 598 个。

与西方行会组织一样,我国古代和近代的行会组织建立的主要目的也是为了控制竞争。表现在学徒制上,主要是限制招收学徒。如清代广东佛山陶艺花盆行规规定:"每店六年教一徒,此人未满六年,该店不准另入新人","倘有外人投师学艺,年方三十余者……一概不准其入行学艺"。此外,行会很少有对学徒培训的其他方面做限制。

总体上,我国古代和近代的行会学徒制情况大致如下:学徒多为贫穷人家的孩子,年龄在 7 ~ 17 岁之间;由家长托保人推荐学习某种职业;学徒期限通常为 3 ~ 6 年;师傅所招学徒要"一进一出",不可多招;学徒期内衣食住行及医药费由师傅负责,闲时教以技术,学徒的劳动所得归师傅所有;学徒满师后称为伙计或半作,劳动所得归自己所有;等到伙计可以独立营业时,就成了师傅,可以收学徒了。

20 世纪初,随着早期的现代化进程,工厂生产逐步代替了手工作坊,行会垄断被打破,传统行会学徒制土崩瓦解,取代它进行的职业教育形式是各式艺徒学堂和实业学校,我国从此走上了一条以职业学校为主要形式的职业教育发展道路。

二、新中国成立后的我国"学徒制"的基本形态

(一)学徒培训

现代工业的早期发展、资本的原始积累、民族的内忧外患,使包括民间学徒制和行会学徒制在内的旧式学徒制土崩瓦解。虽然"学徒制"这一名词仍然存在,但它已经越来越不承担技能传授的教育功能,而沦为了阶级剥削的工具,后来甚至还衍生出了剥削性质更明显的养成工制、包身工制。我国现代作家刘半农发表于 1918 年的诗歌《学徒苦》就反映了旧社会学徒制的腐败:"学徒苦、学徒进店,为学行贾;主翁不授算书,但曰'孺子当习勤苦'、朝命扫地开门,暮命卧地守户;日限当执炊,兼锄园圃、主妇有儿,曰'孺子为我抱抚。呱呱儿啼,主妇震怒,拍案顿足,辱及学徒父母、自晨至午,东买酒浆,西买青菜豆腐。一日三餐,学徒侍食进脯、复令前门应主顾,后门洗击涤壶、奔走终日,不敢言苦、足底鞋穿,夜含泪自补、主妇复惜灯油,申申咒诅、食则残羹不饱;夏则无衣,冬衣败絮、腊月主人食糕,学徒操持

曰柞、夏日主人剖瓜盛凉,学徒灶下烧煮、学徒虽无过,'塌头'如下雨。学徒病,叱曰'孺子贪惰,敢证语'、清清河流,鉴别发缕。学徒淘米河边,照见面色如土、学徒自念,'生我者,亦父母'"。

新中国成立后,我国对学徒制进行了全面的改造,去除学徒制中的剥削成分,保障学徒的基本权力,同时,"学徒制"的称呼也不再使用,取而代之的是"学徒培训"。1958年2月,国务院发布《关于国营、公私合营、合作社营、个体经营的企业和事业单位的学徒的学徒期限和生活补贴的暂行规定》,首次对学徒培训进行了较为全面的规定:学徒应为16周岁以上;学徒期限原则上为3年,不得少于2年;学徒由所在单位按月发放生活补贴,标准按照当地或本行业一般低级职工的伙食费加少许零用钱;学习期满需经考试合格转为正式工人、职员;师徒之间应订立合同,写明学习期限、内容、生活待遇等。学徒培训在当时仍然是我国培养技术人才的主要方式。据统计,从1949—1959年,仅工业、建筑、交通等12个产业部门,就培养了新技术工人837万人,其中技工学校培养的仅为45万人,其余792万人都是学徒方式培养的,占总数的95%。

然而,1958年,在"左"的路线的影响下,我国开始了脱离实际的"大跃进"运动。许多工厂大量招收学徒工,学徒只接受了几天入厂教育,就被分配到各个岗位上从事生产劳动。"文革"开始后,学徒培训更是名存实亡,许多企业自行缩短或变相缩短学徒期限,学徒培训无人管理,受到了很大的破坏。直到1979年后,学徒培训制度才逐渐恢复。1981年5月,原国家劳动总局颁布《关于加强和改进学徒培训工作的意见》,规定:招收学徒要坚持德智体全面考核,择优录取;学徒应具备初中毕业以上文化程度,年龄为16～22周岁;学徒的学习期限依工种技术复杂程度而定,一般为3年,不得小于2年;学徒培训期间学习技术理论知识的时间不少于1/3;学徒考核分为平时、学年和期满三种,考核合格者才能转正;必须签订师徒合同,实行包教包会;企业如有条件可以建立学徒培训车间或工段和班组,组织学徒集中学习;要给学徒定期轮换产品或操作岗位,使之掌握多种操作技能;学徒生活补贴标准由各省、市、自治区根据城乡不同消费水平,按学徒年资加以规定。不过,直到1980年代末,我国的学徒培训仍然与西方工业化初期的工厂学徒制类似,并没有发展成为企业培训与学校教育有机结合的现代学徒培训制度。

1992年,劳动部颁发了《贯彻〈国务院关于大力发展职业技术教育的决定〉的通知》,指出要改革学徒培训,将招收学徒工逐步改为招定向培训生,在企业进行操作训练,在职业技术学校、就业训练中心等培训机构进行专业技术理论学习和基本功训练。至此，我国正式的"学徒培训"才逐渐显现出了西方现代学徒制的基本特性。但是，如今已经只有很少企业还在继续提供学徒培训了。原因有三：一是因为我国历史演变所产生的路径依赖更青睐于学校职业教育而非学徒制。与西方国家相比，历史上，我国学徒制的制度水平一直比较低，体现为行会组织的分散性使我国行会一直未对学徒制形成强有力的统一管理规范，也没能通过团体的力量掌握职业教育发展的话语权，同时我国历史上也并未出现过对学徒制的各方面都进行了规范的立法学徒制，由此产生了我国近代以来学徒制渐行渐弱的发展趋势。加之我国的学校职业教育发起于国家极为落后、面临外忧内患之时，它被作为先进和民主的标志，就使人们对学徒制的扬弃更有些矫枉过正，发展职业教育的思路就此集中于职业学校本位的正规教育，并一直延续了下来。二是因为当前学徒制形态落后，不能满足企业和受教育者的需要。从基本特征上看，我国学徒制还停留于大工业初期的水平，它主要是对劳动密集型岗位的简单技能培训。这种学徒制缺乏有效的技术理论教育，只限于简单反复的技能操作训练。企业不需要这样的学徒制。因为对于一些简单操作的工作任务，企业只要招聘农民工就可以胜任工作，且劳动成本低；对于技术程度较高的工作任务，这种学徒制培养不出来，即使能培养出来，效率也太低。另外，从市场经济的角度考虑，在当前制度不完善的情况下，企业还存在被其他企业"偷猎外部性"培训成本无法收回的风险，这就更使企业不愿意开展包括学徒制在内的企业培训，而选择直接从劳动力市场或职业学校招聘技术员工。受教育者也不需要这样的学徒制。因为学徒往往学不到一技之长，只是被当做廉价劳动力，学徒还会因此要承担许多机会成本，如职业生涯前景不明，不能获得劳动力市场流动需要的文凭或职业资格等。三是我国文化价值观对学徒制有负面影响。一方面，在我国历史上，一直有重普通教育而轻职业教育、重正规学校教育而轻非正规教育的传统，所谓"万般皆下品，唯有读书高"，另外，在我国近代历史上，学徒制确实曾经沦为阶级剥削的工具，因此，在人们的观念中，学徒制常常是带有阶级性的，并将它与剥削和落后联系在一起。这些文化价值观因素都使得人们更青睐于正规的学历教育，而不是非学历的学徒培训。然而，这并不是完全否定了我国发展以工作本位为主的职业教育范式的可能性。只是说，我国工作本位职业教育的发展路径可能与西方国家不同。西方学徒制的发展是一脉相承的，但在我国，直接从现在的学徒制来发展并形成以工作本位为主的职业教育范式，是存在很大难度的。通过将学校本位职业教育"现代化"，使其向工作本位职业教育的逐步靠近，最后转化为以工作本位职业教育为主、学校职业教育为辅的形态是完全可能的，而且也是更加现实的。

（二）技工学校

技工学校是我国学习苏联经验而建立的一种将企业在岗实践与学校理论学习相结合的职业教育形态，它明显带有西方现代学徒制的基本特征：由产业部门领导；校企合作紧密（甚至"前校后厂""校厂合一"）；实践与理论学习的比例在 1∶1 以上；学生免费学习还可获得一定补助。从新中国成立以来的几十年里，技工学校的发展也几经沉浮，大致可以分为以下几个阶段：

初建期（1949—1957 年）。新中国成立后，我国对原先的职业教育体系进行了全面的改造。当时的职业教育非常薄弱，技术力量严重缺乏，难以满足我国大规模经济建设的需要。特别是 1953 年，我国开始实施第一个五年计划，兴建 156 项重点工程，使培养技术工人成为当务之急。技工学校就是在此背景下发展起来的。为了加快技工学校的建设和发展，1953 年，政务院决定由劳动部对技工学校进行综合管理。1954 年 4 月，劳动部制订了《技工学校暂行办法（草案）》，对技工学校的性质、管理和教育教学，进行了全面的规范，为我国技工学校的发展奠定了基调。规定包括：①各产业管理部门根据本部门对技工的需要设立技工学校；②技工学校以培养四级技工为主；③学习期限一般为两年；④招收高小毕业或相当于高小文化的 16 ～ 23 周岁青年；⑤技工学校由各产业管理部门依据情况分别委托所属专业局（公司）或厂矿的直接领导；⑥技术实习占 50% ～ 60%，技术理论、政治、文化、体育等课程共占 40% ～ 50%；⑦技工学校学生生活待遇采取人民助学金制；⑧学生毕业时，由主管部门、公司、用人厂矿、地方劳动部门和学校的人员组织的考试委员会组织考试，合格者由主管产业部门发给毕业证书；⑨毕业生由产业管理部门分配工作。

1956 年，劳动部颁布的《工人技术学校标准章程（草案）》又做了若干修改：规定工人技术学校的开办和停办，须经劳动部审查批准；工人技术学校的培养目标是四级和五级技术工人。同年，中共中央转发了劳动部《关于加强省市委对技工学校领导的建议》，并批示："办好技工学校是满足国家工业建设对技术工人需要的一项非常重要的工作，各地技工学校的目前状况必须迅速加以改善。"同年 11 月 20 日，人民日报也发表了社论《技工学校要抓紧领导》。到 1957 年，技工学校数达到 144 所，在校学生 66 600 余人。

波折期（1958—1977 年）。从 1958 年到 1977 年，由于中央政策的反复，技工学校的发展进入了波折期，体现为数量猛增猛减，教学质量降低。1958 年，我国开始了"大跃进"运动，为了配合生产劳动的需要，技工学校数量猛增。到 1960 年，全国技工学校数达到 2 179 所，在校学生数也达 51.7 万人之多。然而，许多学校并不具备办学条件,在教学中也片面强调生产劳动,忽视理论知识和基本技能的培训,以干代学的情况比较普遍。"大跃进"造成的严重后果迫使国家不得不对教育进行调整。1961—1962年,教育部连续召开了三次调整会议,技工学校也被要求大幅裁并,因此数量骤减。期间,劳动部发布了《技工学校通则》《技工学校学生的学习、劳动、休息时间的暂行规定》和《技工学校人员编制标准(草案)》三个文件。到1962年,技工学校数又仅剩155所,在校生5.95万人。

随着国民经济的全面好转,1963年7月和1964年1月中共中央又分别发布《关于调整初级中学和加强农业、工业技术教育的初步意见(草稿)》和《中小学教育和职业教育七年(1964—1970规划要点(初步草案))》,决定继续发展包括技工学校在内的职业教育,技工学校得到了恢复和发展。同时,在中央"两种教育制度两种劳动制度"的方针指引下,许多技工学校改为了半工半读学校,并且中央将技工学校的综合管理工作由劳动部划归教育部。

在文化大革命初期的1966—1970年间,职业技术教育受到了严重破坏,包括技工学校在内的各类学校被大量撤销、停办或改为工厂。直到1970年6月,周恩来总理采取了一系列教育整顿措施,技工学校才得到逐渐恢复。到1976年,技工学校的学校数和学生数纷纷超过了"文革"前的水平,技工学校数达1 267所,在校生数达22.1万人。但是,技工学校的教学质量普遍较低。

恢复期(1978—1984年)。1978年"文革"结束,职业教育领域也进行了全面的拨乱反正。1978年2月11日,劳动总局发布了《关于全国技工学校综合管理工作由教育部划归国家劳动总局的通知》,重新确立了劳动部门对技工学校的领导和管理权。在1978年的全国工作会议上,邓小平同志提出要考虑各级各类学校的比例,特别是要扩大农业中学、中等专业学校和技工学校的比例。1979年9月,国家经委和国家劳动总局联合发出了《关于进一步搞好技工培训工作的通知》,通知指出,在三年的调整时期,技工学校的工作任务是"积极调整,稳步发展,切切实实地办好,在提高质量的基础上,逐步增加数量"。1980年10月7日,国务院批转了教育部、国家劳动总局《关于中等教育结构改革的报告》,再次明确提出要"积极发展和办好技工学校"。在提高教学质量方面,1982年3月1日,国家经委、国家劳动总局印发了《关于加强技工学校生产实习教学工作的几点意见》,强调生产实习教学是技工学校的一门主课,必须抓紧。经过这一时期的恢复和调整,技工学校的办学规模和办学质量基本得到了保证,到1982年,全国技工学校总数为3 367所,在校生有51.2万人。

改革期(1985年至今)。经过20世纪70年代末和80年代初的恢复和调整后,直到现在,技工学校的规模基本保持了稳中有升的态势。但是,我国经济和社会在改革开放以后的巨大变化,使技工学校的发展既面临机遇,更面临挑战。1985年后,"改革"成为了我国技工学校发展的关键词。

1985年8月5日,劳动人事部印发的《关于技工学校改革的几点意见》进一步强调,技工学校要突出操作技能训练,搞好生产实习教学,建立实习工厂,搞好厂校挂钩,组织学生下厂实习;建立了实习工厂的技工学校要在保证生产实习教学的基础上,加强生产经营管理,重视经济效益,通过生产增加学校收益。

1986年2月11日,劳动人事部、国家教育委员会正式颁布《技工学校工作条例》,规定各级产业部门、劳动人事部门以及各厂矿企业和事业单位是办学主体;培养目标主要是中级技术工人;主要招收初中毕业生;学制三年;毕业生按"三结合"(即介绍就业、自愿组织起来就业和自谋职业相结合)方针就业。

1989年5月10日,劳动部又印发了《关于技工学校深化改革的意见》,强调技工学校都必须建立实习工厂,并争取在1995年达到每个学生上生产实习课时都有一个工位;毕业生实行学校毕业证书与技术等级合格证书的双证书制度。另外,随着我国产业技术装备快速升级,对高级技工的需求日益迫切。1990年起,山东省试办了两年高级技工学校,到1997年,全国共有高级技工学校50多所。

如果说1980年代的技工学校改革侧重点是教育教学的话,那么从1990年代开始的技工学校的改革重点无疑转移到了招生和管理制度方面。1993年9月,劳动部再次下发了《关于深化技工学校教育改革的决定》,明确提出技工学校自主招生,毕业生自主择业。1996年11月,劳动和社会保障部发布了《技工学校"九五"时期改革与发展实施计划》,进一步放宽技工学校的招生对象,允许招收企业职工或其他成人学员入学,实行"宽进严出"和学分制的办法。1998年,国务院下达了《关于调整撤并部门所属学校管理体制的决定》,原机械工业部等9部门所属的46所中专学校和技工学校划转地方管理。

2000年2月12日,国务院批准了教育部、国家计委和财政部《关于调整国务院部门(单位)所属学校管理体制和布局结构实施意见》,其中规定193所技工学校的人、财、物和基本建设继续由举办单位负责和管理,教育业务则按属地原则归口地方教育部门管理。2000年5月12日,劳动和社会保障部再次发布了《关于加快技工学校改革工作的通知》,目标是"加快技工学校等职业机构的调整与改革工作,力争通过3年左右的努力,基本形成职业培训机构新格局"。具体策略包括:鼓励和引导各类技工学校、就业训练中心和其他职业培训机构,通过联合、合并、协作等方式,创建职业培训综合基地或职业培训集团;指导行业或企业举办的技工学校通过联合、分离、转制、撤销等方式进行改组；推动县办技工学校和就业训练中心合并，资源共享，发挥规模效益；进一步办好高级技工学校；在优质的高级技工学校建立技师培训基地。然而，当前技工学校仍然面临许多困境，特别是条块分割式的管理体制使技工学校处于"表面上多头管理，实际上无人管理"的尴尬处境，招生困难、办学硬件条件差、教师队伍老化等情况严重影响了技工学校的教学水平。以上海为例，据上海市劳动和社会保障局 2006 年的保守估计，在上海的 41 所技工学校中，办学水平一般或较差的学校至少 12 所，占 30%。另外，特别要指出的是，由于缺乏与产业部门之间的紧密联系，如今的技工学校与工厂企业之间的合作已经没有以前紧密，越来越难保证学生拥有足够的高质量的生产和实习机会。或者说，如今技工学校的"西方现代学徒制"特征正在日渐减弱。

（三）半工半读教育实验

半工半读教育实验改革兴起于 20 世纪 50 年代末，但到 60 年代中期就结束了。虽然这种"半工半读"的职业教育形式具备了西方现代学徒制的基本特征——工作本位与学校本位学习相结合，但它的真正源起和结局却与西方学徒制不尽相同。这场半工半读教育实验的改革起源主要原因有两个：一是政治原因。"教育与生产劳动相结合"被认为是消除工农、城乡以及脑力劳动与体力劳动的三大差别的重要途径。1958 年 9 月，中共中央、国务院发布的《关于教育工作的指示》就明确指出："党的教育工作方针是教育为无产阶级政治服务，教育与生产劳动相结合"。二是经济原因。当时，全国 500 万高小毕业生中约有 400 万人不能升入初中，109 万初中毕业生中有 80 万人升入不了高中，20 万高中毕业生中有 8 万人升不了大学。国家需要多办学校，来满足人民的升学愿意以及国家的经济建设需要，但却严重缺乏资金。另一方面，许多家庭也因为经济困难不能供所有子女读书。1957 年 5 月 5 日，《中国青年报》发表社论《提供勤工俭学，开展课余劳动》，6 月 6 日，《人民日报》又刊登了《一面劳动，一面读书》，主要观点都是号召师生通过参加生产劳动来节省学校的经费开支。1957 年 2 月，刘少奇同志在《参考资料》上看到了一篇外讯《美国大学生有三分之二半工半读》，觉得对我国很有借鉴意义，便批示有关部门研究我国是否可以试办。1958 年，半工半读教育实验正式开启。1 月 27 日，共青团中央发出了《关于在学生中提倡勤工俭学的决定》，指出勤工俭学是具体实现知识分子和工农相结合、脑力劳动和体力劳动相结合的重要途径，还可以起到移风易俗和节约国家财政开支的作用。教育部也于 2 月发出通知，要求各地教育行政部门执行这一《决定》，同时还召开了部分省市教育厅、局负责人和中学校长参加的勤工俭学座谈会，提出要"打破陈规，各级教育部门有计划地开展勤工俭学和半工半读活动"。1958年3月,国务院文教办公室主任林枫到天津视察时,传达了刘少奇同志关于试办半工半读学校的意见。同年5月27日,我国第一所半工半读学校——天津国棉一厂半工半读学校成立了。51名四级工以上的老工人入校,实行"六二制"半工半读,即每天6小时生产,2小时学习。5月29日,《人民日报》为此事作了专门报道并配发了社论《举办半工半读的工人学校》,指出这是"培养工人成为知识分子的重要形式,它代表着我国教育事业发展道路中的一个新的方向,是多快好省地培养工人阶级知识分子的一项重要办法"。

1958年5月30日,刘少奇同志在中共中央政治局扩大会议上正式提出了实行"两种教育制度、两种劳动制度"的建议。他说:"我们国家应该有两种主要的学校教育制度和工厂农村的劳动制度。一种是现在的全日制的学校教育制度和现在的工厂里面、机关里面八小时工作的劳动制度。此外,是不是还可以采用一种制度,与这种制度并行,也成为主要制度之一,就是半工半读的学校教育制度和半工半读的劳动制度"。他认为,只要坚持两种教育制度、两种劳动制度,经过50～100年,就能够有70%～80%的中国工人和半数的农民是半工半读学校毕业的,这样,在劳动者中,脑力劳动和体力劳动的差别就已经没有多大了,整个社会的劳动生产率也会大大提高,消灭三大差别的阻力就小得多了。此后,半工半读教育实验迅速在国内铺开,半工半读学校兴起。

半工半读学校大多以"又红又专、能文能武、既能体力劳动又能脑力劳动的新型劳动者"为培养目标;办学以工厂企业办学居多;招收初中毕业生;学制一般为4年;生产劳动和教学时间约为1:1;学生参加生产劳动时实行定工种、定岗位和定师傅的"三固定"制度;学生可以获得一定的生活补贴。工厂职工实行的半工半读则是工厂每天用1～2个小时或每周用两个半天的生产时间,统一组织全厂职工学习;少数单位还试办了"厂校合一",即将企业和学校合并,学生和工人混编,逐步精简工人,以学生为主要劳动力。

1964年2月,刘少奇同志又作了《关于发展产工(耕)半读教育制度问题的批示》。1965年3月和10月,他还分别主持召开了全国农村半农半读教育会议和全国城市半工半读教育会议,明确了"五年试验,十年推广"的方针。1965年5月,中共中央批转教育部党组的《关于全国城市半工半读教育会议的报告》的附件《教育部、财政部关于国家办的半工半读中等学校财务管理暂行规定(试行草案)》规定:半工半读学校必须贯彻艰苦奋斗、自力更生、勤俭办学的革命精神,争取逐步做到经费大部分或全部自给。到1965年底,全国半工(农)半读学校达7 294所,在校生达126.6万多人。

　　后来,"左"倾思想的影响越来越严重,半工半读教育实验出现了"以干代学",以劳动代替技能训练的偏差。"文革"期间,职业教育受到了严重的破坏。两种教育制度、半工半读学校也被错误地当做修正主义教育路线和资产阶级教育制度受到批判,半工半读教育实验就此结束。

　　（四）双元制借鉴

　　1978 年,在党的第十一届三中全会上,我国确定了"改革开放"的基本国策。职业教育领域也响应了国家号召,积极开展各项国际交流与合作。学习借鉴国外职业教育（包括西方现代学徒制）经验成为我国职业教育国际交流与合作的重要领域。其中又以德国双元制的借鉴为典型。

　　我国引进德国双元制职业教育模式始于 20 世纪 80 年代初。当时,在教育部门的提倡与引导以及德方的直接帮助下,双元制首先在个别学校试点,如南京建立了中德南京建筑职教中心,上海建立了上海电子工业学校。这些合作项目基本照搬了德国的双元制原形,德方提供经费、设备和教学文件,并派遣专家指导,中方学校则负责按德国的培训条例和教学计划实施。这些合作项目具有明显的"移植"性质,追求"形似"。但由于我国企业参与热情有限,企业本位的实训往往难以严格执行,使得这些双元制试点效果有限。照抄照搬的双元制试点难以取得全面成功后,从 1989 年开始,我国职业教育界开始思索如何改革双元制,使其适应我国的实际情况,标志性事件就是 1989—1995 年在苏州、无锡、常州、沙市、芜湖和沈阳六城市开展的区域性的双元制改革试验。各地为了加强校企联系,纷纷调整了职业教育的组织管理,基本方式是以主管副市长牵头,由教育、劳动和经济部门代表组成领导小组,制订地方性政策,明确联办企业的职责;以行业局领导为组长,由行业局、联办企业和学校组成企校联合领导小组,研究和解决试点中的具体问题。当时,国内共存在三种类型的双元制试点:①直接合作型:中德双方直接签约,基本引进德国原型;②区域自主型:主管部门发起,未与德方签约,德方主要起咨询作用;③间接合作型:德方合作单位通过我国职教研究所与中方合作单位签约合作。这一轮的改革试验以追求"神似"为主,兼顾"形似",但仍然存在着经费、校企合作、师资队伍、职业基础等方面的诸多问题。

　　这场改革试验虽然具有较大影响力并且也获得了一定的成功,但在这之后,双元制在我国并没有蓬勃发展起来,而是渐行渐弱。这主要是由于这场试验的成功,在某种程度上是以当时行政部门对公有制为主体的企业的控制为保障的,它并没有解决市场经济条件下的产学合作机制问题。随着经济体制的转轨,这种双元制失去了企业支持,也就难以推广了。不过,目前我国仍然有一些地方在坚持并本土化着双元制,如平度职业教育中心与其他省份合作的"双元制"职业教育集团、唐山市的中德唐山农村职业教育项目等。

（五）工学结合与现代学徒制试点

在当代,我国出现了新一轮类似西方现代学徒制的改革。在政策文本中对这一轮改革出现了多个类似但不同的表达和表达组合,包括产教结合、工学结合、校企合作、半工半读、工学交替等。这些词实际上表达的是这场改革的不同方面,其中"产教结合"和"工学结合"是改革的目的和主要内容,"校企合作"是改革需要的运作机制,而"半工半读""工学交替"则是具体开展"工学结合"的形式之一。"工学结合"来指代这场职业教育改革,是因为"工学结合"点明了这场改革的实质内容,同时又是我国政策文件中出现最早且频次最高的表达之一。

在经过1980年代以学习西方经验为主的职业教育改革时期后,我国职业教育界日渐意识到,照搬西方经验在中国难以获得全面成功,但校企合作、工学结合又势在必行。我国需要有更加开阔的视野、更多元的方式以及更加创新的方法,来探索有中国特色的"工学结合"之路。

1991年10月,国务院颁布了《关于大力发展职业技术教育的决定》,提倡"产教结合、工学结合"。这是我国首次在政策文件中出现"工学结合"一词,标志着探索中国特色的"工学结合之路"的开启。

1996年,"产教结合"被正式写入了《职业教育法》中:"职业学校、职业培训机构实施职业教育应当实行产教结合,为本地区经济建设服务,与企业密切联系,培养实用人才和熟练劳动者"。

如果说,我国政府对1990年代的"工学结合"还只是停留在政策口号上,那么进入21世纪,政府则不断提出更为明确细致的方法和策略指导。比如,2002年国务院《关于大力推进职业教育改革与发展的决定》指出:"职业学校要加强与相关企事业单位的共建和合作,利用其设施、设备等条件开展实践教学",同时还指出职业学校"要根据不同专业、不同教育培训项目和学习者的实际需要,实行灵活的学制和学习方式,推行学分制等弹性学习制度,为学生半工半读、工学交替、分阶段完成学业等创造条件"。

2005年,国务院《关于大力发展职业教育的决定》首次正式提出了我国职业教育要有"中国特色","工学结合"也正式地与建设有中国特色的职业教育体系联系在了一起。《决定》强调,要建立"与市场需求和劳动就业紧密结合,校企合作、工学结合,结构合理、形式多样,灵活开放、自主发展,有中国特色的现代职业教育体系"。并且,《决定》还对如何开展"工学结合、校企合作的培养模式"提出了具体策略：要改革以学校和课程为中心的传统人才培养模式；中等职业学校在校生最后一年要到用人单位顶岗实习，高等职业院校学生实习实训时间不少于半年；建立企业接收职业院校学生实习的制度；逐步建立和完善半工半读制度。

为了贯彻落实国务院《关于大力发展职业教育的决定》的精神，"大力推行工学结合、校企合作的培养模式，逐步建立和完善半工半读制度，实现新时期我国职业教育改革和发展的新突破"，2006年3月，教育部发布了《教育部关于职业院校试行工学结合、半工半读的意见》，指出"职业院校试行工学结合、半工半读，是遵循教育规律，全面贯彻党的教育方针的需要；是坚持以就业为导向，有效促进学生就业的需要；是帮助学生，特别是家庭经济困难学生完成学业的需要；是关系到建设有中国特色职业教育的一个带有方向性的关键问题"。《意见》进一步提出了若干更为具体的策略，包括：①职业院校要紧紧依靠行业企业办学，鼓励校企合作方式的创新。如学校根据企业需要培养人才，提供实习生，企业为学生提供教学实训条件，学校依托企业培训教师，企业选派工程技术人员来校教学，企业在职业院校建立研究开发机构和实验中心，企业依托职业院校开展员工培训，积极推进"校企合一"，鼓励"前厂（店）后校"或"前校后厂（店）"。②职业学校要大胆探索学分制、弹性学制等教育管理制度改革，努力形成以学校为主体，企业和学校共同教育、管理和训练学生的教学模式；中等职业学校在校生最后一年要到用人单位顶岗实习，高等职业院校学生实习实训时间不少于半年。③积极开始学生通过半工半读免费或低费接受职业教育的试点。④各级教育行政部门和职业院校要建立和完善学生顶岗实习的管理制度。

2006年2月，教育部在青岛召开了全国中职教育勤工俭学会议，在会上确定了107个勤工俭学、半工半读试点学校。教育部〔2006〕16号文件《教育部关于加强高职高专教育人才培养工作的意见》核心内容指出大力推行工学结合，突出实践能力培养，改革人才培养模式。该《意见》指出高职教育培养的是面向生产、建设、管理、服务第一线的高等技术应用性专门人才。

2010年，《国家中长期教育改革和发展规划纲要》（2010—2020）第六章"职业教育"第十五条"调动行业企业的积极性"中就明确指出：要"建立健全政府主导、行业指导、企业参与的办学机制，制定促进校企合作办学法规，推进校企合作制度化。"

教职成〔2011〕12号文件《教育部关于推进高等职业教育改革创新引领职业教育科学发展的若干意见》中指出：改革人才培养模式，增强学生可持续发展能力,明晰人才培养目标,深化工学结合、校企合作、顶岗实习的人才培养模式改革。

教育部 2012 年 6 月下发的《国家教育事业发展第十二个五年规划》中提出:建立现代职业教育体系,鼓励有条件的地方和行业开展现代学徒制试点,企业根据用工需求与职业学校实行联合招生和培养;大力推行校企合作、工学结合、顶岗实习的人才培养模式,创新职业教育人才培养体制。

2014 年 8 月 25 日,教育部《关于开展现代学徒制试点工作的意见》指出:"现代学徒制有利于促进行业、企业参与职业教育人才培养全过程,实现专业设置与产业需求对接,课程内容与职业标准对接,教学过程与生产过程对接,毕业证书与职业资格证书对接,职业教育与终身学习对接,提高人才培养质量和针对性。建立现代学徒制是职业教育主动服务当前经济社会发展要求,推动职业教育体系和劳动就业体系互动发展,打通和拓宽技术技能人才培养和成长通道,推进现代职业教育体系建设的战略选择;是深化产教融合、校企合作,推进工学结合、知行合一的有效途径;是全面实施素质教育,把提高职业技能和培养职业精神高度融合,培养学生社会责任感、创新精神、实践能力的重要举措。各地要高度重视现代学徒制试点工作,加大支持力度,大胆探索实践,着力构建现代学徒制培养体系,全面提升技术技能人才的培养能力和水平"。这是现代学徒制教学功能与制度功能的第一次完整表达。

2015 年 11 月 11 日,教育部公布的《高等职业教育创新发展计划》(2015—2018)(《三年行动计划》)描述了校企合作的主要目标:"高等职业院校服务发展的能力进一步增强。技术技能人才培养质量大幅提升,专业设置与区域产业发展结合更加紧密;应用技术研发能力和社会服务水平大幅提高;与行业企业共同推进技术技能积累,创新的机制初步形成"。实现校企合作目标的主要措施:"支持社会力量参与职业教育的政策更加健全;产教融合发展成效更加明显;推动职业教育集团化发展;探索混合所有制办学,鼓励企业和公办高等职业院校合作举办适用公办具有混合所有制特征的二级学院;鼓励专业技术人才、高技能人才在高等职业院校建设股份合作制工作室;鼓励行业参与职业教育;研制职业教育校企合作促进办法;深化校企合作发展;推动专科高等职业院校与当地企业合作办学、合作育人、合作发展;鼓励校企共建以现代学徒制培养为主的特色学院;以市场为导向多方共建应用技术协同创新中心;支持学校与技艺大师、非物质文化遗产传承人等合作建立技能大师工作室,开展技艺传承创新等活动;开展现代学徒制培养"。这一表达,指出了"工学结合""产教融合""现代学徒制"实现的路径。

第三节　建筑装饰专业实施现代学徒制人才培养可行性分析

一、建筑装饰专业的定位满足现代学徒制职业本位要求

根据建筑装饰行业发展和市场需求以及对毕业生就业情况的调查,明确了高职建筑装饰工程技术专业适应的就业岗位主要包括施工员、设计员、造价员、材料员、质检员(安全员)、资料员等岗位。根据岗位工作任务进行职业能力分析(见表1),明确职业岗位的能力要求;再根据岗位群岗位能力分析,进一步明确建筑装饰工程施工技术应用能力为职业核心能力,建筑装饰施工图绘制能力、建筑装饰效果图制作能力、建筑装饰工程造价能力、建筑装饰材料采供与管理能力、建筑装饰工程项目管理能力、建筑装饰工程信息管理能力为职业拓展能力(见图7)。按照建筑装饰项目工程完整的工作过程建构相应的学习领域,在实训中心、产学研基地的职业情境中做中学,学中做,实现学生职业能力与职业素质的同步提高。

表 1　建筑装饰岗位及岗位群职业能力分析表

序号	职业岗位	岗位描述	职业能力
1	施工员 (核心岗位)	负责对工程施工现场施工技术工作进行管理。熟悉施工图纸、编制各项施工组织设计方案和施工安全、质量、技术方案,编制各单项工程进度计划及人力、物力计划和机具、用具、设备计划等	(1)熟练的识图能力 (2)参与图纸会审与技术交底的能力 (3)编制施工组织设计的能力 (4)执行相关规范和技术标准的能力 (5)测量放线的能力 (6)选择使用材料、机具的能力 (7)施工技术应用能力 (8)选择成品保护方法的能力
2	设计员 (相关岗位)	负责进行工程投标方案设计及方案效果图设计、工程施工图设计、工程设计交底、施工现场设计配合、变更洽商设计调整、绘制竣工图,通过对工程设计工作管理及与各相关部门的协调配合,从而保证工程总目标的实现	(1)设计草图表现能力 (2)绘制空间透视图能力 (3)手绘效果图表现能力 (4)运用软件绘制效果图能力 (5)绘制建筑装饰施工图能力 (6)编制装饰工程图技术文件的能力

续表

序号	职业岗位	岗位描述	职业能力
3	造价员（相关岗位）	负责进行工程投标报价、编制投标经济标、编制工程预决算、进行工程成本控制分析，通过对工程预决算管理及与各相关部门的协调配合，从而保证工程投资目标的实现	（1）熟练的识图能力 （2）装饰工程量计算的能力 （3）熟练应用有关计量计价文件的能力 （4）装饰工程计价的能力 （5）编制工程预算的能力 （6）编制投标报价的能力 （7）装饰工程的工料和成本分析的能力 （8）施工过程造价控制的能力 （9）竣工结算的能力
4	材料员（相关岗位）	负责建立材料采购平台、编制工程材料采购供货计划、工程材料的采购、建立库存账目、材料采购及材料使用账目等工作	（1）装饰材料的选购能力 （2）装饰材料的质量检测能力 （3）装饰材料验收及管理能力
5	质检员安全员（相关岗位）	负责对工程施工现场的工程施工质量进行监督检查。 负责对工程施工现场的安全施工作业进行管理	（1）工序质量检验的能力 （2）装饰工程质量标准的监控能力 （3）一般施工质量缺陷的处理能力 （4）编制施工安全技术措施和安全技术交底的能力 （5）施工安全管理的能力 （6）工程质量验收及验收表格的填写能力
6	资料员（相关岗位）	负责对工程文件等资料收集、整理、筛分、建档、归档工作的管理	（1）工程技术资料和数据的收集 （2）施工内业文件的编制 （3）施工内业文件的组卷与归档

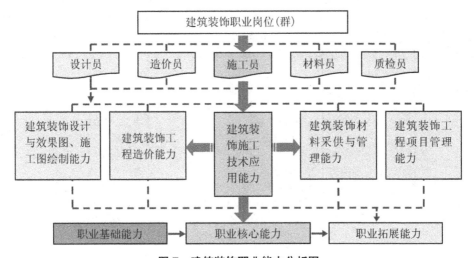

图7　建筑装饰职业能力分析图

　　根据职业分析和高等职业教育的目标定位,建筑装饰专业培养目标为:为建筑装饰企业培养具有良好职业素养、职业技能和自学能力、创新能力,掌握建筑装饰企业第一线施工技术与管理人员所必须的应用知识,具有较强的岗位工作能力,德、智、体、美等全面发展的高等技术应用性专门人才。所培养的学生以建筑装饰企业一线的项目施工员为主要就业岗位,以项目设计员、造价员、材料员、质检员、资料员等技术岗位为就业岗位群。

二、工学结合课程体系与教学内容改革体现了现代学徒制的本质要求

　　构建了体现现代学徒制工作过程系统化课程体系。强调经由职业实践、工作过程分析和归纳所确定的职业能力的培养;强调整体的教学行动与典型的职业行动的整合,其课程结构是行动体系的框架,针对行动顺序的每一个工作过程环节来传授相关的课程内容,按照工作过程来序化知识,实现实践技能与理论知识的整合。

　　根据建筑装饰专业对应岗位群的公共技能和素质要求,确定 10 门职业基础课程;根据建筑装饰施工员核心岗位的工作任务与要求,参照相关的职业资格标准,按照建筑装饰项目工程工作过程开发确定 8 门职业岗位课程;根据专业对应岗位群的工作任务与程序,充分考虑学生的岗位适应能力和职业迁移能力,确定 7 门职业拓展课程;构建了以建筑装饰工作过程为导向、理论与实践相结合、专业教育与职业道德教育相结合的适合开展工学交替的特色课程体系(见表 2)。

表 2　建筑装饰职业岗位能力和对应学习领域图表

序号	职业岗位	岗位综合能力	岗位专项能力	相应学习领域
1	施工员	建筑装饰工程施工技术应用能力	(1)熟练的识图能力 (2)参与图纸会审与技术交底的能力 (3)编制施工组织设计的能力 (4)执行相关规范和技术标准的能力 (5)测量放线的能力 (6)选择、使用材料、机具的能力 (7)施工技术应用能力 (8)选择成品保护方法的能力	天棚装饰施工 墙、柱面装饰施工 轻质隔墙施工 门窗制作与安装 地面装饰施工 楼梯及扶栏装饰施工 水暖电成品安装 室内陈设制作与安装

序号	职业岗位	岗位综合能力	岗位专项能力	相应学习领域
2	设计员	建筑装饰效果图制作能力 建筑装饰施工图绘制能力	（1）设计草图表现能力 （2）绘制空间透视图能力 （3）手绘效果图表现能力 （4）运用软件绘制效果图能力 （5）绘制建筑装饰施工图能力 （6）编制装饰工程图技术文件的能力	艺术造型训练 建筑装饰制图 建筑装饰设计 建筑装饰效果图制作 建筑装饰施工图绘制
3	材料员	建筑装饰材料采供与管理能力	（1）装饰材料的选购能力 （2）装饰材料的质量检测能力 （3）装饰材料验收及管理能力	建筑装饰材料、构造与施工 建筑装饰工程质量检验与检测
4	造价员	建筑装饰工程造价能力	（1）熟练的识图能力 （2）装饰工程量计算的能力 （3）熟练应用有关计量计价文件的能力 （4）装饰工程计价的能力 （5）编制工程预算的能力 （6）编制投标报价的能力 （7）装饰工程的工料和成本分析的能力 （8）施工过程造价控制的能力 （9）竣工结算的能力	建筑装饰工程计量与计价 建筑装饰工程招投标与合同管理
5	质检员 安全员	建筑装饰工程项目管理能力	（1）工序质量检验的能力 （2）装饰工程质量标准的监控能力 （3）一般施工质量缺陷的处理能力 （4）编制施工安全技术措施和安全技术交底的能力 （5）施工安全管理的能力 （6）工程质量验收及验收表格的填写能力	建筑装饰工程质量检验与检测 建筑装饰工程项目管理
6	资料员	建筑装饰工程信息管理能力	（1）工程技术资料和数据的收集 （2）施工内业文件的编制 （3）施工内业文件的组卷与归档	建筑装饰工程信息管理

实践教学体系构建体现了现代学徒制能力本位要求。职业岗位课程和职业拓展课程主要培养学生的实践动手能力，达到就业岗位的职业要求，与专业认知、企业实境训练、顶岗实习等共同构成建筑装饰专业实践教学体系。实践教学体系由训练中心课程、项目中心课程、体验中心课程、培训中心课程4个模块21门课程和证书培训课程构成。探索实践教学实施的方法与途径，以校内实训中心和项目中心建设为重点，聘请企业专家、技术人员到项目中心做"师傅"，逐步完善并形成"产、学、研三位一体"的实践教学机制（见表3）。

表3　建筑装饰专业实践教学体系

实践教学体系(78)	军事技能训练(2)	G_2 风景写生(1)	E_1 水暖电安装(2)	E_3 墙、柱面装饰施工(4)	F_1 建筑装饰施工图绘制(5)	G_4 顶岗实习(18)
				E_4 轻质隔墙施工(2)	F_2 建筑装饰工程计量与计价(5)	
				E_5 门窗制作与安装(2)	F_3 建筑装饰招投标与合同管理实务(2)	
	G_1 专业认知(1)	E_1 装饰装修操作技能训练(4)	E_2 天棚装饰施工(2)	E_6 地面装饰施工(2)	F_4 建筑装饰效果图制作(5)	
				E_7 楼梯及扶栏装饰施工(3)	F_5 建筑装饰工程质量检验与检测(2)	
				E_8 室内陈设制作与安装(3)	F_6 建筑装饰工程项目管理(2)	G_5 毕业答辩(1)
	G_3 校外企业实境训练(8)				F_7 建筑装饰工程信息管理(2)	
	H_1 岗位证书考核					

注：1.（　　）内数字为周数。共计78周。

　　2.横向排列的课程按先修后续关系排列。

　　3.E为训练中心课程，F为项目中心课程、G为体验中心课程、H为培训中心课程、G_5 安排在校内或实习所在地进行，应组成以企业专家为主的答辩委员会。

教学进程安排体现了现代学徒制"工学交替""半工半读"的要求（见图8）。

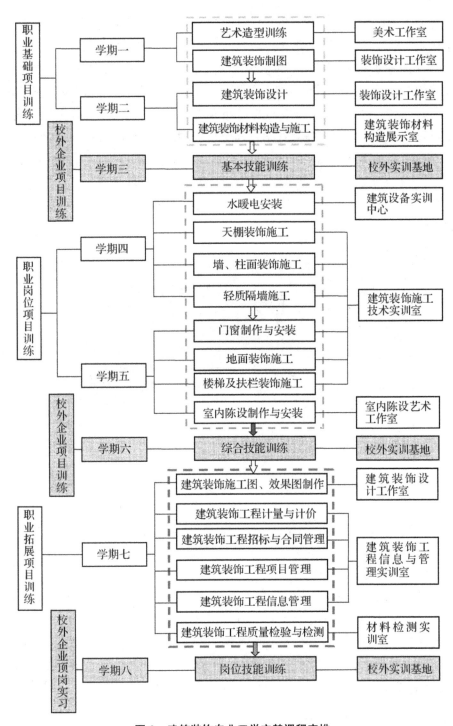

图 8　建筑装饰专业工学交替课程安排

专业主干课程开发体现了现代学徒制对学习情境的要求,体现工作本位。现代学徒制要求开发工学结合课程,目的是最大限度地促进学生综合职业能力发展。因此,现代学徒制课程的核心不再是传授事实性的专业知识,而是让学生在真实的职业情境中学习"如何工作"。课程参照相关的职业资格标准,以岗位工作任务为载体,与行业企业合作,通过工作任务分析实现典型工作任务到行动领域转换,通过工作过程分析实现行动领域到学习领域转换,再通过教学过程分析实现学习领域到学习情境转换,形成基于工作过程进行工学结合课程开发与构建的思路与途径(见图9),明确课程的学习内容、能力目标、考核方法、职业资格证书等,突出工学结合、双证融通、一体化项目教学,培养学生信息收集、方案策划、组织施工、评价验收的能力。

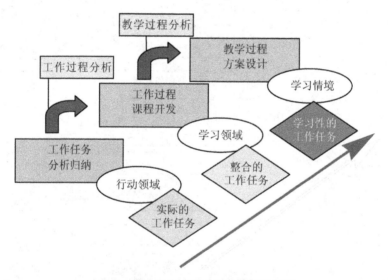

图9 基于工作过程工学结合课程开发

现代学徒制课程开发流程:以职业岗位调研分析为基础,以实现职业能力与职业素质培养目标为根本,形成基于工作过程进行工学结合课程开发的流程(见图10),这一流程中突出企业的主体作用,体现企业要求。

根据基于工作过程进行工学结合课程开发与构建的思路与途径,我们以具有实用性、综合性、启发性和趣味性的实训项目开发完成了19门专业主干课程,制订了《室内陈设制作与安装》等19门课程标准。

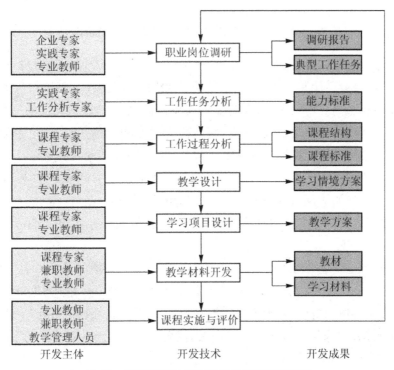

图 10 基于工作过程工学结合课程开发流程

第四节 建筑装饰专业校企合作模式历史演变与转型升级

　　培养高素质技术技能型装饰人才是建筑装饰专业群对校企合作本质的认知与把握；国家示范专业建设、国家教学资源库建设、省品牌专业建设是校企合作模式不断创新的内在根据，企业的转型升级是校企合作模式从 1.0 版升级到 2.0 版的外在根据。校企合作模式的不断创新的根本目的是实现从"双主体育人"到"多主体育人"的伟大变革。

　　建筑装饰专业群内含建筑装饰工程技术、室内设计、环境艺术设计三个专业，培养的是高素质技术技能型建筑装饰内外设计、施工人才。其中建筑装饰工程技术专业是国家示范专业、江苏省高校品牌建设立项建设专业，该专业的发展壮大，是基于对校企合作内涵与本质的科学认识以及不懈的实践创新。

一、建筑装饰专业建设对校企合作基本内涵与本质的认知与把握

关于校企合作内涵,国内比较有代表性的界定有以下几个方面:①学校与社会上相关企业、事业单位及其他各种工作部门之间的合作关系;②高校和企业在各自不同利益基础上为寻求共同发展、谋求共同利益而开展的合作教育活动;③高校与企业双方为了谋求各自的发展,在平等、互利、互惠和自愿的基础上,在寻求合理的合作方式的过程中建立起来的一种密切联系、相互促进、共同发展的相对稳定的合作关系。校企合作是一项涉及学校、企业、政府等的系统工程,是一种利用学校与企业不同的教育资源和教育环境,借助政府等的外界力量,以培养适应经济社会发展、适应企业所需人才为根本目的、以实现"双主体育人"或"多主体育人"为本质的办学模式。

这一定义首先揭示了校企合作的要素系统,即主体、客体、中介。从主客体关系上看,学校既是主体又是客体,企业既是主体又是客体;从政府职能上看,政府是中介,是主客体的桥梁,是为主客体服务的。主客体通过政府中介产生的互动方式,我们可以称作为校企合作模式。当然,校企合作的要素随着模式的不断创新,主客体要素也是不断变化发展的。

这一定义揭示了校企合作的本质。教育的本质是育人,高职教育也不能例外。高职教育的目标界定回答了高职教育的本质。对高职教育的目标的认知经历了一个不断思考、确证和求真的过程。从"高层次实用人才——高等技术应用性专门人才——高技能专门人才——高素质技术技能人才",每一次变化都凝结着高职教育研究者们的智慧探求,都更加趋近了高职教育的本质。随着高职教育实践的不断发展,这种嬗变还会发生,但"高素质""技术技能型"恐怕是很难丢掉的。既然不能丢掉,那么企业在人才培养过程中主体作用就不能被忽视。高素质是对"社会人"的基本要求,技术技能是对"职业人"的基本要求。实现这两个基本要求不能离开学校、也不能离开企业。因此,校企合作的本质是通过校企互动,通过一定机制与模式,全面实现"双主体育人"或"多主体育人"。

这一定义揭示了校企合作的基本内容。"合作教育""产学研合作"是校企合作的基本内容。从内容与形式的辩证关系上看,"合作教育"是校企合作的重要内容。"合作教育"这一概念是20世纪80年代从美国引入,是一种将理论学习与真实的工作经历结合起来,从而使课堂教学更加有效的教育模式,实质上就是我们经常讲的"工学结合""企业实习"等人才培养模式。校企合作是利用院校和企业的教育资源和教育环境共同培育人才的办学模式,其合作范围不仅包括理论学习与工作实践相结合的方式,也包括双方人员的互派共享、双方培训基地的共建共享等。从哲学意义上讲,校企合作是形式,合作教育是内容,内容决定形式,形式表现内容并服务于内容,内容发生变化了,形式也要随之发生变化。这也是本课题提出校企合作模式需要"转型与升级"的哲学依据。"合作教育"体现了"校企合作"的核心即培养人才,校企合作是实现合作教育的根本途径。

"产学研合作"是指企业、科研院所和高等学校之间的合作,通常指以企业为技术需求方,与以科研院所或高等学校为技术供给方之间的合作,其实质是促进技术创新所需各种生产要素的有效组合。校企合作的核心是人才培养,围绕这个核心目标,学校和企业将在专业建设、课程建设、师资建设、实训基地建设、技术开发等方面开展合作。由此可见,"产学研合作"是校企合作的一种内容或方式,通过这种方式可以培养学生的创新精神,可以改善学校的专业教学内容和方式等。

把握校企合作的内涵、本质、基本内容,是我们在建筑装饰专业群校企合作过程中构建校企合作模式需要回答清楚的三个基本问题。这就是专业建设为什么要进行校企合作,校企合作合作什么以及怎样合作(合作模式的选择)三个基本问题。

二、建筑装饰专业与校企合作的正向关系

专业建设与校企合作的正向关系,揭示的是校企合作与专业建设的关系。一方面,从高职人才培养模式上看,培养"高素质技术技能型"人才,必须抓好校企合作这个"牛鼻子"。校企合作搞不好,很难把专业建设好,因此校企合作是专业建设的必要前提与重要内容;另一方面,专业建设好坏又影响制约校企合作,专业建设不好,就没有好的企业愿意与你合作。建筑装饰专业群校企合作的历程尤其是与金螳螂的合作历程就揭示这一规律。即:校企合作强,专业强;专业强,校企合作更强,这就是专业建设与校企合作的正向关系。

苏州金螳螂建筑装饰股份有限公司是建筑装饰、建筑幕墙施工一级资质、设计甲级资质,并通过了 ISO 9001 质量体系、ISO 14001 环境管理体系、GBT 28001 职业健康安全体系三位一体认证。注册商标"金螳螂"及图案、英文被认定为江苏省著名商标。公司拥有占地 100 多亩,建筑面积 30 000 多平方米的幕墙及家具制作车间、成品与半成品加工中心。公司资产规模近 6 亿元,是国内最早上市的从事酒店、商场、办公楼、娱乐场所、医院、体育场馆等各类公共设施设计、施工的著名企业。中国装饰行业首家上市公司,连续 13 年被评为中国建筑装饰百强企业第一名。

与金螳螂合作是 1990 年代专业始建以来学院梦寐以求的愿望。90 年代初,学院多次试图与该企业合作,没有得到企业回应甚至遭到企业拒绝。当时主要还

是因为专业在全省影响力不够。但到了 2015 年,建筑装饰专业群不仅在江苏省有影响力,而且在全国高职院校来讲有这样一个说法:"建筑工程技术专业看四川建筑职业技术学院,建筑装饰工程技术专业看江苏建筑职业技术学院。"我们对这种说法和看法虽不以为然。但我们"以校企合作为抓手、以质量与内涵建设为重点,全面提升人才培养质量"的办学思路确确实实取得了突出成绩。建筑装饰专业群经过 20 年的发展,国家高职教学质量工程项目实现全覆盖,千余名企业经理人、三千余名技术人才脱颖而出,取得的成绩可以概括为"五个牵头、五个唯一"。"五个牵头"即:牵头建设国家级建筑装饰工程技术专业教学资源库;牵头成立了全国建筑装饰工程技术专业联盟;牵头全国高职规划与设计类专业教学指导委员会工作;牵头制订了《高等职业学校建筑装饰工程技术专业教学标准》;牵头制订了《高职教育建筑装饰工程技术专业校内实训及校内实训基地建设导则》和《高职教育建筑装饰工程技术专业顶岗实习标准》。"五个唯一"即:唯一的国家级教学团队(全国该专业中);唯一获得 3 项国家级教学成果奖(全国该专业中);唯一获得 3 门国家级精品资源共享课(全国该专业中);唯一的国家示范重点专业(省内 15 所国示范骨干院校 61 个重点专业中);唯一的核心专业(省"十二五"高等学校重点专业)。

目前,在金螳螂工作的大量毕业生,他们是学院的名片、是建筑装饰工程技术专业的名片,是他们出色的工作吸引企业对学院的兴趣。据不完全统计,目前在金螳螂工作的建筑装饰专业群学生近 600 人,有的已经成为企业的领军人才。金螳螂对他们的评价是"能吃苦、肯钻研、上手快、适应性强、有潜力,运用所学技能较好地解决工程实际问题";对专业评价是"专业培养目标定位准确,人才培养质量高,专业实施的'5+3'工学交替人才培养模式打破了传统学期设置,校企合作制定培养计划,课程设置符合工程项目实际,与工作任务相吻合"。目前,金螳螂是江苏建筑职业技术学院建筑装饰工程技术专业人才培养的重要合作伙伴,是建筑装饰专业群重要人才培养基地和摇篮。

三、建筑装饰专业校企合作模式的历史演变与转型升级 1.0 版

建筑装饰专业群校企合作模式的演变过程是伴随着专业建设历程逐步建立起来的。"教学水平评估——国家示范专业建设——省品牌特色专业建设——国家专业教学资源库建设——省高校品牌专业建设",这是人才培养模式不断创新过程,也是校企合作模式不断创新的过程。有成功的经验,也有值得总结的教训。

"建立实习基地"合作模式。2005 年,教育部出台《关于进一步推进高职高专

院校人才培养工作水平评估的若干意见》,紧接着又出台了《高职高专院校人才培养工作水平评估方案(试行)》(以下简称《方案》),学校党委研究决定参与第一轮评估。在《方案》中,把校企合作及其效果作为重要指标体系及观测点。如"产学研结合的理念、机制和途径在办学中得到体现,例如,在人才培养模式、师资培养、实训基地建设、实习组织及科技成果转化、面向社会开展培训等方面有实质成效。形成了以社会需求为导向,学校主动为行业企业服务、行业企业积极参与的校企合作办学的体制、机制,成效显著。在技术研究、开发、推广、服务中有明显成果或效益"。达到以上要求才算合格。在师资队伍建设上要求"兼职教师队伍的专业结构与学校专业设置相适应;兼职教师数占专业课与实践指导教师合计数之比达到10%"才算合格。要完成这一任务,学校必须与企业合作。学院虽然与企业积极联系,签订了很多协议,也建立了很多实习基地,对评估优秀起到了关键作用。但这种合作模式表现出校企间的信息沟通渠道不畅通、学校主管部门的支持力度不大、建筑企业效益不是很好、建筑企业在徐州地方经济发展中的地位较弱(当时产值不足百亿元),尤其是建筑装饰行业在徐州刚刚起步,而且处于无序竞争状态,学院主打的建筑装饰工程技术专业与徐州地方产业发展定位不相符。因此学院与企业合作的深度不够,校企合作目标也没有真正达到。评估专家组最后的反馈也印证了这一点。

"引企入校"合作模式。2008年学校被教育部确定为第二批国家示范性高等职业院校,建筑装饰工程技术专业被列为示范性建设专业。在申报过程中,专业负责人对专业建设校企合作存在的问题做了这样的分析:"在人才培养模式的改革上作了一些探索,但是对符合建筑类专业特点并体现'工学结合'的职业教育人才培养模式还有待于进一步完善;近年来通过实践初步形成了'校企联姻、产学合作'的办学模式,但是在探索校企深度融合的机制上还要进一步完善。"为此,申报成功后,专业负责人在《国家示范专业建筑装饰工程技术专业建设任务书》中把校企合作作为重点来描述。在教育部制订的《国家示范专业建设验收规范》中也把校企合作及其成果作为重要的验收点。例如,国家示范性专业建设验收要着重观察"校企合作协议、例会制度、工作职责、专项经费管理、共建实训基地管理、激励与考核办法、运行规范等"。

为完成示范建设任务,建筑装饰专业群积极加强校企合作,构建了"引企入校"的校企合作模式。"引企入校"就是把企业引入学校,使校企双方教育资源在时间和空间上有效利用,实现双赢。这一模式可以说与"校企合作"的内涵与本质比较接近,与实现"双主体育人"目标也比较接近,但要真正实现这一目标,也不是一件简单的事情。

2007年10月29日,学院与上海睿合广告传播有限公司签订首家"引企入校"合作协议,把"互相支持、双向介入、优势互补、资源互用、共同发展"作为合作原则。学院将280平方米建筑装饰实训中心无偿供公司使用,公司提供全套建筑模型制作设备、技术和运行管理,设备投入58万元。公司接收学生在公司进行生产性实训和顶岗实习并根据学生实习期的内容、项目和课题给予适当安排,公司派专业技术人员进行教学指导,保证学生能顺利完成实习教学内容,安排的学生人数每学期不低于30人。在实习期间,公司为学生提供适量劳动报酬,学院为公司指导教师提供适量的指导费用。公司聘请学院专业教师为技术或管理人员并提供适量劳动补贴。学院根据公司的实际情况和要求,提供信息服务、技术援助和项目合作研究;学院与公司一起制订专业教学计划与课程教学大纲以及教学实施方案;学院对双方合作研究成果进行推广,公司根据生产特点组织学生进行操作技能竞赛并出资3万元设立企业冠名奖学金。与该公司的合作,应该说为解决学生生产性实习提供了方便,公司组织的技能大赛也提高了学生的动手能力。但客观地说,校企合作"双主体育人"的目标没有很好地实现。由于该公司所在区域为教学中心区,其生产噪音很大,影响正常教学且有一定的环境污染,到2012年10月29日合同期满,没有再续签合作协议。

2008年5月1日,学院与江苏水立方建筑装饰设计院、徐州天力建筑装饰工程有限责任公司签订合作协议(两家公司,一个法人代表),将这两家公司引入学校。学院将1030平方米办公用房无偿提供给公司作为设计工作场所、办公场所。两家公司投入100万元的设备作为生产和教学使用。这两家公司汇聚了徐州地区建筑装饰企业的高层次人才,现在已经成为在淮海经济区集设计、施工于一体的龙头装饰企业,有力地促进周边地区建筑装饰行业的发展。公司与学院共建了"全真+仿真"型校内工作室,年接收300名以上学生带薪顶岗实习、10名以上教师挂职锻炼,与学院合作攻克技术难题,多次获得科技成果奖。20多名企业专业技术人员参与教学实践,20多名专业教师走进了企业工作室,建立了一支力量雄厚、专兼结合的"工程型"教学团队。该团队被评为国家级教学团队。学院文化与企业文化相互交融,为形成"5+3"人才培养模式与"545"教育教学模式打下了坚实基础。建筑装饰工程技术专业"5+3"人才培养模式获得国家教学成果一等奖。

"订单班"合作模式。2010年1月1日,学院与徐州清大吉博力涂料有限公司签订合作协议,冠名成立"清大吉博力"特色班。学生由公司面试组成30～40人的班级,公司向该班学生每人每年支付2 000元奖学金。该班学生毕业实习在该公司进行并接受实习考核后接收为企业或连锁机构员工。与该公司合作连续进行了 3 届,由于达不到校企"双主体育人"的目标,也由于公司经济效益不好,在公司工作的学生流失严重等问题,被迫于 2015 年 12 月 31 日合同期满不再续约。

"订单班 + 现代学徒制"合作模式。2011 年 9 月 20 日,学院与江苏紫浪装饰装璜有限公司签订协议,冠名成立"紫浪"特色班。该公司是南通龙信建设集团子公司,公司实力雄厚,专业技术力量强,吸纳学生就业能力强,公司注重企业文化建设,注重人才培养。特色班实行双"班主任"管理,校企信息沟通渠道畅通且沟通交换信息频繁。公司专业技术人员参与专业教学计划制订、课程开发,定期派专家到校开展企业施工案例讲座、进行企业文化渗透。学生顶岗实习实行师傅带徒弟的方式,手把手进行指导(现代学徒制),学生对企业与师傅感情深厚,愿意为企业服务。与该公司的合作,体现了"双主体培养、双环境育人、双师授课、双身份学习"的现代学徒制模式。

"订单班 + 现代学徒制 + 联合技术研发"模式。2015 年 7 月 13 日,金螳螂家装 e 站云贤通校企战略合作签约仪式暨 2015 届江苏建筑职业技术学院"家装 e 站班"教师特训营开班典礼在苏州金螳螂总部大楼隆重举行。"家装 e 站班"采用"2+1"模式,围绕"家装 e 站"36 个节点标准化工作流程为要求制订的任务式教学方案在大三期间对该班学员进行一学期的专业课程特训,再根据各地人才需求安排特训营专项任务书,合格的学员至全国线下体验中心进入实训任务阶段。在实训任务阶段,分站将采用"A+B"的帮带模式,由一个老员工带领一名实习生完成实训任务。这样的安排既满足了专业培养方案对学生动手能力的培养需求,也满足了各地分站对人才迫切的前置需求,是一个多方共赢的校企合作模式。这样的合作模式为家装人才培养装上了"互联网 +"的引擎。这种合作模式对学校和企业的发展带来了极大的推进作用、为探索行业技术技能人才培养开辟了一条符合"互联网 +"时代背景的新路径。

2013 年 2 月 3 日,学院与金螳螂技术部签订"联合制定行业技术标准"协议,学院派出专业技术团队与金螳螂技术团队对接,利用 3 个月的时间完成了住房与城乡建设部委派的任务,目前《标准》已经在全国建筑装饰行业推广实行,这一成果也有力地促进了建筑装饰专业群专业标准建设,促进了专业的发展,同时也锻炼了学院专业教学团队。

2014 年 7 月 8 日,学院与金螳螂联合申报建筑装饰工程技术专业"国家专业建设资源库"项目并被批准立项。在建设过程中,无论硬件建设还是软件建设,金螳螂都给予无私支持。他们给资源库建设提供了大量素材和案例并对项目建设的基本路径给予了大量指导工作。

2014年6月7日,学院与金螳螂技术部签订"联合攻关施工技术难点"协议。金螳螂把施工中存在的1 000多个问题作为施工案例交予学院、把近600个已经解决的施工技术难点的方案交予学院教师用于教学。要求学院组织专门人员选择25个未解决的典型案例进行立项研究,企业派高级技术人员参与指导并提供研究经费。经过一年多的联合攻关,截至2015年7月,已向金螳螂提供13个解决方案,其研究成果通过协议由双方共享知识产权。目前这项联合研究还在持续中。这项校企联合技术攻关项目,大大提高了教师的科研能力,也指明了高职院校教师的科研方向,有力地反哺了专业教学。

2015年8月6日,学院与金螳螂合作,联合申报建筑装饰工程技术专业"江苏省高校品牌建设工程一期项目"。金螳螂副总杨志先生亲临答辩现场进行答辩,项目获得立项,建筑装饰工程技术专业成为江苏省高校品牌专业建设项目。在整个立项申报过程中,金螳螂给予人力、物力支持,总经理亲自过问项目申报进展情况。

四、建筑装饰专业校企合作模式转型升级2.0版

如果以国家专业教学资源库建设为节点,我们可以把建筑装饰专业群校企合作模式称作校企合作模式1.0版。那么以教育部《高等职业教育创新发展行动计划(2015—2018年)》(以下简称"三年行动计划")、建筑装饰专业省级品牌专业立项建设为节点,校企合作模式需要从1.0版升级到2.0版。2.0版不是对1.0版的简单否定,而是在《三年行动计划》、在完成建筑装饰专业省品牌专业建设任务背景下,必须提升校企合作内涵,创新校企合作模式。这就是建筑装饰专业群校企合作模式"转型升级"的国家政策依据与现实依据,或者称为外在根据与现实依据。

(一)构建建筑装饰专业群2.0版校企合作模式的根据

《三年行动计划》描述了校企合作的主要目标:"高等职业院校服务发展的能力进一步增强。技术技能人才培养质量大幅提升,专业设置与区域产业发展结合更加紧密;应用技术研发能力和社会服务水平大幅提高;与行业企业共同推进技术技能积累创新的机制初步形成"。

在目标描述中,值得关注的几个关键词是:服务发展能力、区域产业发展、应用技术研发能力、社会服务水平、技术技能积累。这是新时期版校企合作的基本内涵,是校企合作要达到的主要目标,是建筑装饰专业群构建2.0版校企合作模式目标的设计依据。

《三年行动计划》描述了实现校企合作目标的主要措施:"支持社会力量参与职业教育的政策更加健全;产教融合发展成效更加明显;推动职业教育集团化发

展；探索混合所有制办学，鼓励企业和公办高等职业院校合作举办适用公办具有混合所有制特征的二级学院；鼓励专业技术人才、高技能人才在高等职业院校建设股份合作制工作室；鼓励行业参与职业教育；研制职业教育校企合作促进办法；深化校企合作发展；推动专科高等职业院校与当地企业合作办学、合作育人、合作发展；鼓励校企共建以现代学徒制培养为主的特色学院；以市场为导向多方共建应用技术协同创新中心；支持学校与技艺大师、非物质文化遗产传承人等合作建立技能大师工作室，开展技艺传承创新等活动；开展现代学徒制培养"。

在措施描述中，值得注意的是这样几个关键词：职业教育集团、混合所有制、现代学徒制、应用技术协同创新等。指明了构建2.0版校企合作模式的基本路径。

根据《三年行动计划》，学院制订了《江苏省高校品牌建设工程一期立项专业建筑装饰工程技术项目任务书》（以下简称《项目任务书》）关于校企合作建设目标做出这样描述："依托装饰专业校企联盟，合作开展工作站建设、人才培养、技术研发、标准研制，构建产学研协同育人长效机制；引领全国高职建筑装饰专业建设与发展，把建筑装饰工程技术专业建设成为国内一流、国际有影响力和竞争力的高职教育品牌专业"。

在描述中值得注意的几个关键词：校企联盟、人才培养、技术研发、标准研制、产学研协同育人、引领全国、国内一流、国际影响。这说明品牌专业建设的目标与国家校企合作目标是契合的。

《项目任务书》关于校企合作预期标志成果作了这样描述：校企共建1个教学工厂、4个研究中心和3个传统技艺大师工作室，打造具有鲜明特色、产学研一体化的国内一流实训平台；协同20家以上高职院校、15家以上国内装饰百强企业和中国建筑装饰协会，打造国内一流协同育人平台；引入装饰行业国际标准，建立与国际接轨的专业标准、质量评价机制，提高专业建设国际化水平，引领国内同类专业发展；建成60万元基金的"校友拉手"创业孵化器，服务国家"一带一路"战略，向东盟2所以上院校输出专业优质教育资源。

在描述中值得注意的几个关键词：教学工厂、研究中心、大师工作室、产学研一体化实训平台、中国建筑装饰协会、行业国际标准、百强企业、育人平台、"校友拉手"基金、"一带一路"等，这说明品牌专业建设的预期标志性成果是与国家加强校企合作的措施是契合的。

因此，《三年行动计划》是构建建筑装饰专业群校企合模式2.0版的外在根据（外因），《目标任务书》是内在依据（内因）。细究起来，《三年行动计划》与《目标任务书》每一项目标的实现、每一项预期成果的取得都离不开校企合作模式的创新。

校企合作的内容发生了很大的变化，那么形式也要随之发生变化，以便形式适应内容的发展。离开或抛弃原有模式，新模式不可能建立；死守原有模式不进行创新，原有的模式也不可能存在。因为学校与企业需求都在发生变化，这种变化的动力主要来自企业在经济新常态下的改革，尤其是企业的转型升级以及在转型升级过程中学校的作用发挥。高校三项职能，即人才培养、服务社会与文化传承，具体到高职院校就是为企业行业"培养高素质技术技能型人才""服务地方区域经济发展""传承文化"。这三项功能发挥程度，决定了校企合作的深度与广度，决定了高职院校存在价值。因此，建筑装饰专业群的校企合作模式，必须在现有模式基础上实现转型升级，需要"扬弃"1.0版模式，构建2.0版新模式。

（二）构建建筑装饰专业群2.0版校企合作模式的路径选择

2.0版校企合作模式构成要素发生了很大变化。首先是主体的变化：从原先的学校与企业，发展到学校与企业、学校与学校、学校与科研院所、学校与行业协会、学校与地方政府、学校与专业联盟、学校与职教集团等。其次是合作的内容发生了重大变化：从企业提供实训场所、接受学生就业到订单式培养，从订单式培养到实施现代学徒制，从联合建设培训基地到联合技术攻关与技术服务再到协同创新，从小规模合作到集团化合作，从局部合作到全面合作再到股份制合作办学，从育人主体的单一性全面走向"双主体育人"与"多主体育人"。根据校企合作系统发生的变化，就校企合作模式2.0版构建的路径作出以下思考。

以"江苏建筑职教集团"为平台，构建"职教集团型"合作模式。学校是江苏建筑职业教育集团牵头单位，目前集团有130多家成员单位，基本上涵盖了江苏省特、一级建筑企业和建筑类职业院校。其中企业都有建筑装饰设计与施工资质，学校都开设了建筑装饰工程技术专业。建筑装饰专业群依靠这个平台，围绕江苏建筑装饰行业对装饰人才的需求，探索建立基于产权制度和利益共享机制的校企合作办学模式；依托平台，建立专业联盟、校企联盟，协同集团内高职院校和建筑装饰企业，探索跨区域学分互认、基于学分转换的集团内部建筑类学校建筑装饰专业教学管理模式，与集团内部中职学校联合开展"3+3"模式人才培养，发挥建筑装饰工程技术专业国家示范、省级品牌的辐射作用，发挥建筑装饰工程技术专业国家教学资源库对集团内部企业员工的培训作用。

以"江苏建筑节能与建造技术协同创新中心"为平台，构建"协同创新型"合作模式。江苏建筑节能与建造技术协同创新中心（以下简称"中心"）是2014年由江苏省人民政府批准的、学校牵头的第二批协同创新计划建设项目。"中心"聚集了国内特级建筑企业、国家重点高校、科研院所、国家高新技术开发区、地方建设行政管理部门；聚集了一大批国内知名教授与企业科技人员；聚集了省内外建筑节能与建造技术领域具有优势学科、国家重点实验室、省重点实验室及工程中心、企业院士工作站。"中心"围绕建筑节能与建造技术相关科学问题，在建筑节能技术、新型建筑节能材料、建造新技术、建筑安全技术等领域开展科学研究、产品开发、工程设计、人才培养、政策引导、成果产业化、社会服务等工作，其成果在"中心"内实现资源有效共享。

建筑装饰专业利用"中心"各创新主体之间深度合作，构建学校、企业、科研院所三位一体的人才培养模式，实现三主体协同育人，形成系统的装饰专业技术技能性人才培养体系；发挥"中心"的桥梁作用，积极探索创新型人才培养的路径；充分发挥"中心"的人才优势，组建自己的兼职教学团队、建设3个大师工作室，解决长期以来专业带头人不足、领军人才缺乏制约专业发展的"瓶颈"；利用"中心"的研发能力与技术优势，围绕建筑装饰企业在施工过程所面临的若干重大技术问题开展应用技术研究，尤其是在核心关键技术研究、产品开发上取得突破。

以"建筑装饰工程技术专业教学资源库"（以下简称"资源库"）为平台，构建"资源共建与输出型"合作模式。建筑装饰工程技术专业是国家专业教学资源库建设项目的牵头单位，联合了全国22所院校、14家企业、1个出版单位，组成项目建设团队。联合建设的22所院校中，有7所国家示范性高职院校、4所国家骨干高职院校、6所省（自治区）级示范（骨干）高职院校、5所一般高职院校，其中有5所学院建筑装饰工程技术专业为国家示范（骨干）重点专业、有5所学院建筑装饰工程技术专业为国家提升专业服务产业发展能力项目。联合建设院校分布于我国17个省、市、自治区。联合中国建筑装饰协会和11家全国建筑装饰行业百强企业、两家一级装饰资质公司组建团队，不仅代表了行业的最高水平，而且在地域分布、经济发展水平等方面具有广泛代表性，联合13家企业的施工水平代表了国家最高水平。目前，依靠大家的紧密合作共建，"资源库"建设任务基本完成，即将上线发挥作用。

充分发挥"资源库"对其他高职院校的辐射作用，引领专业教学改革，提升人才培养质量。实现"资源库"在全国高职院校的推广使用，引领全国高职院校建筑装饰工程技术专业教学模式和教学方法改革，推进建筑装饰工程技术专业教育教学信息化建设，促进不同类型和地区的高职院校建筑装饰工程技术人才培养水平均衡发展，整体提高建筑装饰工程技术职业教育教学水平，提升人才培养质量。

充分发挥"资源库"对社会的辐射作用，满足多样化学习需求，服务学习型社会建设。资源载体任意组合成的若干能力模块、岗位技术课程和个性化的课程体系，满足教师、学生、企业员工、社会学习者等不同人群的不同需求；基于云技术、具有社区化模式的多终端数字化教学空间，支持碎片化、个性化、探究式学习，移动学习与协作学习；实现"资源库"满足 10 万人同时在线，日访问量超过 100 万人次的目标。

以学校"大学科技园"为平台，构建"产业园型"校企合作模式。学校"大学科技园"即将建成，科技园的基本功能应是推动学校办学模式、人才培养模式、校企合作体制机制创新，优化完善地区建筑业发展环境，引导社会资源向建筑产业集聚，推动徐州市经济社会发展。

建筑装饰专业群要借此平台，实现学院与科技园、学院与徐州市泉山区政府、学院与入住企业四方"合作办学、合作育人、合作就业、合作发展"，实现"四方协同育人"；打造"专兼结合""工程型""双师型"教学团队，破解教师到企业挂职难、成本高的难题；改善实习实训条件，破解"放羊式"实习的窘境，减少学生实习中的风险，降低实习成本，提高实习效果；联合进行技术公关，为教师应用研究成果就地转化提供方便与渠道；加强"5 个市级科研平台"与入驻企业在科研方面的融合，满足企业需求，开展应用技术研究。

以品牌专业建设中的"家具工厂建设"为平台，构建"股份型"校企合作模式。《目标任务书》中标志性预期成果要建设一个"家具工厂"，目前"工厂"正在选址、搞建设方案。建筑装饰专业群要抓住这一时机，以"家具工厂"为平台，吸引有实力的装饰企业、家具企业以资本、知识、技术、管理等要素参与"家具工厂"运作，率先建设具有混合所有制特征的二级学院，实现产学研一体化协同育人。

建筑装饰专业群的不断壮大，得益于校企合作；校企合作是"5+3"人才培养模式和"545"教育教学模式建立的基础；经济新常态下的企业转型升级、《三年行动计划》省品牌专业建设是校企合作模式不断创新、转型升级的根本动力，其根本目标是实现从"双主体育人"走向"多主体育人"。

第五节　建筑装饰专业与江苏紫浪"双主体育人"的实践

校企合作"双主体育人"是产业经济发展和高职教育可持续发展的内在要求。在建筑装饰工程技术专业校企合作"双主体育人"实践中，江苏建筑职业技术学院与江苏紫浪装饰装潢有限公司联合成立了"紫浪"订单班。通过实施三届紫浪订单班,不断总结校企合作过程中的经验,不断加大企业、学校资源的投入,完善校企合作的方式,形成"双主体互动,校企共赢"的订单人才培养模式。

校企合作"双主体育人"是产业经济发展和高职教育可持续发展的内在要求。《国家中长期教育改革和发展规划纲要(2010—2020年)》中也着重指出,要"建立健全政府主导、行业指导、企业参与的办学机制,制定促进校企合作办学法规,推进校企合作制度化"。

自2011年以来,江苏建筑职业技术学院(以下简称我校)与江苏紫浪装饰装潢有限公司(以下简称紫浪公司)紧密合作,校企双方共同实施订单班管理,进行"双主体育人"的人才培养的实践探索。

校企合作"双主体"培养体系中即"学校"和"企业"两个主体。在"紫浪"订单班模式中,紫浪公司为我校提供奖学金、企业设计施工技术培训、企业实境训练2的实习岗位、顶岗实习岗位、师资挂职锻炼、就业岗位等支持,我校除了为紫浪公司在每年的招生宣传材料上宣传"紫浪"订单班以外,通过各种渠道在相关媒体上进行宣传报道,以扩大企业知名度,提供人才储备输送毕业生。实践证明,采用校企"双主体"培养模式可以充分利用学校与企业两方面的教育资源,形成"双主体互动,校企双赢"的"双主体"办学特色。紫浪公司"双主体育人"的特色即"企业自主选拔订单班学员,企业提供紫浪班全员奖学金、培训现场施工技术、企业文化,企业全部提供订单班学员实习岗位,企业实施订单班学员就业双向选择机制"。这种办学模式不仅提高了学生的专业技能和综合素质,增加了企业的人才储备,也促进了学校和企业在合作中共同成长,形成了共赢的局面。

一、校企合作成立"紫浪"订单班——企业自主选拔订单班学员

寻求学校与企业之间的利益共同点,建立学校与企业之间共同的话语体系是推行校企合作"双主体育人"实践的重要突破口。江苏紫浪装饰装潢有限公司是江苏省内知名企业,不仅在行业内有影响,开发行业标准,还重视企业文化的建设,重视人才、注重信誉。校企双方以合作办学为平台,逐步延伸合作领域,开展全面、深度合作。紫浪公司领导认为江苏建院的"厚生尚能"育人理念能和企业"德才兼备、脚踏实地"的文化相容互助,能培养更多的人才,能为企业的发展做出突出贡献。

2011年9月20日,我校与紫浪公司举行校企合作办学签字仪式(见图11)。根据协议,双方在"互助互信、双向介入、优势互补、资源共享、共同开发"的基础上,依托我校建筑装饰工程技术专业共同建设"紫浪班",订单培养建筑装饰人

才、共同开发装饰相关课程、建设装饰专业实习就业基地以及在科研、企业员工培训等领域展开全面合作。紫浪公司还设立专项"紫浪班"奖学金奖励品学兼优的学生。

截止到2016年,我校与紫浪公司合作,已经成立了三届"紫浪"订单班,共计学生90人(见图12)。其中,第一届"紫浪班"是从2011级建筑装饰工程技术专业新入学的200名学生中进行选拔,经过学生自愿报名、企业面试,企业自主选拔订单班学员,单独编班,班级人数为30人,选派学校方面的班主任和企业方面的班主任,共同管理"紫浪班"。班主任的主要职责是校企之间沟通协调订单班学员的管理、实习、就业等相关问题。第二届、第三届"紫浪班"根据第一届的校企合作经验,完善校企合作的方式,实施更加符合企业发展需求的合作形式,以虚拟班的形式组成紫浪订单班,同时实施校企班主任共同管理。第二届"紫浪班"学员从大一、大二、大三等三个年级中进行选拔,每个年级10名同学,这样可以使企业每年都有新的员工入职,每届都有毕业生到企业工作,避免了第一届"紫浪班"从一个年级中招收所有学员,出现了第二年、第三年人员入职断档的问题。

图11 我校与紫浪公司举行校企合作签字仪式

图12 "紫浪班"开班典礼

二、制订完善的紫浪奖学金评定办法——企业提供"紫浪班"全员奖学金

为拓展校企联合办学之路,推动良好学风建设,促进产、学、研一体化,江苏紫浪装饰装璜有限公司在建筑设计与装饰学院设立"紫浪"奖学金,专项鼓励"紫浪"特色班学生学会做人、学好文化、掌握技能、提高素质、学有所成、学以致用。根据江苏建筑职业技术学院和江苏紫浪装饰装璜有限公司校企合作协议书约定要求,紫浪公司每年向"紫浪"订单班全体学员,每人平均支付2 000元的奖学金。根据校企合作"紫浪"订单班实际情况,结合江苏建筑职业技术学院学生奖学金评

定办法,制定了《建筑设计与装饰学院"紫浪"奖学金评定办法(试行)》。

"紫浪班"奖学金评定种类包含学习优秀奖学金、综合素质奖学金、单项奖学金三个种类。

学习优秀奖学金用于奖励学习成绩在班级排名前40%的学生,学习奖学金分为一等奖学金、二等奖学金、三等奖学金。综合素质奖学金,用于奖励德、智、体全面发展、综合素质测评和实习、实践能力在班级排名前40%的学生,综合素质奖学金也分为一等奖学金、二等奖学金、三等奖学金。单项奖学金包含职业技能竞赛奖学金,主要用于奖励在各级、各类职业技能竞赛,以及在江苏紫浪装饰装潢有限公司组织的专业技能竞赛、实习、实践中取得突出成绩,为班级和学院争得荣誉的学生;精神文明奖学金;主要用于奖励在长期的社会公益活动、志愿者工作中作出突出贡献并受服务单位表彰或受有关部门鉴证者,以及在江苏紫浪装饰装潢有限公司的企业文化建设中有突出贡献者;文体活动奖学金,主要用于奖励在体育、文艺等比赛中获得院级以上荣誉的学生;自强自立奖学金,主要用于奖励因家庭经济困难或因自身原因身处逆境、自立自强、成绩突出者;进步最快奖学金,主要用于平均学习成绩与综合测评成绩在班级进步幅度最快者。各专项奖学金评定中,"紫浪"特色班根据实际情况确定各类专项奖学金的人数。学习优秀奖学金、综合素质奖学金、单项奖学金可以兼得,每位学生申请的奖学金不得超过两项。紫浪奖学金获奖比例和金额如表4所示。

表4 紫浪奖学金获奖比例和金额

类别	等级	标准(元/人·年)	比例(班级人数)
学习优秀奖学金	一等奖学金	3 000	5%
	二等奖学金	1 000	10%
	三等奖学金	500	25%
综合素质奖学金	一等奖学金	1 500	5%
	二等奖学金	1 000	10%
	三等奖学金	500	25%
单项奖学金	职业技能竞赛奖学金	500	20%
	精神文明奖学金	500	
	文体活动奖学金	500	
	自强自立奖学金	500	
	进步最快奖学金	500	

紫浪奖学金评定办法：奖学金评定在建筑设计与装饰学院学生工作领导小组领导下进行，本着公正、公平、公开的原则进行综合评定。在综合评定的基础上，学生本人须提出书面申请，按照奖学金评定要求、评奖比例确定奖学金获得者名单，学院学生工作办公室负责审核。紫浪公司就"紫浪班"出台《长效激励政策》，就学生在公司组织的活动或日常实习、实践过程中的具体事务给出加分标准，达到要求者给予加分或就日常表现赠予"笑脸"（5个笑脸等于1分），分值与考试分数等值，参加"综合素质奖学金"的评比。

紫浪奖学金评定程序：每学期初学生提交《紫浪奖学金申请审批表》，递交班级奖学金评定小组。班级奖学金评定小组根据学生递交申请情况，核实《紫浪奖学金申请审批表》信息，签署班级推荐意见。班级奖学金评定小组将评审结果、《紫浪奖学金申请审批表》、相关证明材料上报江苏紫浪装饰装潢有限公司、学院学生工作办公室进行审批，确定最终奖学金获得者名单。公示初评结果，学生如对公示有疑问，可向学院提出申诉，由学院学生工作办公室负责答复；学院公布正式获奖名单，颁发证书和奖学金。有下列情况之一者，不能参加学习优秀奖学金和综合素质奖学金评选：学习单科成绩低于60分者；企业开设的课程不合格者；受到通报批评以上处分者；经学校批准休学不满一年者；所在学生宿舍卫生较差者。本办法未尽事宜，由建筑设计与装饰学院会同江苏紫浪装饰装潢有限公司协商处理。

图13　第一届紫浪班奖学金颁发仪式

图14　第二届紫浪班奖学金颁发仪式

三、企业提供培训——企业培训现场施工技术、企业文化

校企合作"双主体育人"是指学院和企业将共同对学生进行培养，将企业的文化和学习内容贯穿到教学中，培养出企业满意的人才。第一届"紫浪班"同学应江苏紫浪装饰装潢有限公司邀请，紫浪订单班班主任和6名学生代表到江苏海门紫浪装饰装潢有限公司进行了为期两天的交流（见图15）。在两天的参观学习中，紫

浪公司领导全程陪同他们参观了紫浪公司的近期项目：海门市行政中心（国家优质工程奖）、五星级酒店（东恒盛国际大酒店）、龙信集团公司总部（龙信大厦）、龙信集团新项目——龙馨家园，及海门市江海商务大厦等施工工地现场。在参观企业项目的交流中，同学们受益匪浅，不仅感受到紫浪公司实力雄厚，更加感受到了公司对于人才的重视和员工企业文化的培养。通过交流活动，双方深信在"互助互信、优势互补、资源共享、共同开发"的基础上，校企合作会更加有利于人才的深度培养和公司的未来前景。

紫浪公司的朱双华经理，在"紫浪班"学员学术讲座中，向"紫浪班"全体学生进行有关"紫浪公司企业文化"的主题讲座，主要从角色转换、学习方式、心态调整、与人沟通等方面，结合自身在公司实践的经历进行了精彩的讲座（见图 16）。紫浪公司设计部吴永远主任在"紫浪班"学员学术讲座活动中，作了《施工组织与实施》《设计实践》两场专题讲座，提高了学生的设计和实践能力。

图 15　第一届紫浪班学员参观紫浪公司总部　　图 16　紫浪公司经理作"紫浪公司企业文化"
　　　　　　　　　　　　　　　　　　　　　　　　　　　主题讲座

四、企业提供实习岗位——企业全部提供订单班学员实习岗位

根据江苏建筑职业技术学院和江苏紫浪装饰装潢有限公司校企合作协议书约定要求，"紫浪"订单班学生到紫浪公司项目部进行生产性实训和顶岗实习，紫浪公司需要派专业技术人员进行教学指导，以保证学生顺利完成教学内容。紫浪公司可以给学生提供适量的生活补贴。按照学校的人才培养方案计划要求，紫浪公司结合单位实际情况，安排学生实习内容，指导实习过程，培养学生的实际操作能力和职业素质。紫浪公司对实习学生的成绩进行全面的评价和考核。在实习过程中，紫浪公司需要提供实习设备、场地和必要的劳保用品，学生在使用设备时，必须在公司专业技术人员的指导下进行操作。我校紫浪班班主任需要根据教学计划和课程教学大纲的要求，初步确定实习的时间、内容、人数和要求，提前 1 月和企业班

主任进行联系,与企业共同制定具体的实施计划和安排。

　　紫浪公司安排学生实习主要分在青岛分公司、上海分公司、海门分公司、广州分公司等。分公司的项目分布在全国各地,有青岛、天津、济南、沈阳、杭州、上海、无锡、广州等地区,在紫浪公司项目部的实习,锻炼了学生的专业技术能力和施工现场的管理能力,使学生了解了装饰行业的新工艺和新技术,为以后走上工作岗位打下了坚实的基础(见图17)。

图17　企业实境训练2施工现场实习

五、企业签订就业协议——企业实施订单班学员就业双向选择机制

　　"紫浪班"学生毕业时,紫浪公司实施灵活的就业双向选择机制。企业对学生进行各方面的条件考核,学生对企业进行选择,避免出现非意愿、被动式的就业。紫浪公司在对订单班毕业生,经企业专业技术考核合格后,在学生意愿加入公司的情况下,方能接收为公司员工。如果学生通过对公司的了解和毕业后的晋升发展机遇比较满意,在通过公司的考核之后,可以加入公司。在紫浪班第一届学生毕业时,有15人加入到紫浪公司进行工作,后续毕业的紫浪班学员,每年都有新的血液注入企业,为企业的发展提供了源源不断的动力。企业这种灵活的就业双向选择机制,显示出江苏紫浪装饰装潢有限公司灵活的用人机制和大气的企业文化。

　　为深入推行校企合作"双主体育人"的人才培养模式,提高教学质量,加强学校与江苏紫浪装饰装潢有限公司的紧密型合作,进一步建立和完善合作办学、合作育人、合作就业、合作发展的体制与机制。紫浪公司的"双主体育人"特色:"企业自主选拔订单班学员,企业提供紫浪班全员奖学金,企业培训现场施工技术、企业文化,企业全部提供订单班学员实习岗位,企业实施订单班学员就业双向选择机制",使校企双方在合作中真正得到双赢,促进学院和企业共同又好又快地发展。

第六节　建筑装饰专业校企合作资助贫困生路径探索

校企合作是高等职业院校解决实践教学的重要途径,也是大学生勤工俭学的重要方式。高等职业院校贫困大学生在认知、心理和行为方面有诸多共性,校企合作资助贫困大学生在资助属性、资助条件和对大学生的资助心理效应方面有不同于高等学校常规资助的特点。因此,要加强校企合作,可通过企业提供实践教育资源、开展企业文化技能教育和设置企业奖助学金等路径帮助贫困大学生。这不仅能改变贫困大学生的心理感受,还能强化他们的学习动机,锻炼和提升他们的就业能力。

中国职业教育梦是"中国梦"的重要组成部分,职业教育作为与经济社会联系最密切的教育类型,职业教育是技术强国的梦,是全面发展的梦,是人人成才的梦,是尽展其才的梦。但是,统计发现,高等职业院校 75% 生源来自农村,80% 的学生是家庭的第一代大学生。15% ～ 45% 高职生申请贫困建档,30% 高职生接受不同形式的资助。因此,高等职业教育是我国最大的扶贫工程和和谐工程,高等职业教育的兴办给社会底层大众向上发展的空间和机会。为了解决经济困难大学生的求学问题,国家不断完善大学生资助途径,形成了国家奖助学金、国家助学贷款、学费补偿贷款、校内奖助学金、勤工助学、困难补助、伙食补贴、学费减免和"绿色通道"等多种方式并举的资助体系,贫困生资助受益面、受助额度均有大幅提升。可以说,健全的国家助学体系为家庭经济困难的高职生提供了"助困"和"上学"的基本保障。然而,现有的资助对提升贫困大学生的知识能力、社会化进程、创新能力和舒缓心理问题作用不大。《国务院关于大力发展职业教育的决定》明确指出,要大力推行工学结合、校企合作的培养模式。一是通过校企合作解决高等职业教育实践教学的难题,二是以校企合作为契机,不断吸纳企业资金拓展资助的时空,空间上覆盖校内外,时间上延伸到入学和就业的各个节点。如果说国家原有的资助体系是以"助困"为主,那么校企合作带来的资助为大学生提供更深层次的发展资助,是以助信、助能、助德为主,发挥全面的"铸人"功效,为大学生"出彩人生"搭建资助平台。

一、高等职业院校贫困大学生的共性分析

高等职业教育作为高等教育序列中的一种,其贫困大学生和普通高等院校有

共同的地方,也有其独特的点。通过访谈、调查和数据统计分析发现,高等职业院校贫困大学生在认知、心理和行为方面有诸多共性。

认知共性。高等职业院校贫困大学生大多来自农村,他们从小就知道家庭能给予的支持是有限的,通过大学改变自己的命运是唯一出路。同时,他们很多是家庭第一个也是唯一一个大学生,肩负着改善家庭经济现状的责任和期望,鉴于这个认知,他们的成才动机强烈。然而,虽然他们有较强的求知欲望,但大学学习缺乏目标性,表现在专业认知程度较低、专业对应岗位技能需求了解不够、自我认知不足和职业生涯缺少思考与规划等。

心理共性。由于高等职业院校招生序列靠后,再加上现阶段高等职业教育的社会认可度低,很多高等职业院校贫困大学生心理上认为自己是高考的失败者,从而导致自我效能感低和自信心不足。其次,受过分追求物质享受的社会环境影响,大学生之间的攀比心理很容易让他们因为家庭经济贫困滋生自卑情绪。最后,部分贫困大学生处于焦虑感、负罪感较强的状态,原因是父母家人为他们求学,不得不外出打工,省吃俭用,因此导致较多消极的自我暗示。

行为共性。高等职业院校贫困大学生虽然在认知上比较迷茫,但在学业上大多比较有进取心,学习努力刻苦,态度端正积极,有较强的组织纪律性,严格遵守学校规章制度,尊敬师长,团结同学。在行为上,即使内心渴望与他人平等沟通,但大部分比较内向,不善于语言表达和交流,主动人际交往不多,参与第二课堂的主动性不强,社会化程度较低。鉴于以上特点,高等职业院校贫困大学生资助解决求学的经济压力固然重要,但帮助他们树立上高职能成才的自信、解决他们社会化发展迟滞、引导他们正确认知自我和合理规划人生等发展性资助更为关键。

二、校企合作资助贫困大学生区别于高等学校常规资助的特点

高等职业院校校企合作,针对不同企业,不同合作层次,会采用不同的合作模式,但不管什么模式,企业的合作目的是招纳人才。企业资助在资助属性、资助条件和对大学生的资助心理效应方面与高等学校常规资助都有较大的区别。

资助属性条件差别。首先,高等学校常规资助属于国家公共资产,资助预设唯一条件是家庭贫困,基本上只要地方政府为学生开具贫困证明,核实无误后,就可以得到资助,其竞争性和排他性较弱,基本属于无回报要求型的扶贫保障资助。考虑到贫困大学生的隐私和自尊心等因素,对于受助大学生,学校一般不会广而告之,属于低曝光型资助。然而,校企合作背景下的企业资助资金属于私有财产,很多企业通过"订单班"模式进行资助,即企业在学校冠名定制班级,学校

和企业共同管理、教育,学生毕业后到企业就业。由于"订单班"的名额有限,学生要经过层层筛选和严格审核,成为"企业订单班"学员才有获得资助的可能,因此受助具有较强的竞争性和排他性。与学校资助的润物细无声相比,企业助学为了扩大社会影响,往往邀请学校领导参与颁奖,场面宏大,还要张榜公示,属于高曝光性资助。如果说学校常规资助的条件是"比贫、晒贫"的话,那么企业资助还要"比优"。

资助心理效应差异。学校常规资助和企业资助的筛选条件不同,常规资助的受助者往往戴着"家庭贫困"的帽子,让受助者感觉低人一等,一定程度上损伤受助者的自尊心。而校企合作资助,由于其进入"订单班"的高竞争性给家庭经济困难大学生和家庭富裕大学生同台竞争的机会,使得受助大学生能收获竞争胜利带来的自信,能激发受助大学生追求卓越的内在动力,这些恰是贫困大学生"心理症结"的对症良药。此外,企业"订单班"学员在实习实践时,不仅获得企业师傅的关心、指导,更能在劳动付出的同时获得企业支付的工资,变他助为自助,受助大学生收获靠自己的劳动养活自己最光荣的成就感。部分受助大学生因为表现优异得到来自企业和学校的认同,获得企业的奖助,增加了受助的幸福感,幸福受助也符合现代教育资助的战略目标。如果说学校传统资助是给"积贫积弱的花枝灌水",会让贫困大学生"自卑、自怜"的话,那么企业资助则把贫困大学生追求自强的希望之火点燃,让他们感受到社会的温暖,能引导、激发和强化贫困大学生的励志自强行为。

三、校企合作资助高等职业院校贫困大学生的途径

无论是学校常规资助,还是校企合作企业资助,首要目的是帮助贫困大学生解决求学的实际经济困难,帮助他们圆满完成学业。在此基础上,针对贫困大学生的共性特点,校企合作资助的目标是最大限度地帮助贫困大学生解决思想负担,引领他们树立成才目标和信心,提升岗位技能,加快受助大学生的社会化进程,进而实现自我发展,提升他们的就业能力和就业质量。

提供实践教育资源。高等职业院校开展校企合作,学校目的是通过与企业的合作,利用企业的资源优势,加强大学生实践教学,提升大学生的实际操作能力,进而提升就业质量。企业希望通过合作,把企业人力资源运作提前,选拔并培养企业发展短缺人才。以江苏建筑职业技术学院和龙信建设集团校企合作为例,建筑行业因其工作环境艰苦和人员项目的高流动性,被称为"现代游牧民族",因此建筑企业在挑选人才的时候,更愿意选择家庭条件困难的大学生来培养。为了实现培

养的目的,校企共建"龙信建筑施工现场直播教室",通过现代信息技术手段,无偿将龙信集团遍布在全国各地的施工现场监控视频和视频会议系统引入学校。视频教室实现了建筑企业工程技术资源和学校教学资源的"零距离"对接,解决了教学周期与建筑工程施工周期难以衔接的问题,强化了大学生对行业企业施工的认知,提升了"订单班"成员实践教学的效果。

开展企业文化技能教育。针对贫困大学生自信心缺乏、专业认知不足和社会化程度不高的特点,企业专门组织团队来校授课,组织大学生到企业开展文体活动、职业培训,帮助他们全方位地认知所学专业,了解专业对接行业岗位群,以及岗位群的职业技能需求。通过校内授课和职业培训,帮助大学生感受企业"不唯学历,唯能力""崇一技之长"的文化氛围。通过开展各类活动,为贫困大学生提供更多提升语言交流、活动组织能力的机会,引导他们学习结合专业规划职业生涯。此外,在企业实习实践环节,企业从管理干部和技术骨干中为贫困大学生选配师傅,建立学员和企业之间的情感纽带,形成点对点的指导。通过团队交流、师傅指导和企业培训,贫困大学生提升了专业能力素质。参与校企合作"订单班"的贫困大学生不仅缓解了家庭的经济压力,更重要的是减轻了原有的就业压力,还通过企业实践,更清晰地了解企业的岗位技能需求,这使他们的学习目标更明确,学习动力更充足。

设置企业奖助学金。企业为了最大限度地帮助贫困大学生解决思想负担,通过"订单班"模式,设立奖助学金,鼓励学员学习,帮助贫困大学生完成学业。在企业实习阶段,企业为贫困大学生提供适量实习经费补助,解决他们的生活难题。实习结束后,企业师傅结合大学生的实习表现,对他们的实践给予成绩认定和奖励。企业奖助学金的设立不仅帮助贫困大学生缓解在校学习的经济负担,更让他们看到企业愿意投入大量资金来鼓励其学习,让他们感受到企业对技术技能人才的重视,使大学生认识到自身的价值,增强他们"上高职、能成才"的信心。校企合作资助贫困大学生的实效通过比较 2011—2013 年江苏建筑职业技术学院贫困大学生和参与校企合作"订单班"的贫困大学生的就业数据发现,参与校企合作"订单班"的贫困大学生就业率为 100% ,专业对口率为 98.76% 。明显高于全校平均就业率 97.36% ,平均专业对口率 86.17% ,更高于全校建档贫困大学生平均 93.52% 的就业率和 84.89% 的专业对口率。在企业满意度调查中,参与校企合作"订单班"的贫困大学生也因为他们吃苦耐劳精神和受助感恩的低跳槽率而备受企业称赞。校企合作资助贫困大学生的开展进一步完善了高等学校贫困大学生的资助体系,为贫困大学生的成长提供可通过竞争得到的资源,为他们的职业发展提供实践锻炼的平台,也提供了就业的保障,甚至解决贫困大学生深层次的思想包袱和受资助的心理负担,但校企合作目前在高等职业院校仍属稀缺资源,需要政府的政策鼓励,需要学校进一步提升办学质量,吸引更多有社会责任感的企业参与。

第七节　建筑装饰专业群实施"三制度"人才培养路径探索

"学分制、双导师制、弹性学制"是当前职业教育改革的必然方向,是提高人才培养质量的重要途径。本文以建筑装饰工程技术专业教学模式、教学体系与教学管理为主要研究对象,结合"学分制、双导师制、弹性学制"特点重点提出在专业中的有效应用与实施改革,构建出符合建筑装饰工程技术专业的"学分制、双导师制、弹性学制"人才培养策略与路径。

"学分制、双导师制、弹性学制"作为教学管理模式已成为高职院校教学改革的热点问题。建筑装饰专业群实行"学分制、弹性学制"是教育教学制度的创新,实行"双导师制"能促进该专业群校企合作的进一步深化,为高素质技术技能型建筑装饰设计、施工人才的培养注入无限的动力。

一、"三制度"人才培养的基本内涵及意义

"三制度"指的是"学分制""弹性学制"和"双导师制"。学分制,以学分作为衡量学生学习分量、学习成效,为学生提供更多选择余地的教学制度,是规定各门课程的学分和学生毕业标准学分的一种教学改革管理制度。学分制具有修业年限的弹性、课程的自选性、修读课程的自控性、开设课程的多样性等特性。学分制的实施是可以达到专业预期人才培养的目标和人才基本的规格和能力。学分制是通过打破学年的限制,以定量的学时为单位计算学习劳动量,使学生有可能自定学习负荷和学习进度及顺序,既增加学生学习的自由度又调动学生的积极性;学分制的实行使计算学习量有了共同的标准,不同专业甚至不同学校之间的学分可以互相承认,让教育资源得到最大的交流和充分的发挥;学分制是教学模式和教学管理上的变革,高职院校实行学分制有利于高职院校的教学观念、培养目标、招生就业、课程体系、教学手段、质量评价体系、学籍管理、教师队伍建设等全方位制度创新,有利于进一步加深校企合作、工学结合,有利于理实一体的项目化课程改革。

"弹性学制"在国外其实就是学分制的发展和表现,在学分制的基础上演进而来的。弹性学制是为学生在学习的过程中提供选择性,学习年限有一定伸缩性的教育教学制度。遵循学习时间的伸缩性、学习过程的实践性以及学习内容和学习方式的选择性,以满足教育的个性化、多样化;弹性学制是建立现代大学制度的基石。弹性学制是把科目、课程、老师、时间的选择权交给学生,从而要求学校围绕弹性学制进行深层次的教育教学改革,提高人才培养的质量;弹性学制是国际教育的基本趋势,让更多的学生根据自己的特点、需求和节奏来安排大学生活,把学生从接受者变为决策者,最根本的目的是让学生从被动学习者变成主动学习者,而这一点恰恰是当代高职教育最希望解决的瓶颈问题。

学分制和弹性学制作为新型的教学制度,只有当两者真正的融合起来才会真正发挥各自的优点和作用。弹性学制真正意义上的推广和实施必须以学分的积累为基础,学分制本身就是一种具有特殊意义的弹性学制,两者相互依赖、相互制约。

"双导师制"是指专业教师和企业人员共同担任导师共同指导同一批学生,增强学生的综合素质和实践技能水平,从而实现"产、学、研"的有机结合。借助双导师制可以对学生学业进行互补的指导,校内导师着重指导基础知识和理论,企业导师着重指导专业技能和生产操作。与传统的教学相比,双导师制实施归于行业化、企业化的管理模式,学生在这种模式下不仅可以提前了解行业环境和企业管理,而且最大限度地提高学生的职业素质、专业能力和就业竞争力。

二、"三制度"人才培养比较与借鉴

美国是实施"学分制"最有代表性的国家。19世纪下半叶,美国首先建立了"学分制"。从弗吉尼亚大学1824年允许学生选学模块课程,一直到1872年学分制真正成为一种制度在美国哈佛大学实施,前后经历了100多年的发展,如今,学分制在美国大部分高校已形成系统化、人性化和成熟化的教学体制。一是提倡"通识教育"。"通识教育"是美国社会的基本教育理念,即培养具有坚实基础知识且适应社会发展变化的通用型人才。大一与大二均以通识教育课程为主,形成文理融合、学科交叉的人才培养模式,大三学生可自行选择主修专业,自由学习自己最感兴趣的专业知识。但学校仍然强调基础知识的学习,基础课程学分仍占有很大比重,扩大学生知识面,同时加强对基础知识的巩固和掌握。二是提倡"灵活化选课形式"。美国大学课程中自由选修课占课程总量的2/3。学校会根据不同需求开设新的选修课程,学生可以学习到各种自己喜爱的专业知识。在较大程度上已经满足世界各国学生在美国高校学习过程中的个性化需求。三是提倡"完全学分制"。高校用学分衡量学生的学习时间,学生能否毕业与取得学位完全由学分决定,只要达到毕业要求最低分即可。学校根据学生注册的学分数收取学费,奖学金也是参照学分发放。对学生起到激励的同时也具有约束的作用,充分挖掘学生学习的效率。四是提倡"学分转换与互认"。美国是一个高流动性的国家,学生更换大学的现象频繁发生,因此,美国高等教育机构在每所大学都为学生保存成绩副本,在美国,高校之间教育的学分可以相互承认并转换,这是美国学分制最成功的典范之一。

导师制起源于19世纪英国的牛津大学,强调个别指导与德智并重,注重营造和谐、自由的教学氛围。而"双导师制"的教学模式在国外的实践教学方面也已经非常成熟。例如,德国的"双元制"教学模式在实践教学改革方面非常具有时代特色。"双元制"的职业技术教育模式为德国的经济社会培养了大批各种层次、各种类型的技术人才,被誉为创造德国经济奇迹的秘密武器。"双元制"中的一元是职业学校,主要负责传授与职业有关的专业知识;另一元是企业等校外实训场所,主要以企业培训为主,负责学生职业技能方面的专门培训。在企业受训的时间是学校理论教学时间的3～4倍,真正做到突出职业技能培训。

"学分制"的实施在我国始于1919年,蔡元培先生任北京大学校长后开始实行选科制;1921年东南大学全面采用学分制,并在国内首创主辅修制;1929年,清华大学把课程分为必修和选修两种,学生可以自行修订选修计划;1931年,教育部通令各校一律采用学年学分制,并规定了大学生应修学分的最低标准且一直沿用到新中国成立初。1952年,全面学习前苏联办学经验,学分制改为学年制;从1987年以后受传统观念的制约和影响一直至20世纪90年代初才走到学分制的稳定和反思期。但综合来看,目前我国高校仍然处于摸索阶段。大部分高校仍以学年学分制为主,并未过渡到真正意义上的学分制。一是以人为本的教育理念还没有真正树立起来。目前,我国高职院校的侧重点仍然以招生为主,没有精力大手笔的去推行和投入。人才培养方案虽然有些高校进行了优化,但教师素质、课程的数量和学时没有跟上,做不到完全的教学改革实施。二是选课情况复杂,教学秩序难以控制。学分制以选课制为基础,在过程中会有大批学生因为各种原因会出现更改,这就产生了巨大的工作量;新体制下的学生上课会出现较大的流动性,当跨专业选课且选修科目多等问题出现时,教学秩序较难控制,教学调度比较困难。三是配套政策跟进不够。国内整体的教育制度和教学模式仍未改变,学生目前只能在高考录取的学校、系及专业中学习,无法像有些国家一样自由转专业、转系,甚至转校。制约这一点的根本原因还是由我国国情限制以及相关教育部门在教学改革上没有做好完全的准备等。

校企合作是高职院校的办学模式,"工学结合""产学研一体"是高职院校的教育教学模式,培养高素质技术技能型人才是高职院校的人才培养目标。模式与目标的实现必须建立高水平、紧密型的校企合作关系,其实质是实行"双导师制",实现"双主体育人"或"多主体育人"。借鉴德国"双元制"的经验,高职院校实施"双导师制"取得了很大的成就,但仍存在许多问题。一是师资队伍现状。针对高职院校如此高要求的培养目标而国内师资队伍的现状却不能完全满足,主要是实践能力强的高素质教师严重匮乏。二是双导师制下的教师职责规定。校内导师与校外导师之间应具有相对固定且相对实效的合作关系,而实际相反,由于配套政策跟进不够,校内导师往往由于校内的体制和教学任务繁重等因素的制约,多数不能和企业导师进行理想化的密切联系,这对于"双导师制"的实施无形中造成了困难和阻碍。三是"双导师制"下的学习效果规定。一般校内导师所带学生原则上不超过 15 人、校外导师指导学生一般不超过 5 人为宜。而国内高职院校实际情况恰恰相反,考虑到生源的压力,学生班级人数远远大于规定人数,影响教学质量和教学效果。

三、实施"三制度"人才培养的条件分析

通过以上国内外"三制度"实施的比较,我国对"三制度"从认识到实施与国外相比起步甚晚,我国缺乏对高校"三制度"的整体状况、运行机制、实施规律及其未来发展等的细致的研究,目前,国内尚未形成完整的体系和政策。但在推进过程中,由于内外条件的不成熟,例如,受传统教育思想束缚、教学管理体系不够完善 、教师职务评聘体系不配套、高等教育投资不足等方面影响,在实践过程中出现了资源紧张、弹性不足、师资难以满足要求、学生自主能力差、班集体概念淡化等一系列的问题,甚至一定程度上已经阻碍了"三制度"发展的进程。因此,学校相关部门要积极向上级部门协调并出台允许针对实施"学分制、双导师制、弹性学制"教学改革的相关政策。专业要利用各自的优势和资源积极探索和创新在教学观念、培养目标、招生就业、课程体系、教学手段、质量评价体系、学籍管理、教师队伍建设等方面的全面改革,针对"灵活化选课形式、完全学分制、跨学校跨专业选课、学分互认与互换、双导师制"等核心问题进行梳理、完善和解决,保证"学分制、双导师制、弹性学制"在国内高职院校顺利实施。

四、建筑装饰专业实施"三制度"人才培养的基本条件

建筑装饰工程技术专业不断深化产教融合、校企合作,扎实推进项目化教学改革,在"5+3"工学交替人才培养模式下,专业教学内容体系与实践教学体系构建完

成,在顶岗实习运行管理标准制定、专业教学资源库建设等方面进行了系统研究与深入实践,现已发展成为在全国有重要影响力的特色专业,在同类院校中起到很好的示范和引领作用,为实施"学分制、双导师制、弹性学制"教学改革提供了坚实的基础。

专业硬件基础牢固。专业的硬件基础条件是重要保证。例如,多媒体教室与实训室数量、实训设备与图书资料数量等。此外,业余时间能否对学生全面开放也是决定"三制度"能否推行的重要因素。而建筑装饰工程技术专业建立了"仿真+全真"开放式、创新型实训基地。专业围绕软件建硬件,针对专业面向的建筑装饰行业与岗位群,按"源于现场、高于现场"的集成性原则建立了11个"产、学、研"一体化开放式的装饰技术实训室和工作室。

教学师资条件。"三制度"的实施对师资的数量和综合技能水平提出较高要求。没有一定数量和质量的师资,无法形成竞争机制,难以实现学生选择教师的制度和丰富的选修课程。而建筑装饰工程技术专业目前实施了"企业进校园、工程师进课堂、教师进项目"等措施,实现了校企共建教学团队。制定了"工学交替"的特色人才培养方案,通过人才、感情、文化、管理的"四融合"实现了"教室工作室化、学生学徒化、教师师傅化、教程工艺化、作品产品化"。

教学信息化资源。"三制度"的实施对网络共享型的信息化教学资源的数量和质量也提出较高要求,实施的成功关键在教学资源共享性和易学性,能为学生在网络学习和自主学习的过程中提供重要的自学资源。而建筑装饰工程技术专业系统设计了共享型专业教学资源库。通过校、行、企多元合作,搭建了提供智能查询、在线学习、讨论互动、培训认证、在线测试等服务的国家级教学资源库。目前已建成16门网络课程、30 000多个素材资源、30多个培训包、100多个企业案例,促进了教与学的方法改革和效果提升,提高了专业人才培养质量和社会服务能力,有助于学生在任何时期或地方都可以自主的学习本专业相关知识。

人才培养模式与教学体系。学分制与弹性学制要求在规定的年限内允许学生免修和重修或提前和推后毕业,在达到该专业或科目的最低学分要求下允许学生跨科目或专业选修容易或中意的课程或模块。这就要求专业构建一定要实行"工学交替"的人才培养模式,给学生留出大量的课余时间和实习时间,让其自主地去选择性学习;"双导师制"规定专业的课程体系要大量地设置"工学结合"的课程,让专业教师和企业技术人员在整体课程体系中各尽其职。而建筑装饰工程技术专业构建了符合行业特点和职业能力的企业实习模式,每年在施工旺季,根据实际需求安排学生实习,一方面让学生提前了解工作任务和岗位要求,增强了学生的就业与创业能力,实现了校企合作育人目标;一方面给学生留出大量的课余时间和实习时间,让其自主地去选择性学习。

校企合作与院校同盟。"学分制"与"弹性学制"中学分互换和互认机制与学生跨学校跨专业的选修模式,很大程度上直接关系到专业建设中校企合作与院校同盟的成果效应,而"双导师制"的核心更是离不开成熟的校企合作机制。建筑装饰工程技术专业建立并实施了"企业进校园、工程师进课堂、教师进项目、学生进工作室、文化进环境"的"五进"育人校企联合培养机制。学院与金螳螂公司在校内合作共建研发中心和培训中心,设立"金螳螂家装 e 站班";与江苏紫浪装饰装潢有限公司合作设立"紫浪班",开展订单培养;与江苏天正建筑装饰工程公司、江苏水立方建筑装饰设计公司合作共建了校内工作室和装饰设计院;与南京金鸿建筑装饰工程公司等 40 家企业合作建立了校外实习基地。按企业和学校的双重要求考核学生,实现学校与企业双元合作。还牵头成立"全国建筑装饰工程技术专业联盟",专业联盟由全国 23 所高职学院发起成立,优势互补、协同创新,全力打造资源共建、共享的创新型人才培养平台,建设团队中有 11 家全国装饰百强企业参加。

总之,实施"三制度"是高职院校教学体制的重大举措和改革方向。通过以上 5 点的总结,建筑装饰工程技术专业特色鲜明,师资力量雄厚,具有显著的影响力和辐射力,完全有实力和能力来实施"学分制、双导师制、弹性学制"的改革与创新。

五、建筑装饰专业"三制度"人才培养路径选择

依托我国建筑装饰行业发展优势和江苏建筑装饰强省优势,建筑装饰工程技术专业的目标是,实现国际知名且具有中国特色的职业教育品牌专业,关键是在课程体系、教学内容与教学管理上的飞跃。而针对在专业"5+3"工学交替人才培养模式的基础上实施"学分制、双导师制、弹性学制"的融合与创新更是专业核心。结合专业的现状和肤浅的认识,提出初步构想如下:

树立以人为本教育理念、重新制订教学整改方案。学院要积极弘扬和传达教育改革道路上的新思路和新做法,要通过各种方式让专业内教师和教学管理人员等正确树立以人为本的教育理念,改变传统思想,统一建设策略;根据建筑装饰工程技术专业建设的特点与人才培养规格的要求,重新建立必修课、公共选修课、专业选修课为基础的课程体系;按照学分制与弹性学制的要求,重新制订人才培养方案和教学大纲;在人才培养方案中规定基本学制为 3 年,学生可在 2 ～ 5 年完成学业,允许学生提前或延期毕业,实现学制上的弹性;根据已有的课程基础和学

生就业岗位工作特性,在教学大纲中规定必学内容和选学内容,实现课程内容上的弹性;按照相应比例开设足够的公共选修课和专业选修课,并为学有余力的学生开设第二专业辅修课程;拓宽学生的知识领域与综合技能。

完善教务管理系统和学籍管理制度。教学管理部门要制订适合学分制与弹性学制的学籍管理办法,在学生选择课程、选择导师、学期考试、学籍管理、毕业就业和学分互认等各个环节都要做出教改后实施细则以保证选课制落到实处。基于校园网络环境,利用当代前沿的信息化手段来建立教学信息系统。例如,在教务管理系统中提前录入专业内所有类型的课程信息、教师信息与学分信息等资料,让学生在选课选教时对课程和教师有初步认识;教务管理系统应具备自行选课选教的统计,在选课门数、学分数、学生数与学生限额等出具统计数据,为管理者提供实时决策依据;教务管理系统应根据同一班级中的不同学生自动生成个人化课表,包括课程、教师、教室、时间等所有信息;教务管理系统还应针对学分互认对学生的学习和毕业资格信息、课程以及教学内容信息公开。这样,学生在选课和学习等方面才有弹性,才有自由和自主性,才能真正将"三制度"落实。

深化校企合作和优化师资团队。"双导师制"是建立校内、校外双导师的新型技能人才培养模式。要求高职院校和企业建立长期有效的合作机制;要求校内专业导师应该是拥有双师素质、讲师以上职称,有扎实的专业知识、较强的科研和实践能力;要求校外导师应该具有大学以上学历或副高以上职称,有 5 年以上的工作经验,导师工作单位相对稳定,能有效地指导,让学生进行职业实践。专业实施"三制度"后必然出现竞争机制,出现学生选择教师、教师选择学生的双向选择。在此环境下,一方面要继续深化与行业、企业的深度合作,积极健全本专业产学研协同育人长效机制,继续引进实践能力、技术服务能力、专业设计能力较高的兼职教师作为校外导师,打造协同育人平台;另一方面要积极开阔专业教师的视野,持续推进教师的专业教学能力提升、工程技术能力强化,通过国内外培训和企业挂职锻炼等方式,加强"双师素质"培训的同时提升教育理念、双语教学能力和基于工作过程的教学设计与实施能力,打造一支素质高、业务水平强,具有国际视野和创新精神的工程型教学团队。

加强网络共享型的信息化教学资源建设。实施"学分制、双导师制、弹性学制"的成功关键还在教学资源共享性和易学性,能否为学生在网络学习和自主学习的过程中提供重要的自学资源。因此,专业牵头的"国家级建筑装饰工程技术专业教学资源库建设"要进一步丰富完善"两大平台、六大模块及一个系统"的总体框架,加快完善资源库中 16 门核心课程和 4 个特色中心等资源的建设,为后期教师线上线下个性化教学、学生自主化学习、交流等提供核心基础。

建立人性化的学习绩效考核评价体系和学生管理制度。考核评价体系应改变以前单一的学科成绩考核的方法，结合行业和专业的特点，遵循"能力为主、知识为辅，过程为主、结果为辅"的原则，修改理论和职业能力的考试权重，使学习效果评价与岗位职业标准相吻合，可采用现场实操、答辩等方式进行考核。当"学分制、双导师制、弹性学制"完全实施的时候，传统的固定班的模式会基本消失，同时，班级学生也会变得松散，学生的集体观念也会淡薄。因此，在实施前期应及时研究和探索学生思想政治工作的新途径，制定配套的学分制下的学生管理制度，课后要进一步加强开展丰富多彩的文体活动和学术活动，对学生进行全面素质教育。

当今世界综合国力的竞争日趋激烈，经济发展靠人才，人才培养靠教育。作为教育，特别是职业教育，具有双重服务的对象，必须同时兼顾企业和学生的双重需求。传统的教学体制已经不能适应现代化社会发展的需要，"学分制、双导师制、弹性学制"作为新时期职业教育的新生事物已活生生地站在了我们面前，实施后可以充分地发挥以人为本的教育理念、挖掘学生的潜能、培养个性化的人才、满足社会对多种类型人才的需求。因此，我们必须要在这一次教学改革的浪潮中乘风破浪，必须在探索中实施、在实施中完善，制定出一整套符合建筑装饰工程技术专业"学分制、双导师制、弹性学制"的人才培养模式和策略。

第五章
建筑装饰专业课程教学方法改革与实践

第一节 建筑装饰专业建筑制图与识图课程隐形分层 教学策略

江苏建筑职业技术学院建筑装饰专业群包含建筑装饰工程技术、室内艺术设计、环境艺术设计三个专业。该专业群经过国家示范建设、国家教学资源库建设、省品牌特色专业建设,应该说,专业群发展达到了一定的高度。但目前该专业建设和发展也面临一定困境,比如生源质量下降、多元化、结构复杂,尤其是生源知识结构和心理素质参差不齐等,针对建筑装饰专业生源现状,要继续提高人才培养质量,就必须进行课程教学模式改革,实施分类教学、分层培养。隐形分层教学理论的提出以及运用这一理论进行课程教学改革,是针对建筑装饰专业生源状况以及显性分层教学不足提出的。

一、隐形分层教学的基本内涵

隐形分层是在保持原有班级建制的基础上,教师综合学生已有知识、学习能力、智力水平、兴趣爱好和学习潜力等多元因素对学生进行分层,但不向学生公布分层结果,并将同一层次的学生编入不同的学习小组,学生之间只有组别没有类别。分层结果只有教师和学生本人清楚,即同质分层,异质分组。根据不同层次学生的最近发展区设置相应的教学目标,让各层次学生都能得到应有的发展。

隐形"分层"并不是单纯形式上的对学生分层,而是包含两层含义:其一是学生分层,即综合学生已有的知识基础、能力水平以及学生的发展潜力和意向进行相对合理的分层,重点着眼于学生相近的最近发展区和学习需要来划分学生层次。其二是教学分层,是指教师根据不同层次学生的发展特点和最近发展区实施差异教学策略,包括教学目标分层、备课分层、课堂施教分层、作业分层以及评价分层等。这里所指的分层并无优劣之分,目的是充分开发学生的最近发展区,发扬学生自身的学习优势,促进个性发展的同时使全体学生都能有收获和进步。

隐形分层教学的特征可以概括为隐形性、主体性与主导性、层次性与整体性、结构性与系统性以及动态性。

隐形性。这是隐形分层教学的根本特征,是隐形分层教学与显性分层教学根本区别。除了分层结果只有教师和学生本人清楚,其他人并不清楚外,更重要的是教师在教学设计的过程中将梯队式的内容无形地潜伏在整个教学活动当中,能使不同级别的学生在各自基础上都有所收获并激发学习兴趣,同时隐形分层教学相对于显性分层教学能有效避免标签效应带来的负面影响。

主体性与主导性。这一特征体现了"教师主导,学生主体""因材施教""以生为本"的教学原则与教育理念。这种教学模式是在充分了解学生的基础上尊重学生的个体差异,在教学过程中因学生主体的需要、兴趣和能力,发挥其主动性和积极性,使学生处于教学的主体地位,与此同时,分层教学要求教师充分了解学生的个体差异和发展潜质,既要做到因材施教,也要把握住因机施教,在教学的各个环节中充分发挥教师的主导作用。

层次性与整体性。隐形分层教学强调根据学生不平衡的发展态势划分层次,因层设标、因层施教,使教学既要尊重学生的层次需要又要面向全体学生,既要挖掘不同层次学生的潜质,又要关注学生整体的发展,以学生的层次性发展带动全体学生的整体发展,兼具层次性和整体性。

结构性与系统性。隐形分层教学以分层为策略,综合学生的学习基础、学习能力、智力水平、学习意志等因素划分层次,要求学生层次间符合正态分布的层次结构,并以系统论观点出发,优化设计课堂教学活动的各个环节和要素,力求实施适应各层次结构的系统化教学,使"分层"具有合理的结构性,"教学"具有严谨的系统性。

动态性。隐形分层教学的价值就是使学生在不同层次竖向获取新的知识与技能,使高层次学生在原有知识的基础上,不感觉过于简单而失去兴趣,接受进一步挑战,激发学生的学习激情;层级低的学生在原有知识的基础上,不感觉教学内容过于困难受打击而失去信心,在竖向上取得成绩而增加学生的成就感,进一步激发低层次学生的学习兴趣。高层次可以向更高层次递进、低层次可以向高层次递进。

整个教学过程需要教师根据学生的学习动态来把控学生的学习效果和层级间的调控,整个过程都是一个动态的教与学的过程。

二、建筑装饰专业《建筑制图与识图》教与学现状

《建筑制图与识图》课程目前是高职建筑装饰工程技术专业群一门重要的职业基础课程,课程的主要任务是培养学生的图纸绘制和空间表达能力,培养学生识读和绘制施工图的能力,为学生的后续专业课程学习奠定基础。

学情现状。近几年来学校建筑装饰工程技术专业的生源结构日趋多元化,分别来自于自主招生的高中生,高考招生的普通高中生,对口招收的中职毕业生和职高生等,生源结构的多元化导致学生的基础参差不齐,学习的接受能力、学习态度、学习习惯、学习动机等都有所不同,如普高生相对基础好一些,但又有文科生和理科生之别;中职和职高生,具有技能但理论知识薄弱,对于《建筑制图与识图》课程一般有基础,在授课内容上不需要重复讲授;具有升学动机的学生在高职学习只是一个过渡,这部分学生希望该门课程能与升本相结合;还有个别学生以就业为目的,希望通过该课程取得相关的证书等,因此说,了解学生的知识结构,实行分层教学可以激发学生的学习兴趣,提高教学质量和效率。

《建筑制图与识图》课程是当前建筑大类相关专业都必开的专业基础课程,学生普遍反映其是相对较难的一门课程,课程的难点主要在房屋建筑施工图的图示原理表达这部分,在复杂的立体转化为平面,由平面转化为立体这样的空间认识、立体思维教学活动中,2/3 的学生都存在难以适应的情况,尤其在女生当中这种情况比较严重;另外,目前学生的学习兴趣有待提高,由于学生的生源结构问题,学生的学习劲头和求知的欲望有很大区别,目前占班级 40% 的学生,学习的欲望是比较弱的,而且学生的心理承受能力也较弱,教师在教学或评价的过程中很难照顾到全部学生的心理,稍有不慎,学生就会产生自卑感和挫折感,进而挫败学生的学习兴趣。

课程目标定位现状。该课程目标定位,在专业能力目标方面让学生理解建筑装饰制图原理,熟悉国家现行建筑制图标准中的相关规定,掌握装饰施工图的识读和绘制方法,培养学生具有将二维平面和三维立体图之间相互转化的空间表达能力,理解建筑施工图与装饰施工图的内容关系,能够正确识读出装饰工程所需要的建筑施工图基本信息,能够正确识读和绘制装饰施工图,具有根据空间尺寸绘制装饰透视图的能力;在方法能力目标方面,培养学生能够根据项目要求,徒手表达绘制装饰设计图的能力,能够根据项目要求,熟练运用尺规、计算机 CAD 软件等绘制

装饰施工图；在社会能力目标方面，培养学生具备一定的自主学习、独立分析问题和解决问题的能力，具有良好的语言表达能力；具有严谨的工作态度和团队协作、吃苦耐劳的精神，爱岗敬业、遵纪守法，自觉遵守职业道德和行业规范。

通过以上可以看出，该课程的目标定位在一定程度上是明确的，但随着目前生源结构的多元化现状，该课程目标的定位不能与时俱进，不能够适应多元化的生源结构和需求，对于基础差的消化不了，基础好的无法进一步提升的现状。

教学内容现状。《建筑制图与识图》课程，经过多次调研和校企专家的讨论，目前在教学内容上做了一定的调整，共设置了 7 个教学情境，分别是房屋建筑图的基本知识、识读建筑施工图、识读建筑装饰施工图、手工绘制建筑装饰施工图、装饰现场测绘、绘制建筑装饰透视图、计算机绘制建筑装饰施工图等，内容全面，但与学情脱节，需要根据学情进行教学内容的设置。

教学方法与效果现状。《建筑制图与识图》课程教学方法也经历着不断改进的过程，目前该课程根据不同的学习情境采用了不同的教学方法，理论部分的教学方法大致如下：①案例教学方法，利用教学课件，通过对施工图的案例分析，直观说明所要表达的知识点，直观演示，效果显著。②标准解读，《建筑制图与识图》需要严格执行国家标准，标准解读清晰明了，效果显著。实践部分的教学方法大致如下：①手工绘制建筑装饰施工图；②空间体验、现场测量，学生通过实物感知装饰空间的尺度，测量后通过图纸的表达，强化建筑装饰施工图的表达和制图规范执行力；③电脑绘图演示，学生上机练习，随堂辅导等。

通过以上的教学方法，目前教学效果显著，但也隐藏一定的问题，学生的基础参差不齐，对于基础好的同学，效果非常显著，基础差的同学模仿绘图可以，但却似懂非懂，特别是房屋建筑图的图示原理部分，由平面到立体，由立体到平面这种转换过程，教学效果明显体现出学生基础不同接受和理解力都有所不同，由于受大班教学和课时的限制，很难进行一一辅导，低层次的学生如果学习态度不是很好，对所学内容又在似懂非懂的状态下，可能导致挫败感，失去学习的兴趣，出现两极分化的现象。

目前装饰工程技术专业教与学存在以上各种问题与现象，因此要解决这些问题，提高教学质量，也只有根据学情进行课程改革。

三、建筑装饰专业《建筑制图与识图》课程隐形分层教学改革策略

首先，要对生源结构分析：开课前对班级学生进行生源结构分析，分别从入学类型、入学分数、学习动机、学习态度等几方面入手，大致划分出 A、B、C 三个层级，作为以下分层测试的参考。

　　其次，要对学生进行分层测试：对于《建筑制图与识图》课程而言，最能反映学生基础理解能力的知识点就是房屋建筑图示原理部分，通过三视图测试，能正面反映学生立体空间的思维能力，与此同时，通过学生对题目要求的执行力、图面效果、完成速度等方面，侧面的反映出学生理解能力、执行力、细心程度及效率等。根据基础测试的综合成绩，分出 A、B、C 三个层级：A 层一般为测试中立体思维能力强，综合分数靠前的同学（80 ～ 100 分之间）；B 层为测试中立体思维能力一般，综合分数一般的同学（60 ～ 80 分之间）；C 层为测试中立体思维能力差，综合分数低的同学（60 分以下）。这个分层结果是上课之前的基础分层结果，理科生、文科生和中职职高生，在后面的学习习惯、理解能力等方面都有所差异，通过学习和更全面地了解，教师可以更灵活地去把握。

　　第三，进行目标分层：根据学生分层测试的综合成绩结果，依据教材和课程标准，研究设定对应的教学目标，如表 1 所示，C 层设定为基础型教学目标，主要达到课程标准规定的一般性基本目标，掌握基本概念，培养一般的分析能力和绘图能力，在理解建筑装饰施工图形成基本原理的基础之上，能够读懂和绘制简单的装饰施工图（见图 1）；B 层设定为提高型教学目标，在掌握 C 层教学目标的基础上，全面掌握建筑装饰施工图形成原理，熟练绘制全套的建筑装饰施工图（见图 2）；A 层设定为发展型教学目标，在掌握 B、C 教学目标的基础上，对建筑装饰施工图在深度和广度上进行拓展，提出更高的要求，提前考证或者为转本做准备（见图 3）。

表 1 《建筑制图与识图》隐形分层教学框架

层级	教学目标	教学内容	教学方法	教学考核
A 层	发展型目标	在掌握 B、C 教学目标的基础上，对建筑装饰施工图形成原理、绘制技巧、简单的构造和材料等内容进行拓展，部分内容与考证和转本进行接轨。实践内容上以有一定难度和图形稍复杂为主	理实结合，少讲多练，引导和启发思维，培养自学能力和学习主动性	1. 考核方式：对不同级别的学生以垂直评价为主，不宜做横向考核；以过程式考核为主、考试为辅，强调学生在自身的基础上有一定的提高和进步。2. 考核依据：考核的着眼点应该放在学生们实际应用建筑装饰制
B 层	提高型目标	在掌握 C 级教学内容的基础上，全面掌握建筑装饰施工图形成原理，熟练掌握绘制全套的建筑装饰施工图。实践内容在必做题的基础上增加选做题，图形选择以中等偏上为主	理实结合，精讲精练，激发思维，培养学习的积极性	

续表

层级	教学目标	教学内容	教学方法	教学考核
C层	基础型目标	教学标准规定的一般内容,掌握基本概念,在理解建筑装饰施工图形成基本原理的基础之上,能够读懂和绘制简单的装饰施工图。 实践内容方面以简单的必做题和图形为主	理轮教学浅讲,实践多临摹,培养学习的兴趣和成就感	图知识的能力、看图能力、识图能力、作图能力及使用计算机绘制建筑装饰施工图的能力上

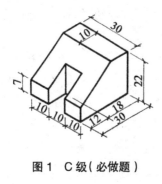

图1 C级(必做题)

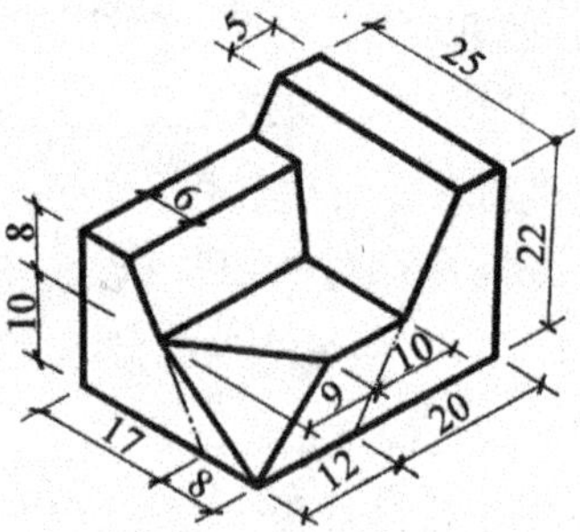

图2 B级(选做题)

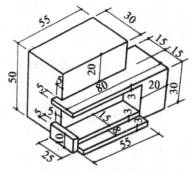

图3 A级(提升题)

第四,要进行内容分层:根据分层教学目标设定,在现有教学内容的基础上重新进行教学内容的分层,如表2所示,处理好同步讲授和隐形分层教学的关系,在教学内容设置中,特别是对讲解案例、例题、随堂练习题、实践任务单、辅导引导方向等内容做到隐性层次化,特别是实践分层是分层教学的关键,例如,房屋建筑图的基本知识当中的房屋建筑图的图示原理部分,习题分层,分为必做题、选做题和提升题,在习题的设置上尽可能地分出层级,使练习具有弹性空间,难易程度上具有一定差异性,并对应相应的层级。

表 2　《建筑制图与识图》课程隐形分层教学基本内容

序号	1	2	3	4	5	6	7
教学内容	房屋建筑图的基本知识	识读建筑施工图	识读建筑装饰施工图	手工绘制建筑装饰施工图	装饰现场测绘	绘制建筑装饰透视图	计算机绘制建筑装饰施工图
隐形分层教学内容	教学案例分层习题分层：必做题、选做题、提升题辅导分层	教学案例分层实践作业辅导分层	教学案例分层实践作业分层辅导分层	实践任务分层辅导	实践任务分层同级形成团队辅导分层	教学案例分层实践任务分层辅导分层	实践任务分层辅导分层

第五，要进行方法分层。隐形分层教学对于老师来说是一个挑战，需要老师对该课程的知识体系非常熟悉，同时要有很强的课堂把控能力，通过灵活的教学方法，使隐形教学含蓄圆满的进行。在该课程的分层教学目标和分层教学内容的基础上，研究灵活的教学方法和技巧。A 级学生，基础好，领悟能力强，以培养学生自学能力和学习的主动性为主，少讲多练，重在引导和启发思维能力。B 级学生基础良好，领悟能力良好，但属于通过努力将能够达到教学目标，以培养学生学习积极性为主，精讲精练。C 级学生基础弱，领悟能力弱，学习的积极性弱，甚至在学习上有一定的障碍，容易自暴自弃，学不下去的现象出现，因此该层理轮教学以浅讲为主，实践多临摹，以培养学生学习的兴趣和成就感为主。

第六，要进行评价分层：在隐形教学过程中，按照教学情境设置对学生进行不定期的教学考核是非常有必要的，但隐形教学一定考虑不同级别的考核标准，最基本的要求就是考核的差异性和鼓励性，特别是对于基础差的学生考核要及时，对达到对应层级的目标或者有递进的同学给予一定的鼓励，要对不同级别的学生以垂直评价为主，不宜做横向考核，强调学生在自身的基础上有一定的提高和进步；另外，考核的着眼点应该放在学生们实际应用建筑装饰制图知识的能力、看图能力、识图能力、作图能力及使用计算机绘制建筑装饰施工图的能力上。

《建筑制图与识图》课程实施分层隐形教学，在学生的个体差异的基础之上，设定不同层级的教学目标、教学内容，采用灵活多样的教学方法，利用发展性垂直型考核方法，真正做到因材施教、以人为本的教学理念，激发学生学习的兴趣，提高教学质量，与此同时相对于显性的分层教学，避免了基础强的学生不够吃、基础差的跟不上的学习节奏，同时也能避免基础差的学生所产生的自卑心理和挫败感。但是隐形分层教学的实施过程也是任重道远的，对任课教师的综合素质提出很高的要求,对于隐形分层教学不能停留在简单的认识和应用中,而是以生源结构为依据更加系统全面具体的综合运用研究。

第二节　建筑装饰专业项目化课程体系构建与教学实施策略

一、建筑装饰专业项目化课程体系建设现状

项目化教学模式是起源于 20 世纪 70 年代德国职业教育界的一种教育理念——行动导向教学理论。所谓行动导向教学,是根据完成某一职业工作活动所需要的行动及产生和维持行动所需要的环境条件以及从业者的内在调节机制来设计、实施和评价职业教育的教学活动。项目化教学模式将传统教学模式中的课程知识、内容蕴涵于教学项目实践中,学生通过项目实施,从而掌握理论知识和实践经验。

江苏建筑职业技术学院建筑装饰专业从 2014 年下半年开始对 5 门适合项目化教学的课程进行项目化改革试点,打破原来的教学模式,对课程内容重新设计。此后,对更多课程进行了项目化改革。目前已经建成 12 门项目化课程,3 门课程在建,实现了职业核心能力课程全覆盖,初步形成相对全面的项目化课程体系(见表3)。

项目化课程体系中的课程能覆盖整个工作环节,以工作过程为边界划分课程门类,课程结构设计体现工作任务完成的要求,学生在教师的带领下完成教学虚拟项目或者实际项目,学生的积极性被调动起来,教学效果显著提高。但通过学生测评、专家评审和企业反馈等多种途径,目前本专业课程项目化教学存在的问题主要体现在以下两个方面:一是课程项目选择不科学,主要表现为选择的项目不全面且比较陈旧、项目典型性不强、可实施性较差。教师在课程内容重新设计时,没有引进最新的行业、企业项目,只是在一些陈旧的项目基础上进行改造,对于教学项目的实施也缺乏前瞻性,使得项目不具有时代的代表性和综合性,且涵盖的知识点、技能点较少,不能全面锻炼学生的综合专业技能和职业素养。二是课程体系系统性不强,主要表现为课程之间的衔接性较弱,课程体系的整体性较差。课程体系应该是一个系统、整体的结构,但是在实际建设中,由于项目化课程分批立项建设,课程负责人大多着眼于自己负责的课程,没有注重课程之间的联系,导致课程之间彼此孤立,关联性不强,整个课程体系缺乏系统的统筹管理。

表3　项目化课程建设成果及存在的问题

序号	课程名称	项目化建设状态	存在的问题
1	建筑装饰设计	已建成	项目比较陈旧
2	顶棚装饰施工	已建成	项目较少且不全面
3	墙柱面装饰施工	已建成	项目典型性不强
4	轻质隔墙装饰施工	已建成	项目典型性不强
5	门窗制作与安装	已建成	项目的可操作性不强
6	楼地面装饰施工	已建成	项目较少且不全面
7	楼梯与扶栏装饰施工	已建成	项目的综合性较差
8	室内陈设制作与安装	已建成	项目的可操作性不强
9	建筑装饰施工图绘制	已建成	项目典型性不强
10	建筑装饰工程质量检验与检测	已建成	与前导课程衔接性较差
11	建筑装饰工程信息管理	已建成	与前导课程衔接性较差
12	建筑装饰工程招投标与合同管理	已建成	与前导课程衔接性较差
13	建筑装饰材料、构造与施工	在建	—
14	建筑装饰工程项目管理	在建	—
15	建筑装饰效果图绘制	在建	—

二、建筑装饰专业项目化课程体系的构建

构建建筑装饰专业项目化课程体系要坚持科学性、完整性原则。建筑装饰专业项目化课程体系的构建原则贯穿于整个建设过程，是整个过程的"灵魂"所在，它指引着课程体系的建设方向，起到非常重要的作用。

一是课程安排顺序的科学性。项目化课程体系中所含课程的先后顺序应当以工作过程为导向，课程之间的安排应符合建筑装饰工程的施工流程。通过课程的衔接，使学生能经历施工准备、施工、验收等完整的工作过程；另外要以人才培养的基本规律和科学方法为依据，根据学生在学习上遵循"入门——提高——拓展"的学习规律，进行课程的顺序微调。

二是完整性原则。课程体系包括培养目标、课程内容、课程结构、课程实施及考核等方面，它的构建要有一个整体、全面的设计思路，根据行业、企业对各职业岗

位的能力需求以及专业人才培养规格,确定人才培养目标和课程内容,课程内容应涉及就业所需的全部知识点和技能点。在课程实施的过程中完全按照真实的施工流程进行安排,考核评价按照相应的标准、操作规范进行评价。

建筑装饰专业项目化课程体系要突出学生的岗位能力培养。根据行业、企业对于人才的需求,分析职业岗位所需能力,然后根据施工过程和相应能力确定相对接的课程,再根据项目化课程体系的构建原则进行课程顺序和内容的调整,最后根据学生的学习规律,从专业入门到专业拓展的顺序进行课程体系构建,最终形成建筑装饰工程技术专业项目化课程体系(见图4)。

图4 项目化课程体系构建思路

建筑装饰工程技术专业初始就业岗位主要包括施工员、设计员、材料员、质量员、安全员、资料员、造价员等岗位。表4总结了建筑装饰工程技术专业主要职业岗位和相应的工作职责,就业岗位和工作职责相对应,从而确定专业培养目标。

表4 装饰专业主要就业岗位及工作职责

序号	岗位名称	岗位综合技能	主要工作职责
1	施工员	建筑装饰工程施工技术管理能力	(1)参与编制施工方案、进行施工组织设计 (2)参与图纸会审与设计交底 (3)参与执行相关规范和技术标准 (4)参与组织测量放线 (5)参与制定相关管理制度 (6)参与施工现场组织协调工作 (7)参与制定并调整施工进度计划 (8)参与制定成品保护工作 (9)参与工程质量验收 (10)整理、报送施工资料
2	设计员	建筑装饰工程设计与制图能力	(1)与客户进行沟通 (2)绘制方案草图 (3)绘制方案效果图 (4)绘制方案施工图 (5)编制装饰施工图纸相关技术文件

续表

序号	岗位名称	岗位综合技能	主要工作职责
3	材料员	建筑装饰材料、设备采购与管理能力	（1）参与编制材料、设备需求及配置计划 （2）参与制定材料、设备的管理制度 （3）负责建筑装饰材料、设备的询价与采购 （4）负责建筑装饰材料、设备的质量监测 （5）负责建筑装饰材料、设备的验收及管理 （6）参与建筑装饰材料、设备的成本核算
4	质量员	建筑装饰工程质量管理能力	（1）参与制定工程质量管理制度 （2）负责核实材料、设备的质量保证证明资料 （3）参与施工图纸会审和施工方案审查 （4）参与制定施工质量控制措施 （5）负责施工质量缺陷的处理 （6）负责分项工程质量验收，参与分部工程质量验收 （7）负责编写质量检查记录，整理、报送质量资料
5	安全员	建筑装饰工程安全管理能力	（1）参与制定安全生产管理计划 （2）参与编制施工安全管理制度 （3）参与施工安全检查 （4）参与施工安全技术交底 （5）参与安全事故调查、分析 （6）负责编制安全检查记录，整理、报送安全资料
6	资料员	建筑装饰工程信息管理能力	（1）施工资料的收集、审查及整理 （2）施工文件的借阅与管理 （3）负责施工资料的验收与移交
7	造价员	建筑装饰工程造价能力	（1）负责工程预算的编制 （2）负责工程材料、设备的成本控制及分析 （3）负责工程竣工结算的编制 （4）负责编制投标报价书 （5）参与施工组织设计与协调

　　以建筑装饰施工过程为导向，进行实际工作任务分析，并归纳为5个工作环节：分别是建筑装饰施工任务承接、建筑装饰施工施工准备、建筑装饰工程施工、建筑装饰工程竣工验收、建筑装饰工程工程决算。以完成每个环节的工作任务为目标，通过主要职责分析，确定与工作环节对接的课程，根据工作环节确定课程顺序，确保课程顺序安排的科学性，即完成岗位任务的工作流程与教学顺序保持一致。表5根据工作过程分析了每个环节的职业技能和工作任务，根据工作任务确定课程设置。

表5　实际工作任务和对接课程

序号	工作环节	主要职业技能	主要工作任务	对接课程
1	任务承接	招投标与合同管理	（1）工程招、投标文件的编制 （2）熟悉合同、签订合同	（1）建筑装饰工程招投标与合同管理 （2）建设工程法规
2	施工准备	施工组织策划	（1）制定施工管理制度 （2）施工图纸会审、设计交底 （3）施工现场组织协调	（1）建筑装饰制图 （2）建筑装饰施工图绘制 （3）建筑装饰材料、构造与施工 （4）建筑装饰设计
3	工程施工	施工进度管理、施工质量管理、材料质量管理、施工成本控制、施工环境安全管理	（1）测量放线、技术复核 （2）编制施工进度计划 （3）编制装饰材料、设备、班 （4）组织需求与实施计划 （5）编制装饰施工安全管理制度 （6）分部分项工程施工质量控制 （7）分部分项工程施工成本控制 （8）装饰材料、设备质量复查	（1）建筑工程概论 （2）水暖电安装 （3）顶棚装饰施工 （4）墙柱面装饰施工 （5）轻质隔墙装饰施工 （6）门窗制作与安装 （7）楼地面装饰施工 （8）楼梯与扶栏装饰施工 （9）室内陈设制作与安装 （10）建筑装饰工程计量与计价 （11）建筑装饰工程项目管理
4	竣工验收	施工资料管理、施工质量检验与检测	（1）分部分项工程的验收 （2）施工资料整理、归档、报送 （3）施工资料验收	（1）建筑装饰工程信息管理 （2）建筑装饰工程质量检验与检测
5	工程决算	工程经济决算	（1）编制施工决算文件 （2）施工决算文件审批、存档	建筑装饰工程计量与计价

在课程体系的设置上打破传统的"文化课—专业基础课—专业课"的三段式结构，取而代之的是强调实用、强调全过程、强调知识和能力同时培养的"始业教育"，为使学生了解社会、增强工程意识和竞争意识，实现全过程育人，要健全学生社会实践制度，做到过程有记录、有考核。规定学生要经常进行社会实践，每年暑假都要到建筑装饰企业参加工作体验，每学期都要撰写社会实践报告。

"专业教育—就业教育"课程结构，新的三段式课程体系结构不仅体现了职业教育的特色，还体现了高等教育的要求，就是在熟练掌握职业技能的同时，还必须掌握系统的应用知识和专业理论。然后根据不同的侧重点、按照建筑装饰施工工作过程进行课程组合、重构。课程体系的设置符合人才培养的定位，与职业岗位核心技能（素质）的需求相呼应（见表6）。

表6 项目化课程体系构建及相应技能

课程类别	课程名称	核心技能（素质）	职业岗位
始业教育课程	中国特色社会主义理论体系概论	通用知识 职业道德 基本素质	岗位通识
	思想道德修养与法律基础		
	计算机应用基础		
	实用英语		
	艺术造型训练	建筑装饰设计与表达	设计员
	表现技法		
	建筑装饰设计		
	建筑工程概论	现场勘测、放线	施工员 材料员 资料员
	建筑装饰制图	装饰制图与识图	
	装饰材料、构造与施工	材料选购与管理	
	建设工程法规	招投标与合同管理	
专业教育课程	水暖电安装	施工组织设计 图纸会审、设计交底 工程质量检验与检测 建筑装饰制图与识图 装饰工程信息管理 装饰工程进度管理 装饰工程合同管理 装饰工程成本管理 装饰工程质量管理	施工员 造价员 材料员 安全员 资料员 质量员 设计员
	顶棚装饰施工		
	墙、柱面装饰施工		
	轻质隔墙装饰施工		
	门窗制作与安装		
	楼地面装饰施工		
	楼梯与扶栏装饰施工		
	室内陈设制作与安装		
	建筑装饰施工图绘制		
	建筑装饰效果图绘制		
	建筑装饰工程信息管理		
	建筑装饰工程项目管理		
	建筑装饰工程招投标与合同管理		
	建筑装饰工程计量与计价		
	建筑装饰工程质量检验与检测		
就业教育课程	顶岗实习	自主学习 职业道德 创新创业	施工员、造价员 材料员、资料员 质量员、设计员
	毕业设计		
	就业指导		
	创新创业		

二、建筑装饰专业项目化课程教学实施的路径

建筑装饰专业项目化课程在实施过程中将理论知识蕴含在教学项目中，理论和实践相结合；学生在校内实训基地模拟真实的工作氛围，在校外实训基地（即企业施工现场）参与真实的工作环境；以工作过程为导向开展项目教学，全面培养学生的各项能力；教学评价多元化，更加注重实施过程。

理实一体化。将每门项目化课程进行细化成可操作的项目单元和技能点，明确职业核心技能和选修技能，将理论知识和实践操作紧密结合起来，形成建筑装饰工程技术专业完善的项目化教学体系。本课程体系共有 12 个技能领域，技能领域细分为 29 个核心项目单元和 17 个选修项目单元。每个教学项目均有明确的教学目标、学习内容、教学方法、教学场所和考核评价指标，在项目化教学实施中，在工作室或者实训中心采用工作情境式教学。学生通过项目的训练掌握理论知识和实践技能，使学生在做中学、学中做。

校内模拟、校外实战。教学项目的开展分为校内和校外两种方式，根据实际情况，两种方式可同时进行，也可分开进行。在校内工作室或者实训中心模拟建筑装饰工程设计与施工真实的工作氛围，由教师带领学生完成教学项目。5～6 个学生为一组，将学生分成若干个学习团队，每个成员承担一个角色，团队合作完成一个项目。教师扮演项目经理，进行任务布置，并提出工作要求。团队成员共同商量确定设计方案、施工组织设计，并进行分工协作共同完成。校外实训是在真实的企业工作氛围中进行，也是采用分组实施，每位成员分配不同的任务，在企业工程技术人员的指导下完成实际的工程项目。

工作导向、综合培养。在校内教学项目实施过程中，采用工作导向的六步教学法，即资讯—决策—计划—实施—检查—评估等六个教学环节。企业真实项目的施工大体上也遵循这六个环节，与校内模拟实训相呼应。在整个过程中，学生开展收集资料、团队合作、讨论交流、汇报分享等活动。

多元评价，注重过程。相比传统的教学模式，项目化教学的评价指标更加多元化和科学化，更能够体现学生学习的效果。项目化教学以学生为主体，教学项目的实施不仅关注学生的学习结果，更加注重学生学习的过程，将项目实施过程中的各种表现作为重要参考。在每个教学项目完成后，各团队进行成果汇报展示。教师引导团队成员根据任务分工及完成情况进行内部评价，然后通过和其他小组进行对比，找出自己团队的不足，并客观地对其他项目小组进行评价，培养学生口头表达能力和自我认知意识。最后，教师进行总结、评价，强调普遍存在的问题，提高学

生的综合职业技能。

　　建筑装饰工程技术专业项目化课程体系在开发的过程中遵循职业教育人才培养规律,以工作过程为导向,以任务为驱动,以学生为中心,突出学生的主体地位,充分调动学生学习的积极性、主动性,提高其自我管理和控制能力、信息处理和团队合作能力等,帮助学生提前熟悉企业环境和工作流程,促进其可持续发展。项目化课程体系也要随着思想、行业技术的革新和学生的实际情况不断完善,提高课程体系的系统性和延续性。在教学实践中,要持续收集学生、同行、专家的建议,不断检验和调整课程设置。

第三节　建筑装饰专业基于职业导向的英语教学改革策略

　　近年来,由于国家对高等职业教育的重视,高职教育规模发展十分迅速,以就业为导向的教育理念和人才培养模式的研究也取得了丰硕的成果。但是,随着高职高专教育发展和改革的深入,高职各专业实施工学交替,基础课课时尤其是英语课时被大量缩减,公共英语课程逐渐被边缘化。与此同时,社会与企业对高职毕业生英语技能的要求不但没有降低,反而因涉外业务增多而提高了要求。因此,高职院校公共英语教学压力倍增,也再次被推到改革求发展的路口。面对这些问题,笔者结合江苏建筑职业技术学院建筑装饰专业的实际,在调查问卷的基础上,就如何在有限的学时内深化高职建筑装饰专业英语教学改革,提高高职毕业生的英语应用能力,满足用人单位需求等方面展开研究。

一、建筑装饰专业学生英语学习情况调查与统计分析

　　根据本研究的需要结合毕业生实习检查以及毕业生就业跟踪调查,笔者对36家用人单位、2004届我院建筑装饰专业43名毕业生以及132名2008年入学的在校生展开调查。(1)对用人单位的调查内容有:①用人单位对毕业生英语技能的要求;②在各项英语技能中最需要毕业生具备的是什么;③用人单位对高职院校建筑装饰专业英语课程设置的建议。(2)对2004届毕业生主要调查内容有:①英语能力对其目前工作岗位的重要性;②哪项英语技能对其的工作帮助最大;③在学校期间的英语学习能否满足企业的需求;④其对学校英语课程改革的建议。(3)对在校

生的调查内容有：①你的英语基础怎样；②你学习英语的动机是什么；③你对现有教学内容是否满意；④你对英语课程改革的意见。

通过对问卷调查的统计分析发现，企业人员普遍认为英语能力对他们日后职位晋升、学历和职称的提高有很大帮助。在涉及毕业生最需要具备的英语技能时，企业多是希望毕业生在具备一定的读写能力的基础上听说能力要突出。在给高职建筑装饰专业英语课程改革提出建议时，企业的建议是高职建筑装饰专业的英语课程要围绕该专业的目标岗位群的技能需求来开设，突出专业针对性和职业实用性。这和 Stevick（1971）、Nunan（1988）、Dubin & Olshtain（1990）等著名学者的研究结论一致，那就是语言学习和语言类课程设置要以有用性为第一要务。英语教学要了解专业的就业方向，了解社会和企业的实际需求，为学习者提供对就业有帮助、职业针对性强的英语学习内容。2004 届毕业生参加工作已经 5 年，各项职业技能均经过实际工作的检验。他们普遍认为目前的英语教学岗位针对性低，没有专业特色（Specialty Characteristics）和职业趋向性（Career-oriented）。学校学习和岗位需求脱节，涉及实际工作的还要在工作中从头学起，尤其是建筑图纸的英文注解和建筑机械的使用说明。而在统计在校生问卷时发现，高职建筑装饰专业的学生英语基础较差，起点差异很大，对英语教学现状满意度较低，但他们已意识到英语技能对未来职业生涯的重要性以及英语技能学习训练的努力方向。

二、建筑装饰专业英语教学改革的现状与存在的问题

2004 年，李岚清同志在谈及外语教学时曾说到，最重要的是要给学生多创造听、说、读、写的应用环境，特别是听和说的环节。大学英语教学改革有一个着力点，即加强"听、说"，这是针对大学生"听、说"能力较弱这一现状以及时代发展需要提出的。人们看到高等英语教育的"听、说"问题，当然这也是高职英语教学的突出问题。

我校建筑装饰专业的英语教师近年来围绕这一问题进行了大量的教学革新。教学模式上革除了陈旧的以教师为中心（Teacher-centered）的一言堂式教学，推广实施以学生为中心，教师为主导的教学模式；教学手段上一改以听记为主的黑板、粉笔、录音机等落后的英语教学手段，教师上课基本采用能吸引学生的，视觉效果突出的多媒体教学；教学方法也开始多样化，教师们越来越多地采用项目教学法、小组讨论法、对话演示法等应用性强、学生感兴趣的方法。通过以上改革，成效也较为突出，能力三级的通过率越来越高，学生的参与意识和运用英语表达的欲望也越来越强烈。

那是不是建筑装饰专业英语教学已经达到理想的状态而不需要改革了呢？笔者以为建筑装饰专业英语教学目前至少还存在以下两个问题：一个是教材的职业导向性不强，具体表现为英语教材内容脱离建筑装饰专业的教学方向，英语教学和专业教学两条线，互相没有辅助互动，更不用说谁服务于谁，导致学生感觉学无所用；另一个是英语教学考核方式导致建筑装饰专业学生学习认知的偏差，考核引导还没有摆脱应试的倾向，各院校比的是能力三级的通过率，实用性没有得到凸显。实际上，学生已经有了一定的英语语法的体系和规则，有大量词汇的堆积，缺乏的是如何把知识转化为能力。他们难于在合适的情景下听懂对方的言语，选择合适的词汇，合理运用语法串联并表达自己。当然，以通过能力三级的评价导向始终没有彻底摆脱侧重英语语言知识的倾向，导致建筑装饰专业英语教学存在着一定程度的应试倾向，很大程度上弱化了学生在建筑行业背景下的英语实际应用能力的形成和提升。

三、建筑装饰专业英语教学的改革方案

（一）建筑装饰专业英语教学定位

高职英语教学指导委员会刘黛琳老师指出："高等职业教育作为高等教育发展中的一个类型，既有别于大学本科教育，也不同于专门的职业培训教育。高等职业教育的英语教学既要保证高等教育的属性，使学生达到高等教育的人才培养规格，又要体现职业教育的特色，使学生英语能力能满足未来职业（岗位）实际需求"。可见，建筑装饰专业学生英语技能在学生的能力结构认知中占有不容忽视的位置。建筑装饰专业人才培养目标是为建筑行业、建筑装饰企业输送技术技能型人才，办学具有地域性、行业性特点，这就决定了学生能力构成的主体还是其专业职业能力，英语能力只是职业能力的辅助成分。因此，建筑装饰专业英语教学应首先服务于专业教学的基本任务，为其专业职业能力服务，应围绕建筑专业教学的核心任务，培养和提高学生职业岗位需求的综合技能。当然，这里不仅是英语技能，还有语言表达与交流技巧、记忆能力、材料检索、接受与适应能力，甚至是学生的情商、智力与自信。

（二）建筑装饰专业英语教学教材的内容革新

教育学研究表明，语言教学的内容越接近学习者的实际需要，就越有可能取得成功。换言之，需求的特性影响着内容的特性。在建筑装饰专业英语教学需求具有很强的专业性、行业性的情况下，教学内容也应该考虑不仅要贴近某个专门的行业，也要贴近某个特定的地区，最大限度地与工作实际、行业标准以及该地区社会经济或人文背景相联系，体现地方特色，使学生感觉语言技能的训练是在一个非常

现实的环境中进行的,语言应用的场景触手可及,不再是天马行空、纸上谈兵,而是要突出职业导向。

突出职业导向的核心是教材建设。英语教材应围绕一个重点——英语听说,并把听说分模块进行,如基础英语听说模块、日常交际听说模块、建筑情景听说模块。按照建筑装饰施工涉及的程序专门设计建筑情景听说部分,并在课堂上给学生更多的机会来模拟用英语解决建筑装饰施工过程中可能出现的问题,保证到工作岗位上能用得到;处理好三种关系:英语基础学习与建筑装饰专业课程学习之间的关系,高职学院应充分意识到英语学习的重要性,合理分布英语学习和专业学习时间,保证专业重点突出,英语辅助够用;英语学习内容与建筑装饰专业知识相关性之间的关系,如有可能,英语学习内容要和专业学习内容同步,相互交叉照应;英语学习与建筑施工情景使用关系,一是要在情景中学,二是要在情景中用,这点将在下文考核方式革新中详细阐述。从根本上讲,外语是一种技能,是一种载体,只有当外语与某一种载体相结合,才能形成专业,其工具性才能得到体现。高职院校建筑装饰专业公共英语教学只有和建筑相结合,形成各种建筑情景英语,才能有效地应用于建筑装饰行业,服务于建筑装饰行业。

（三）建筑装饰英语教学考核方式革新

高职人才培养从本质上看是一种建立在职业需求(Occupational Needs)基础上的,以特定岗位目标为导向的(Goal-directed)高等教育体系。2006 年,教育部在《关于全面提高高等职业教育教学质量的若干意见》中提出:"把工学结合作为高等职业教育人才培养模式改革的重要切入点,全国各高职院校也要结合自己的专业特色探索和实践这一模式"。工学结合不仅是专业课程中可以采用,基础课程中如公共英语也可以采用。工学结合中的重要一点就是做中学,而建筑装饰专业英语考核引导为什么不能在实践中考呢? 过去的单一的纸上谈兵的能力三级考核评价方式不但不能满足建筑装饰专业职业岗位需求,反而会误导学生的学习认知。再加上建筑装饰专业学生每学期都有大量的时间在企业施工现场,做中考的条件是满足的。因此,建筑装饰专业英语考核评价应在语言知识、卷面考核的基础上引入工学结合实践考核,把语言考核设定在建筑装饰施工分工、业务洽谈、工作面试等真实场景中,让学生在情景中分组并扮演不同角色(Role Play),并把考核做成影音案例,在以后的教学中让学生思考自己实际应用中的得失后,教师进行评价。这样的考核操作方便,无疑会受到喜欢表演、喜欢凸显个性学生的欢迎。

（四）加强建筑装饰专业英语教学师资队伍建设

我校建筑装饰专业是国家示范专业、江苏省品牌建设专业。专业建设的目标是国内一流、国际领先。在品牌建设任务中,国际化水平的提高是建设的重要任务。国际化首要的任务是国际交流与国际合作,要引进英语发达国家的教学标准、课程标准,获取国际职业资格认证,取得国际职业资格证书。不会语言交流、不会专业语言交流怎么能提高国际化水平。这里,专业教师的英语水平需要提高,学生应用英语能力也需要提高。但现在最关键的是提高建筑装饰专业英语教师的专业英语教学水平,这是加强建筑装饰专业英语教学师资队伍建设的关键。

由于建筑装饰专业英语教师大都是英语专业出身,缺乏建筑装饰专业知识,没有行业实践背景,他们对学生未来的目标岗位群需求也知之甚少,不知道企业需要什么,不了解学生的英语学习动机,也不知道什么对学生有用。随着建筑装饰专业省品牌专业建设的展开,尤其是国际化的要求,英语教师在专业知识和行业背景的缺失已经成为英语职业化教学的障碍。学校应在本专业建设的方向上有计划地培养和补充英语教师的专业背景知识和行业实践经验,英语教师自身也要到企业学习实践,以满足职业导向、国际化专业建设的英语教学需求。

建筑装饰专业英语教学改革始终要突出以职业技术能力为核心的教育思想,适应能力本位的职业教育改革方向。建筑装饰专业公共英语教学改革的终极目标,就是要让每一个愿意接受英语教育的学生,都能够在既定的公共英语教学设置下,有效形成和提升与自己英语学习能力基础相适应的英语实际应用能力。而这样的能力的形成和提升,又必须服务于培养高素质技术技能型装饰人才的专业目标。

第四节　建筑装饰专业手绘课程教学改革策略

建筑装饰专业群包括建筑装饰工程技术、室内设计与环境艺术设计三个专业。手绘课程是这一专业群学生一门重要的专业必修课程。它主要是锻炼学生的空间设计思维能力和表达技巧,是该专业群学生必备的一种基本技能。因此,重视手绘课程建设,不断改进教学方法,提高教学质量是手绘课程任课教师义不容辞的责任。

一、建筑装饰专业手绘课程教与学的现状

2014年,建筑装饰专业群36名学生集体应聘苏州金螳螂建筑装饰股份有限公司,其中大半学生因手绘考核不合格被淘汰。因此作为手绘课程教师要反思手绘课程教与学存在的问题。

首先,教师对学情分析不够。在该专业群学生中,建筑装饰工程技术专业学生没有任何美术基础,室内设计、环境艺术设计学生生源来自艺术生,但真正的艺术功底很浅薄,大部分是因为文化课成绩较差、用一两个月时间突击学的绘画。因此,分层教学、分类培养也要体现在手绘课上。然而,手绘课教师目前对三个专业学生采用的基本上是同一教学标准、同一教材。在培养方案上有的采用同一学时,在课程安排上有的还采用同一混编教师,教学效果就可想而知了。

其次,教与学的方法过于单一化。教师为课堂主体,学生被动接受,缺乏主观能动性,课堂上学生参与不够,师生之间、学生之间缺少沟通,不利于学生与人沟通能力、协调能力及表达能力的培养;在教学过程中,学生主要通过临摹一些优秀的草图或者效果图来提高手绘技能,虽然动手能力有所提高,但也会导致部分学生离开了图片就不能有效地将自己的想法表现出来的严重问题;在手绘能力的培养上,课程教学主要是秉承了传统的那种师徒似的教学方式,教师课堂动手示范虽然具有很强的直观性,但是也导致学生没有自己的表达语言特征,千人一面。

第三,教学内容与专业岗位群不匹配,内容重复。教师只注重训练学生的景观造型的表达和色彩的表现,提高学生基本的美术技巧,却没有结合工作中的整个环节(平面、立面、剖面、透视、鸟瞰表现图),学生虽然具备了一定的美术基本功,但不了解整个手绘工作流程,也不懂如何进行平面、立面、剖面、透视、鸟瞰表现图的表达,特别是平面和立面、剖面、鸟瞰图这几个部分,以前的手绘课上学生根本没有接触过,学完之后无法完成企业所要求的工作任务。有的教师对基于工作过程、典型工作任务和项目化课程教学理论一无所知,只重视知识的传授,忽视对学生实践能力的培养、训练,使得学生适应实际工作岗位的能力较弱;对手绘课程的部分内容,如写生的构图方法、钢笔画表现、风景写生的方法步骤、钢笔淡彩的表现,是与美术课内容重复的,这些内容在美术课上已经学习过,没有必要在手绘课上重复设置。

第四,学生对课程的认识上有误区。手绘表现是建筑装饰专业群基础核心课程,手绘表现是一种动态的、有思维的、有生命的设计语言,在设计中充当重要的角色,它是设计师和客户进行沟通的最快捷、最直观、最简单的一种手段,是设计师必须具备的一种基本技能。手绘表现,主要旨在培养学生的记忆能力、默写能力、造型能力和审美能力,同时也使自己的眼、手、脑不断地得到同步的训练和协调。建筑装饰专业群的学生如果不具备徒手表现的这种艺术修养和表现水准,那么在以后的设计当中就失去了与业主沟通的桥梁,很难做到将自己理想的方案传达给客户,也就很难创作出理想的方案,那么在以后的就业过程中,就会出现处处碰壁的危机。

第五,学生在设计中过分依赖计算机及其软件。手绘表现技法课程是服务于专业设计课的一门基础课。建筑装饰专业群学生首先应该了解到手绘在设计创作中的作用:在提出方案构思的设计初期阶段,人的大脑首先要提供创意构思,然后需要设计师以一种快速的方式将大脑中的大量设计构思和画面,转换成直观可视的形象呈现在纸面上,以便对方案进一步的交流推敲和讨论。而电脑只适合于在方案确定以后的设计后期制作阶段。因为,人的大脑要先提供创意构思,然后电脑才可能按照手绘稿的创意构思来完成设计效果的制作。手绘表现无疑比电脑表现更生动、更直观,也更快捷,这就是手绘表现的价值和魅力所在。然而,学生普遍存在着盲目追从和依赖计算机制图、表现,很多学生认为只要学好相关的电脑软件,就可以掌握设计的全部,忽略了用手绘的表达方式来探索与表现自己创作思维的状况。这种状况极大地限制了学生审美水平的提高,也束缚了创意思维的综合发展。

二、建筑装饰专业手绘课程教与学改革的思路

明确手绘课程在设计表现技法中的重要性。设计表现技法课是服务于专业设计的一门基础课,但是无论是手绘还是电脑表现都只是表达设计创意的一种手段,它们各有优势和局限性。虽然电脑技术带给设计界的变革是毋庸置疑的,但手绘表现也具有其不可替代的优势和特点。因此,我们应当充分发掘它们各自的特点,发挥它们的优势,使它们更好地为专业设计服务。

手绘表现是表达创造性思维的重要手段。形象化思考是形象视觉能力、想象创造能力、绘图能力三种形式下的产物,它与大脑思维活动的同步性是其他手段不能取代的。由于设计的初期阶段,很多形象和构思都是抽象、含混、不确定的,而设计的过程本身就是形象的深化过程,借助于人手将头脑中的构思表达出来,再通过视觉的反馈过程刺激大脑中枢,激发进一步的思考,如此反复的过程完成了对方案的完善和深化。手绘表现可以在设计前期阶段充分调动大脑的积极性,记录设计构思的每一个推敲的过程,更有利于发挥设计师的灵感和创造性。这一过程的缺失往往使学生丧失独立思考和设计能力,完全依赖电脑的资料库或模型,只会使我们的头脑变得僵化、死板,毫无创新。我们应和学生展开互动讨论,避免那些认为只要熟练掌握电脑软件就获得开启设计的金钥匙的错误观点,使学生明确电脑设计在专业课程中的定位以及手绘表现的优势,并从整个行业的高度和个人长远发展的角度使学生认识到,高素质的艺术设计人才应当具有深厚的文化艺术修养、独立的研究和设计创新能力,而不仅仅是掌握电脑表现技术。

　　手绘表现是表达个性风格的重要方式。设计是一种文化行为,设计的核心首先是创造性的思维方式,因此个性化和独创性是设计的生命。手绘方案草图有利于体现个人风格和表达个人美学修养及审美追求。许多杰出的设计大师都有很深厚的绘画功底,很多优秀的设计方案都是在灵感闪动的寥寥数笔的徒手草图中。手绘设计草图在对学生个性风格的设计意识培养方面占有很大的优势,良好的手绘设计能力是一切优秀设计方案的起点和开端,它是灵感的源泉、个性的挥发和艺术的展现。由此,电脑虽然替代了大量繁冗的绘图工作,但是却无法替代设计的思维过程,对于电脑的过分依赖,只会导致设计作品的千人一面,极大地妨碍了设计师的个性发挥和体现。

　　手绘表现是电脑设计的基础。近年来,由于就业市场的引导,轻手绘,重电脑的思想使很多高校忽视了对学生手绘表现能力的培养,部分学生手绘能力弱的现象直接影响了设计能力的培养,教学实践中就常常出现学生无法在草图中完整表达自己的设计理念,而要靠语言和手势向老师描述,很多同学缺乏尺度、比例、空间、色彩的感觉和思维能力,有的学生甚至省略了草图阶段,直接利用图库模型资料在电脑上设计。通过教学的观察与实践表明,那些手绘基本功扎实、设计造型能力强的学生,电脑设计也表现出色;而不踏实进行手绘训练,完全依赖电脑提供的大量现成资料库的学生,往往无法控制整体画面效果,即使掌握了电脑设计技能,也是凌乱、拼凑、缺乏主题风格和思想内涵的。比较而言,手绘和电脑绘图各有优势:在设计构思阶段,手绘因便捷、自由、可与思维同步等原因更有优势;而在表现阶段则相反,电脑绘图在速度、质量、信息传递等方面则是手绘所无法比拟的。因此,手绘表现图与电脑绘图本身就是密不可分的,它们的关系不是对立而是相融互补的,两种方法应该体现在不同设计阶段,充分发挥各自的优势。在设计的初始阶段,草稿设计和方案比较用手绘表现来完成,后期的精密描绘和出图阶段则用电脑表现。

　　以就业为导向,明确课程面向的职业初始岗位与拓展岗位。建筑装饰专业群面向的职业岗位很多,按照专业面向行业企业、课程面向职业岗位的高职专业建设方向要求,手绘课程是为培养效果图手绘表现师助理、方案设计师助理、室内设计师、景观设计师提供基础技能支撑。学生毕业后可获得室内设计员、景观设计员等职业资格证书,可以在设计公司实习及就业,成为设计公司认可的效果图表现人才。经过2～3年的锻炼,效果图表现水平、设计能力、与人沟通能力、组织能力有所提高,可以晋升为效果图手绘表现师、方案设计师、园林景观设计师等,未来可以晋升为设计部经理。

把握课程目标内涵,实现课程的能力目标、知识目标与素质目标。学生能独立进行室内设计,景观设计,平面、立面、剖面表现图,透视表现图,鸟瞰表现图的绘制是本课程的能力目标;掌握造型表达、绘画透视原理、色彩的绘制步骤、马克笔的表现技法、水溶性彩色铅笔的表现技法是本课程的知识目标;通过小组合作培养与人沟通的团队精神,通过设计方案的表现培养设计意图表达能力和团队协作能力,通过手绘任务书和并行项目的学习,培养自我学习能力,通过手绘表现差异性的点评,培养创新思维能力,通过手绘表现技法的提高,培养工作耐力和职业素养。

基于学生认知规律、职业成长规律,对教与学的方法进行系统改革。教学要素包括教学主体、教学目标、教学载体、教学实施、教学方法、教学方式、教学情景、成绩评定等。实现教学主体从以教师为主体、学生参与到以学生为主体、教师主导转变,实施"翻转课堂";实现教学目标以知识目标为主到以能力目标为主的转变;实现教学载体从单项技法训练到完成岗位任务训练的转变;教学实施从以能力模块确定课程实施过程到以岗位任务流程确定课程实施过程的转变;实现教学方法从讲授法、练习法到案例教学、项目教学法转变;实现教学方式从教师讲授后学生操作到"教、学、做"一体化的转变;实现成绩评定从理论考核、实践操作考核到全面考核,即理论、实践、成果、素质综合考核。实现以上8个方面的转变首先要打破传统的学科体系和知识的逻辑性,知识安排以"必需、够用"为度,满足职业岗位的需要,与相应的国际职业标准接轨,使知识传授的过程符合学生的认知规律,能力的训练过程符合职业成长规律。

三、建筑装饰专业手绘课课程教学设计原则及教学策略

（一）建筑装饰专业手绘课教学设计原则

根据手绘课教学存在的问题及改革策略,建筑装饰专业群课程教学设计要坚持以下几个方面的原则:

一是坚持分层安排、分段组织教学过程的原则。手绘教学是一个漫长复杂、旷日持久的过程延续,不能指望一蹴而就。建议将这门课分为三部分,即手绘基础课程、手绘必修课程(核心)和手绘选修课程(辅助)。通过分段组织、逐层渐进的三段式教学过程,可以使学生由理论过渡到实践、由美术过渡到设计。从而使学生从根本上对手绘产生理性认知,将该学习过程有效运用于整个设计生涯。

不仅是手绘课程本身,在整个艺术设计课程结构中,手绘课程与基础美术课程、专业设计课程甚至与学生的人文素质教育课程都是紧密相连的。这门课的特

征决定了其教学内容的立体化和多样性,需要各部分知识环环相扣地展开整个教学过程。

二是坚持显性课程与隐性课程相结合的原则。显性课程是学校情境中以直接的、明显的方式呈现的课程。隐性课程是学校政策及课程计划中未明确规定的、非正式和无意识的学校学习经验,与"显性课程"相对。我们不能忽视隐性课程的重要性,它的影响可能是普遍性、持久性、具有更加积极意义的。

在手绘课程教学中,我们要注意显性课程与隐性课程教学相结合。除了正规课程教学外,还应该注意优化学校的整体育人环境,包括建筑景观和校园环境、教室的布置等,营造良好的设计氛围;注意学校管理体制、校风,班级管理、运行和学风,营造良好的学习氛围;注意考察手绘任课教师的教育理念、知识结构、教学风格、教学指导思想意识以及与学生沟通时的行为方式等,保证其对学生学习过程的充分重视和全盘把控。

三是将设定的教学目标贯穿于教学全过程原则。在手绘课教学改革思路中,关于课程目标已作论述。建筑装饰艺术设计人才的培养,必须在工程技术基础知识以及艺术设计基本功的基础上,着力于创造性思维的培养。现在的重点是把握分段教学目标。第一阶段是把基础课程教学内容向手绘方面靠拢,围绕专业要求展开,为手绘打好基础;第二阶段是手绘初级课程,要求学生掌握基本的造型能力和手头工夫;第三阶段是手绘核心课程,主要锻炼学生草图、快图能力和沟通表达能力,强化设计思维;第四阶段是手绘综合课程,全面强化学生的手绘综合能力和深化完善效果图能力;第五阶段是手绘拓展课程,这部分内容是针对有特殊提高需要的学生安排的,更深层次提高手绘、审美和设计素养。

四是课程设置及学时安排符合教学规律与学生认知规律原则。从整体课程结构来看,手绘是基础美术的延续和设计课程的基础,起着承上启下的作用。根据它的重要程度,在课程开设顺序上建议把该课程设置在基础美术课程之后、专业设计课程之前。让先开设的课程为后开设的课程奠定基础,由易到难、由简到繁,将课程之间互相串联,满足学生多方面发展的需要。而专业设计课程可以开在手绘课程之后,这样在具备一定草图能力的基础上开始设计过程,无异于磨刀不误砍柴工。

由于手绘课程内容丰富、覆盖面广,教学过程必须循序渐进、争取延长影响时间,所以建议安排在两个学期。第一学期主要内容是手绘课程初步和部分核心手绘课程,将学生的思想从基础美术真正转型为设计草图思维。第二学期就是专门的核心手绘课程。每个学期不少于48课时,这样学生可以有更多时间进行理论学习、实践训练和相互交流。对与之相关的基础美术、综合拓展及选修辅助课程,可以根据三个专业的实际排课情况和教学规划要求来妥善安排。

（二）建筑装饰专业手绘课程教学策略

突出教学改革思路、强调课程设计原则、契合手绘教学目标、完善课程体系设计是选择教学策略的依据。

（1）手绘基础课程教学策略。为更加契合手绘教学目标、完善手绘教学体系，选取素描、色彩，三大构成，画法几何，速写课程，人文，史论课程等代表性项目课程为例说明手绘基础课程的教学策略。

①素描、色彩。基础美术课程教学内容要与设计相结合，锻炼学生的线条能力、造型能力和快速形体表达能力等，不拘泥于"画"得细致和美观。设计素描课程是以比例尺度、透视规律、三维空间观念以及形体的内部结构剖析等方面表现新的视觉传达与造型手法，训练绘制设计预想图的能力，是表达设计意图的一门专业基础课。它由1919年德国包豪斯学校开始开设，于20世纪90年代真正开始深入运用在我国的设计教学体系之中。在设计素描教学中，要培养学生对转折点的把握记忆与用线的表现。在学生具有一定认知水平和表现能力的基础上深入培养对具体事物的认识理解，通过观察研究和大量练习，增强表现力。同时在生活中多补充各方面的知识，培养想象力和创造力。

图5　素描静物作品

②三大构成。即平面构成、色彩构成和立体构成，是现代艺术设计基础的重要组成部分。所谓"构成"是一种造型概念，其含义是将不同形态的几个以上的单元重新组构成一个新的单元。构成要素是点、线、面、体、色彩和空间等诸方面。通过该课程要培养学生的设计思维由平面转向立体空间，掌握形式美的诸法则，如对比调和、对称均衡、比例、节奏、韵律、多样、统一等，最终有益于通过手绘设计草图来描绘和创造意境。

图6　平面构成作品

③画法几何。主要是研究在平面上用图形表示形体和解决空间几何问题的理

图7　几何石膏体素描

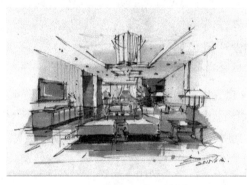

图8　马克笔速写作品

论和方法的学科。在工程和科学技术方面,经常需要在平面上表现空间的形体。通过该课程要让学生掌握透视的基本原理,有利于学生在专业手绘过程中对空间的把握,将感性设计思维与科学理性实践相结合。

④速写课程。速写是快速的写生方法和造型艺术的基础之一。马克笔是速写常用的工具。马克笔的特点:不能更改因此下笔要准确,笔触为形体服务;颜色不像水粉可以多层覆盖,但是可以通过叠加的方式加深,那么即使只有一种颜色也可以上色;下笔要果断,有速度、节奏感,避免死板和僵硬;从形体的大结构和大的颜色关系入手,用色从中间色、灰色开始,深色在最后进行刻画和强调,鲜亮色一般起点缀作用。等到把各种室内陈设都练习纯熟,为默写和创作积攒了许多的设计素材,然后可以进行陈设组合练习,或者将陈设放在空间中进行表现。速写时注意不要拘泥于细节,要抓住对象的基本尺度和比例,学会整体观察、整体入手,保证绘图的速度和效率。

⑤人文、史论课程。为了充实教学内容,提高教学质量,建议在基础课程设置中加大有关史论课、人文类课程的比重,提高师生的基本文化素质。学生可以适当了解我国传统的工艺知识,从朴素的科学思想中汲取营养,理顺艺术设计发展的脉络,着重培养学生的艺术修养和审美情趣。这不仅有利于提高学生对美的鉴别能力,更有利于学生树立正确的学习心态,拥有高尚的价值取向。

（2）手绘课程初步课程教学策略。在专门手绘课程的训练初期,学生需要掌握基础的造型能力,提高手头工夫。

①基础理论课。这是整个教学过程中最基本的一步。学生通过教师的讲授,可以快捷全面地了解手绘、工具、技巧等。教师不能照本宣科,应当对手绘方法进

行总结提炼,在短期教学中由简到繁地传授给学生。同时要求学生持之以恒地训练,先易后难、循序渐进,利用好课余时间。由于课程知识面广、容量大,为了充分利用有限的课堂教学时间,教师可以制作并使用多媒体课件,发挥手绘图片、教学视频的直观效果,在讲授的同时运用大量形象实例说明问题,使学生成竹在胸,为实践打下良好基础。

②基础训练课。通过之前一系列围绕着手绘课程和设计课程开展的基础课程的学习过程,已经为学生真正接触手绘课程打下了坚实的基础,课时安排上也会相对减少基础训练的时间。练习过程按照线条、透视、几何形体的过程循序渐进。

a.线条练习。线是造型艺术中最重要的元素之一,看似简单,其实千变万化。徒手表现主要是强调线的美感,线条变化包括线的快慢、虚实、轻重、曲直等关系。要把线条画出美感,有气势、有生命力,做到这几点并非易事,需要大量练习。所以从基础课程开始,就在设计素描和速写的学习过程中锻炼了学生的线条能力,现在开始从直线、竖线、斜线、曲线等练习起就更容易上手了。线条表现要刚劲有力、刚柔结合、曲直并用,为草图构思表达打好基础。

b.透视练习。主要包括一点透视和两点透视,此时的训练可以结合专业特点进行。例如,室内设计专业的透视练习主要可以进行一些简单、小型的空间场景练习。如果在之前画法几何课程中已经很好地掌握了透视原理,这里运用起来也会相对简单。

c.几何形体练习。生活中千姿百

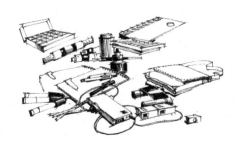

图9　学生线条的练习作品

图10　室内空间透视线稿练习

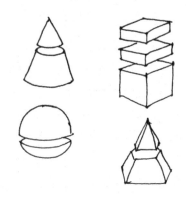

图11　几何形体练习

态的物体,概括起来都是由立方体和圆两种基本几何形体组成的。特别是立方体,它可以演变成各种复杂的室内陈设,如床、桌椅、柜子等。要在练习中学会概括和举一反三。

③临摹思考。临摹是学习手绘的一个非常重要的环节。改善以机械临摹为主的手绘教学模式,不代表完全摒弃临摹,而是在临摹时要明确原作的精髓,不一味照搬。临摹前多看、多揣摩,提高欣赏水平。临摹时要结合自己绘画中遇到的问题,有意识地训练分析能力、掌握规律和技法。积累素材色彩是人们视觉的第一印象,马克思说过,"色彩的感觉是一般美感中最大众化的形式"。在研究色标与色谱的同时,使学生掌握色彩学的基本知识。而设计色彩即各种颜色的搭配,通过对不同色彩的把控、处理和有效运用,以期在后期设计中产生各种各样的视觉效果,带给人不同的视觉体会,影响人的美感认知、情绪波动乃至生活状态、工作效率。

图 12　钢笔速写临摹作品

④默写训练。默写是临摹的深入,由被动接受转为主动学习。默写可以强化记忆力和理解力,消化吸收优秀作品并转化为自身优势,这是一个有利于迅速提高快速草图表达能力的"量变"过程,作品不必和原画完全一样,形神和精髓把握准确就可以了。

（3）手绘必修课程的教学策略。这部分是手绘课程教学的核心。从构思到完成,草图是贯穿设计的每一阶段的,看似简单,其实是设计经验积累的成果。

图 13　钢笔手绘速写默写作品

概念性草图强调设计思维的展现,重在体现设计理念,不拘泥于对物体尺度、比例的严苛和设计对象太细致的表现;逻辑性草图需要通过对图形的反复推敲,使想象与实际相结合,避免不合理设计。主要训练的是草图画法,提高快速表现能力,用以辅助设计。所以教师在课堂上要多布置短期作业,限制完成时间。在课题选择上尽量考虑学生感兴趣的题材和表现手段。手绘必修课程应包括手绘专门课程和手绘综合课程。手绘专门课程应包括个人创作、教师示范与指导、交流讨论、网络平台等。

个人创作。手绘训练的最终目的在于付诸实践,为设计方案服务。由于学生之前都是在临摹他人的优秀作品,自己创作的时候难免产生陌生和无从下手之感。可以让学生找一张优秀的摄影照片,对照片主题进行主观分析,揣摩环境色彩、个体形态和空间氛围。然后提炼并快速手绘出来,力求在构图、透视准确的基础上,表达出原图的审美效果。教师可以引导学生根据自己的设计目标,有针对性地学习他人优秀作品,有了初步概念后,再用草图表达出来,慢慢过渡到自己的设计过程,达到"质变"的目标。手绘创作作为一项灵活性很大的创意活动,不可能指望一蹴而就,需要反复尝试才可完成合理、优秀的作品。

在创作的过程中,要多画、快画、带着问题和思考去画,一切都以培养快速表达

图 14　学生手绘作品

能力和设计思维为中心,不要把时间和精力过多地放在画面的细节和最终效果上。

教师示范与指导。教师不仅仅是理论指导,更要多动手做示范,指导学生如何

图 15　教师示范图片

图 16　交流讨论图片

进行草图绘制。根据学生遇到的具体问题有针对性地总结手绘规律,引导学生独立思考、掌握重点、联系实际、学以致用。同时在条件允许的情况下,教师针对图纸情况进行一对一指导,提出不足之处,有的放矢地解决学生的问题,有利于学生更快掌握手绘规律,达到事半功倍的效果。

交流讨论。主要是优秀作品点评,普遍存在的问题解析等。可以选择典型的学生作品,师生一起点评,讨论其优缺点,促进学生提高整体表现效果。或者每个学生将自己的作品整理后向大家汇报,然后学生互评,最后教师总结讲评。活跃的课堂气氛,可以加深学生的认知和记忆,达到互相学习和提高的目的。

学生利用手绘草图向他人介绍自己的作品,可以提高草图运用能力,锻炼沟通表达能力和应变能力。

网络平台。网络信息具有大量、迅速的优势,有利于丰富学生的视野、拓宽学习面,作为课堂教学的延续和有效补充,培养学生自主学习的能力。学生通过网络不仅可以了解最前沿的信息和学科发展动态,还可以了解设计大师在设计过程中是如何运用草图进行构思和创作的。但是网络信息良莠不齐,学生在学习初期不能很好地分辨信息的优劣,需要教师予以正确的引导。

图 17　网络平台示例

手绘综合课程。手绘综合课程设置与设计是为解决建筑装饰专业群专业教学与实践脱节、与企业需求脱节、与学生的创意、创新、创业能力培养脱节的矛盾。学生不能将其所学知识与工作进行对接,学校不能为社会输送真正有用的人才。在手绘综合课程阶段,需要学生进一步巩固和提高已经掌握的草图能力,增强手绘的实践运用能力。这一阶段的教学应该包括外出写生、综合表达课程、企业实习、国内外交流等内容。

外出写生。读万卷书不如行万里路。安排外出写生,不仅可以锻炼学生的观察和动手能力,考察草图绘制的掌握程度,还可以激发学生的学习兴趣,寓教于乐。例如在参观和手绘的过程中,教师对一些设计创意、手法进行评析,使学生更加直观地了解如何针对各种限制因素加以设计,提高手绘运用能力。同时也促进了学生的团队合作意识、职业技能及社会适应能力的培养。

图 18　学生在宏村写生图片

综合表达课程。建筑装饰专业群综合核心技能统考形式非常好,但效果不理想。究其原因是因为学生考核放在第一学年即第二学期,学生学习时间短、知识与技能掌握比较零碎。建议在大三第一学期、结合毕业设计进行。毕业设计,是整个手绘学习收获经验的汇总、梳理及系统性地提高。这一阶段,教学实行项目化教学,模拟真正的设计流程,实现实践项目为主的教学转型。实现手绘向"项目实践"方向的转变,根据项目所需要的内容进行针对性的手绘练习。以项目为目的,加强快速表达与专业课程之间的联系,层层递进,逐渐深入地掌握实际项目所需的观察能力、表达能力、制图能力、审美能力、设计能力等。注意课题内容设置科学合理,能够利于学生真正运用手绘知识,达到展现设计构思,与客户交流的目的。

图19　技能统考图片

企业实习。整合现有资源,发挥校企"双主体育人"功能,强化课程教学。利用学生顶岗实习,学校指导教师与企业指导教师针对特定课题对学生进行手绘的指导性教学,实现"产、学、研"共同发展的"双主体"或"多主体"育人目标。同时,发现课程教学的不足,不断加以改进,促进学生团队合作意识、职业技能及社会适应能力的提高。

图20　学生顶岗实习绘图图片

国内外交流。通过校校、校企、国内外各种交流,取长补短,获取优秀的设计理念和手绘课程教学经验。发现课程教学和人才培养方面的不足,不断加以改进。这样,学生通过综合手绘课程可以全面地了解市场需求和专业目标,增加工作经验的积累,达到学以致用的目标,从而培养出真正符合社会需求的实用型人才。组织学生参加国内外手绘与专业技能大赛,获取职业资格证书,提高学生的核心竞争力。

图21　学生作品获奖图片

（4）手绘选修课程的教学策略。不同学生对自身手绘水平的要求和追求是不同的。当体制内教学与个人需求不对等时,部分学生会选择社会上的各种手绘班,为升学就业提高快图能力,或者为兴趣爱好培养艺术素养。我们也可以考虑在体制内教学中,通过一定方式去满足学生手绘方面各种提高和拓展的需要,以凸显高等职业教育的多样性和适应性。

庞大的课程体系是多样性人才培养的基本保障,有利于形成以学生为主体、选课制为基本形式的,以培养多样性人才为目标的教学模式。由于专门的手绘课程课时相当有限,想要完成多样化的教学目标往往力不从心。所以在课程设置方面建议建立手绘选修课程,作为手绘基础课程和必修课程的辅助,以满足学生的不同需求。

选修课的实施以平行课程的设置为前提,这样就能够在同样的教学条件下培养出多样的人才。选修课程设置可以考虑以下几种方向:求职就业技术方向(依靠手绘能力谋求更好的发展);兴趣爱好培养方向(单纯作为喜好陶冶情操);自身修养提升方向(对于手绘最终效果有一定的层次和要求,渴望达到一定的手绘造诣)等。不同的课程设置既满足了学生的个人兴趣爱好和发展期望,也满足了行业、企业对于人才的不同需求。概括起来主要是以下两个方面:

一是开设手绘快题设计课程。快题设计是设计类用人单位特别是著名设计单位(如苏州金螳螂股份有限公司)选人用人的必考环节。手绘快题设计就是结合一定的课题进行快速构思及快速绘制，以获得从文字到图形的完整高效的设计表现方案的课程形式。快题训练方式能激发头脑风暴，培养快速思维能力，熟练手绘表达方式，是有效提高手绘课程教学质量的方式之一。通过训练，学生能够审题充分准确，判断理性客观；创新思维，同时提出多种方案；灵活运用多种表达方式，用最简洁的方法展现思路；提炼和总结画面内容，快速表达。

图22　学生手绘快题作品

课程安排中，尽量为学生提供多样化的条件命题设计，使学生无形中获得大量的实际项目经验；尽可能详尽地提供项目的设计环境、要素和目的等条件，使学生思维有的放矢。时间限定在 6～8 小时，要求完成从审题到构思、文字到图形、草图到正图和效果图的过程。规模大、内容复杂的可以在 1～2 天完成。高强度的训练时间，高效率的训练模式，强化了学生构思草图分析与设计方案最终效果呈现两方面的能力。

学生还可以组成创作团队进行快题真题竞赛。评价方式可采用小组内自评和小组间互评，客观认识自己的优缺点，汲取他人的经验教训，取长补短。通过完成目标任务，加强对所学知识的巩固和运用。还可以评选最佳作品、最佳效果、最佳技法等，来激发学生学习兴趣、主人翁意识和自学意识。

二是开设手绘表现画创作课程。我们在手绘核心课程教学阶段已经明确，现今手绘课程的主要内容是培养学生的草图和快图能力以辅助设计。但是如果将手绘提高到表现画创作领域，其教学目标就有了必要的拔高。表现画作为一种越来越受重视的新型画种,也得到了更多人的喜爱。练习表现画创作,作为兴趣爱好培养或者审美素养提高都不失为一种好的方式和途径。建议在室内艺术设计、环境艺术设计专业的选修课程中间安排有关表现画创作的欣赏和提高课程,以谋求学生设计综合素养的强化,同时审美能力也得到润物细无声的滋养。

图 23　学生手绘表现画作品

　　以下是教学中的一些建议:

　　欣赏优秀表现画作品。不同于提高思维能力和辅助设计的草图练习,表现画创作需要考验的更多的是学生的艺术素养。从教学经验来看,学生在练习快速手绘表现时,较难形成一定的构思创造力与审美眼光。因此,教师可以充分利用现有的现代化教育资源,如专业教室、多媒体教室、阅览

图 24　学生优秀表现画作品

室、图书馆、微机室等,采用多媒体和视频的方法,引导学生欣赏大量的优秀作品,通过分析优劣点来提高学生的鉴赏能力,启发自己的思维,诱发设计灵感,提高效果图设计能力。特别是通过临摹设计大师的手绘作品,可以培养艺术感觉,得到美的熏陶,使学生的艺术修养在创造性设计思维活动中得到提升。

图25　水彩手绘表现工具

手绘工具不再局限于快速表达工具,可以尝试选择传统的手绘工具,例如:水彩、水粉、喷绘等,体验不同工具带来的艺术化的效果。手绘内容也可以根据自己的兴趣爱好进行调整和选择。在学习中多交流、多比较、多思考,有目的地进行创作。不积跬步无以至千里,不积小流无以成江海。表现画习作想要上升为艺术作品,并不是一朝一夕可以速成的事情,它需要时间的历练和个人素养的沉淀,这样才能够达到妙笔生花、下笔有神的效果。

还可以定期举办与课程相关的学术交流活动,如大师报告、参观美术馆和各种艺术展览、户外调研等。这些活动不仅能够拓展视野、寓教于乐,更能激励学生的爱好和主动学习的意识,增强艺术表达的综合能力。想让表现画上升为作品,必须全面涉猎各种艺术门类,厚积薄发以展现自己的艺术修养和精神内涵。例如:从哲学观念中体验个性思维,从经史子集中领略时空意境,从书画作品中感受线条与色彩之美,从音乐中感悟节奏和韵律,从影视作品中获取创作的灵感。同时要博览群书,撷取各个学科的精髓化为自己的创意。这也是隐性课程的一种体现,会在不知不觉中提高徒手表现的能力。

图26　美术作品展览

建筑装饰专业(群)以培养装饰高素质技术技能型人才为主要目标,围绕这一目标,要认真分析手绘课教学存在的突出问题,重点从课程目标、课程内容、课程实施、课程评价等方面理清课程改革的基本思路,选择正确的教学改革策略,满足建筑装饰行业、企业在转型升级、结构调整过程中对人才的需求。

第五节　建筑装饰专业基础技能有效教学方法改革策略

　　高职院校越来越重视内涵建设,加大了师资培训、实训室建设、校企合作、课程资源开发等方面投入,但加大资源投入与教学质量的提高并没有形成正向关系,没有解决教学质量不高之困。"这些资源配置和投入外移化问题突出,没有真正用于课堂教学这一教学质量控制的核心任务上"。要解决教学质量问题必须从思想上进行转变,要把"视线"转移到课堂,聚焦到有效教学上来。

一、有效教学的基本内涵

　　"有效"一词是指能达到预期的积极的或具有肯定结果的程度,"有效教学"(Effective Teaching)即实现特定教学目标,满足社会或个人价值需求的教学活动。"有效教学"作为一种教学理念和教学追求,源于 20 世纪上半叶西方的教学科学化运动。随着近代自然科学的勃兴,教学不只是艺术也是科学的思潮受到社会的广泛关注。被誉为"科学教育学奠基人"的赫尔巴特曾率先致力于教育的科学研究 ,他认为:"教育作为一种科学,是以实践哲学和心理学为基础的"。

　　综合国内外研究成果,评价是否有效教学至少应该包括三个方面,即教学目标是否达成、教师行为能够促进学生学业成就,以及关注学生的进步与发展。但从文献来看,国内有效教学研究多集中在基础教育和本科以上高等教育,高职教育领域的有效教学研究较少。

二、建筑装饰专业基础技能教学现状

　　专业基础技能是高职学生专业能力结构的基础部分,对专业知识学习、综合能力的培养,以及就业等都有较大影响。专业基础技能应该由专业性质和工作岗位决定。高职建筑设计类专业包括建筑设计、建筑装饰、园林工程、城乡规划等几个专业,这类专业的主要工作有方案设计、图纸绘制、按图施工管理等,其专业基础技能应包括艺术造型、设计表现、制图与识图技能等,在专业群人才培养方案中,这些基础技能对应的课程是专业基础平台课程。

三、影响专业基础技能有效教学的变量分析

影响专业基础技能有效教学的变量可以分为三类：条件变量、行为变量、效果变量。条件变量主要包括教学条件、制度环境、学情与学风、教学目标要求和教学内容等，行为变量包括教导行为和学习行为，效果变量指学习结果和教学效率。三者的逻辑关系是，条件变量是有效教学发生的环境，行为变量是活动过程，效果变量是前两者作用后的结果。有效教学的发生过程可以描述为，在某种教学环境和条件前提下，教师与学生选择适宜的教与学的行为，实现了预期教学目标和学习效果。

（一）条件变量是影响基础技能教学有效性的背景因素

条件变量具有绝对性，教学活动必定在一定的限定要素影响下开展，否则教学的实施就不复存在，同时，这个变量也具有相对性，即不同时空环境下，影响因素的性质、数量、难易等向度是变化的。

教学条件。从心理学和行为学的角度来看，优良的教学条件能引发师生的正向心理观念和教学行为，如在有互联网教学条件的多媒体教室，客观上会提高教师使用信息化手段教学的意愿，使学生对可能会发生的新的教学情景充满积极期待。专业基础课程实施主要集中在高职一年级，要充分重视优先效应（Superiority Effect）的作用，防止负面印象权重产生负面的学习效能。

制度环境。制度具有稳定性和长期性，影响力一经发生，短时间内很难解除，因此必须重视制度建设。良好的制度能调动积极性，反之会带来负面影响，关注制度对教师和学生教学活动行为的影响，要重点关注与教师成长和发展密切相关的制度，如教学评价标准、绩效考核、职称评审制度，同时要关注与学生相关的管理制度，如学生管理制度、奖学金制度、班级制度等。

学情与学风。学生是学习的主体，而每个人的知识结构、学习经验、思维习惯不同，就会有不同的学习动机和学习行为，当学生面对并非熟悉或擅长的知识和技能时，就很难快速掌握知识和技能，甚至没法理解。例如在技能训练过程中，从没接受过绘画训练的学生，没有绘画体验和经验，很难快速理解整体思维和画面的整体控制问题，而没有生活经验的学生，面对理论知识，必须依靠亲身体验才能获得经验，否则理论学习的效果就会打折扣。

教学目标要求。教学活动应围绕教学目标来组织实施，教学目标的设定要符合职业技术和职业能力发展需要，既要考虑职业发展和能力迁移的需要，又要符合高职学生的学习认知规律。例如专业基础技能教学目标要求不能只考虑技能达标

本身,必须思考学生的现有基础以及实现目标的条件和机会,否则技能教学目标设置的再好,因为条件不具备使这种教学目标要求形同虚设,将无法实现也不能达到预期的教学效果。

教学内容。教学内容是学生学习的对象,特定的教学内容离不开特定的学习行为去加工处理和吸收,比如本科是学科教育,教学内容以理论建构和分析为主,需要抽象思维、理性思辨的方式来学习,高职教育重视学生实践应用能力和解决问题能力的培养,因此更适合动手操作和技术实践来完成内化教学内容。以专业基础技能教学内容选取为例,技能训练和实训必须是教学内容的主体,提倡教学内容的理实一体化、项目化、任务化,在实践中理解理论知识,在训练中感悟技能与技艺。

(二)行为变量是影响专业基础技能有效教学的关键因素

在教学活动中,教师的教导行为和学生的学习行为对教学效果起着决定性的影响和作用。换句话来说,教学是否有效,主要看教与学的行为是如何发生的。教学活动状态和结果是教师和学生两方面相互作用的结果,教师作为教学的主导者,通过引导、组织、控制等方式保证教学的正常开展,学生作为课堂的主体,发挥能动性与教师教导行为形成呼应,使教学活动顺利进行,如果双方不能达成观念和行动上的一致,有效教学将无法实现。

学习行为。因为学生是教学的主体、课堂的主人,他们在教学活动中的思维类型、行为方式、学习反应等直接影响教师的教学行为,因此,学习行为是技能教学有效性的直接行为变量。那么哪些行为会对教学效果产生影响呢?主要有以下几个方面:一是学习动机。动机作为一种心理力量,它有引发、指引和激励的功能。研究发现,高职生的厌学情况较本科生严重,男生的消极学习认知、消极学习行为及厌学情况显著高于女生,这种现象在高职高年级学生中尤其普遍。虽然技术技能类课程以动手为主,但长时间的重复性技术训练后,也会发生动机不足和学习倦怠的问题。二是自控力。自控力是一种内在的心理功能,学生面对困难和问题时,能调节控制自身的心理状态,适应外部环境,提高学习效能。在技能课堂自控力不强则表现为两种状态:一是主观意识强烈,任性放纵思想和行为;二是因长期习惯影响,有控制意愿但没法坚持。三是反馈。学习行为的反馈可以从学习态度和学习结果两方面来考量,当教与学形成正向反馈关系时,才能使得教学和学习相互促进。

教导行为。教师是教学标准的落实者,教师的认知水平、教学能力、价值取向与教学目标的要求达成一致性趋向后,才具有贯彻教学标准不走样的基础,如果教师不认同教学标准和教学目标,随心所欲地教学,必然脱离约定性控制,有效教学难以达到。教师主导课堂的组织与实施,是学生的学习行为选择和变化的推动条件,作为教学活动的推动者,教师一方面传授技能,另一方面是引导学习。专业基础技能课程需要技能示范,直观的结果为学生提供了范式,也为师生相互信任打下基础,只说不做、只说不练的教学行为在技能课程的负面效力很大。技能课程授课需要足够的时间用于现场训练,只有在训练活动中师生增加互动,才能缩小讲与学信息错位的机会。教师还要有纠偏的能力,要分析学情,掌控学情,能结合时空变量预测未来发展变化的可能性,防微杜渐,以最大化教学效果。

(三)效果变量是影响有效教学的结果要素

技能学习的结果。技能学习的结果是指学习过程完成后技术掌握的程度,能力和身心素质发生的变化,也就是说应有复合性的特征。分析判断技能学习的结果应该从以下几个方面:一是技能水平。技能学习的结果高低是反应教学有效度的显性指标,包括对技能的认知度、熟练度、精通度、创造性等都是评价点。例如在规定的时间内,能熟练地用徒手或用软件制图,制图结果符合建筑制图规范和任务委任方的需求,这就是熟练掌握技能的结果。二是综合性。技能学习结果不仅包括技能本身,还包括学生身心全面的发展和进步。学生在学习中打开了思路、学会了方法、磨炼了意志力、培养了团队协作意识和能力等等与技能学习效能同样重要。三是可持续性。考察技能学习是否有效不应只关注技术技能本身,更重要的是,要考察是否培养起满足未来个人发展需要的自学能力、自控力和自我效能感。建筑设计类专业基础技能的学习一是耗费时间,二是对效果显现慢,因此对个体自我认识、自我把控能力要求较高。

技能学习的效益。主要指投入与产出的关系比较,理想的预期是在短时间、低投入条件下,实现最佳教学效果。经济上追求低消耗高产出的目标同样也适用于技能教学,尽可能地用最少的时间、精力投入,产生最佳的教学效果,我们说技能教学的效益高,反之学校增加教育投入,如添置教学设备,改善办学条件,而这些被投入的要素不能被应用于教学,那这种投入就是效益差,再如教师在教学准备、讲课、批阅作业上投入大量的时间和精力,但学生技能并没有明显提高,那么从效益的角度来看,这种教学也是无效的。

四、提高建筑装饰专业基础技能有效教学的路径选择

系统论提出者美籍奥地利科学家贝塔朗菲认为,任何系统都是一个有机整体,系统的整体功能不是各组成要素的简单相加,它超越了组成它的因果链中各环节的简单总和。该理论强调整体与局部、局部与局部、系统本身与外部环境之间互为依存、相互影响和制约的关系。

按照系统论,有效教学的达成必然是多要素综合的结果,因此必须重视影响教学质量的组成要素,重视各影响要素的分析、各要素之间的关系,以及单个要素和教学环节对有效教学的影响。本文认为提高专业基础技能教学有效性,应建构起由培养体系、管理体系、支持体系组成的有效教学保障体系(见图27)。

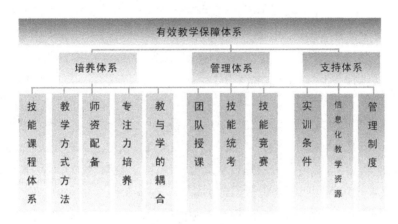

图27　有效教学保障体系图

（一）构建技能达成为导向的有效教学培养体系

技能课程体系。应建立在完善的专业(群)人才培养系统化设计之上,专业基础技术课程理论与实践学时比例应适宜,从三门基础技能课程教学实践来看,实践学时不应低于总学时的60%。专业基础课程的内容设计应符合高职生认知学习规律,注重技能的循序渐进原则,课程标准应能满足专业(群)技能的(共同)要求,同一专业群的专业应选择适合专业群各专业需要的操作性强的教材。

教学方式方法。根据学生基础条件和学习兴趣,开展分层教学。以手绘表现课程为例,考虑美术功底薄弱问题,可以按三个层次实施教学,高层教学目标应能简单创作,中层的教学目标应能较好地临摹并能写生作品,初级的教学目标应能临摹出透视线稿。宜用翻转课堂的教学方式,把教师现场技能示范与网上数字化资源相配合,实现线上线下混合式教学,教学方法适合任务驱动教学法、项目教学法等。

师资配置。专业基础技能课程实践能力要求高,因此应配置动手能力强、技能熟练的师资队伍。应加强课程团队在课程建设和实施中的作用,以课堂团队为单位开展课程研究和教学研究,执行统一的授课标准、实施标准和考核标准。把学术兴趣与技能实践结合起来是提高教师教学能力的重要途径。

专注力培养。专注力是专心于某一事物或活动的执著与投入的心理状态。通过实践，笔者认为采取引导的方式为学生创设"心流"环境是一种有效的课堂氛围营造策略，心理学家米哈里·齐克森米哈里把心流（Flow）定义为一种将个人精神力完全投注在某种活动上的感觉，心流产生时同时会有高度的兴奋及充实感，从而会对重复性技能训练不会产生心理厌倦。由于艺术造型、手绘表现和制图等技能属于感性思维活动，训练过程不需要过度的深层思考，因此在课堂上播放富有节奏感的音乐是一种有效创设"心流"氛围的方法。

促发教与学的耦合。耦合（Coupling）是指两个或两个以上的系统或运动方式之前通过各种相互作用而彼此影响以至联合起来的现象。从系统论的角度看，教学过程实际上就是一个在外部环境影响下，教学系统内部各要素相互联系、相互作用，并彼此变换物质、能量和信息的过程。教学目标的实现是教师和学生等教育因素耦合的结果，师生间能否发生耦合需要教师对"临界点"进行调节，因此在专业基础技能教学中，要重视对教师教学能力的培养，重视对教师人格因素的选择和培养，更要重视对教师吸引力的教育和训练。同时要加强学生知识结构、动机和态度以及自我效能感研究，研究影响耦合的主要因素在技能课程中的具体表现，从实践中提出解决思路。笔者的经验证明，活跃的积极的班级学风是促进教与学耦合的催发剂。

（二）突出控制论导向的有效教学管理体系

从维纳的控制论中，可总结出三个最为基本而又重要的概念：控制、反馈和调节，称为控制论的核心三要素。实施专业基础技能教学管理以教学监控与评价为导向，通过团队授课、技能统考、技能竞赛三项举措加以落实。

团队授课。实施团队授课是教学控制与反馈的统一。课程实施前采用团队内统一排课，团队制订课程标准、授课计划、教材，配置统一的教学资源和教学条件，从规划控制角度使教学不走样。课程实施过程中采取团队授课的方式，通过组织教师相互听课，开展师生作品展览评比等方式相互促进，实现教师是否能教、是否会教、是否教而有效的反馈效果。

技能统考。课程实施后实施技能达成统考是教学反馈与调节的统一。学业测评结果是高职课程有效性的外在表征，专业基础技能考核本质上是对课程预设目标的验证，世界上的一些职教发达国家非常重视学业能力评价，如德国建立和实施的 KOMET（职业能力与职业认同感测评项目）职业能力测评技术，英国的 BETC 教育模式及其能力考核方式，澳大利亚的 TAFE 教育模式及其能力考核方式等。

大规模的技能统考把专业门槛型标准与学分挂钩相结合,能更加真实地反馈教与学的现状,一方面检验教师对标准执行、课程目标的实现程度,另一方面也能测评学生技能学习是否有效,以及与目标的差距。

技能竞赛。技能统考与企业赞助的技能竞赛相结合,实现教学质量控制和调节的统一。教与学是否有效,技能竞赛提供了比武舞台,对教学成效显著的教师和学生是一种激励。通过晒成果比质量,让教师相互之间找差距、找问题,增强教师在教学中的质量意识、责任意识,解决课程标准统一难、标准化难的问题。促发学生对自己学业能力的感知和比较性评价,形成一种鞭策。统考与技能竞赛相结合为专业基础技能课程教学管理提供了调节依据和调节方向。

（三）完善信息化教学导向的有效教学支持体系

专业基础技能教学的支持体系主要包括实训条件、信息化教学资源、管理制度。

实训条件。作为基础保障,提高技能训练课程教学的有效性必须建设专业化的画室、制图室、表现技法实训场所等,实训场所应配置教学示范演示设备,实现无线网络全覆盖,便于实施线上线下混合式教学。

信息化教学资源。应建设技能实训数字化资源,满足移动化学习、碎片化学习的需要。

管理制度。技能课程授课形式适宜活泼的形式,因此应改变理论教学的管理模式来管理技术技能类课程,如课堂教学能否听音乐,工匠精神需要"心流",对学生训练的激励有较好的影响。另外,学校应从制度上保障教师的利益诉求,调动教师的积极性。

质量是教育的生命线,高职教育作为技术技能教育,要培养合格的高素质技术技能人才,专业基础技能教学是否有效,起到举足轻重的作用。提高高职教学质量必须重视课堂教学,关注有效教学是否达成。影响建筑设计类专业基础技能有效教学的变量涉及条件变量、行为变量、效果变量三方面,从系统论和控制论角度,建立由培养体系、管理体系、支持体系组成的有效教学保障体系为提高建筑设计类专业基础技能有效教学提供实践途径。

第六章
建筑装饰专业学生职业素质教育改革探索与实践

第一节　建筑装饰专业学生职业素质结构体系的构建

建筑装饰是建筑业与现代服务业融合而成的行业,是技术、艺术、文化三结合的产业。建筑装饰专业群是为行业、产业发展培养高素质技术技能型装饰设计、施工人才。以学生职业素质培养存在的问题为导向,以实现建筑装饰功能,满足行业、企业需求,契合国家发展战略为根据,以全面性、岗位匹配性、导向性为原则构建建筑装饰专业群学生职业素质结构体系。

一、职业素质内涵与建筑装饰专业学生职业素质概念界定

关于素质,由于其内涵丰富,受认知能力影响明显,至今没有形成统一的表述。能力素质,也叫素质能力,英文释义是 competency,胜任力。美国心理学家戴维·麦克利兰于1973年把素质定义为影响工作绩效的人格特征。斯班赛则认为素质是与人的心理密切相关的态度、价值观、动机。而目前被广泛接受的表述是从生物学、心理学、教育学相结合的角度来界定,"素质是在个体先天禀赋的基础上,通过环境和教育的影响所形成和发展起来的相对稳定的身心组织的要素和发展水平",涵盖生理性素质、心理性素质和社会性素质三个功能性结构。

职业素质。关于职业素质的概念,不同的学者也有不同的理解。解延年认为,职业素质应该"包括知识、技能、能力、体质、生理、心理和思想品德等因素在内";

王敏勤则认为，"职业素质应该由基础性素质、专业性素质和创业、创造性素质三部分组成"；许启贤认为，"职业素质是指劳动者在一定的生理和心理条件的基础上，通过教育、劳动实践和自我修养等途径而形成和发展起来的，在职业活动中发挥作用的一种基本品质"。

职业素质结构体系。就是构成职业素质的要素体系，即职业素质的构成。它包括通用性职业素质、专业性职业素质和发展性职业素质，这三个部分相互依存、相互影响、相互制约，共同构成职业素质结构体系。

通用性职业素质包括基础性职业素质和关键性职业素质。基础性职业素质包括身体素质、心理素质、文化素质、道德素质、审美素质等；关键性职业素质包括沟通交流能力、数字运用能力、团队协作、自我发展与管理发展等。专业性职业素质包括专业基础性职业素质、专业方向性职业素质。发展性职业素质包括继续学习素质、创造创新素质、职业调适素质、自主创业素质等。

比较而言，通用性职业素质具有更强的普适性，无论学生今后从事哪一种具体的职业，它都能发挥基础作用和通用功能，特别是包含沟通交流、数字运用、信息处理、团队协作、自我学习和管理发展等素质在内的关键性职业素质。专业性职业素质则是与学生所学专业或今后拟从事的具体职业工作直接相关的有关知识、能力和人格等内容，与职业工作的对应性更强，更有针对性，也更为集中，但从纵向上来看则更为专精，更为深入。发展性职业素质包括终身学习、职业调适、创新、创造和创业等方面的知识、能力和情感、态度等内容，是一种更高层次的职业素质，它影响或决定着一个人职业生涯的发展程度和成就大小等。

根据以上对职业素质结构体系的分析，笔者认为建筑装饰专业群学生职业素质结构体系是一种与装饰职业密切相关，能满足个体社会化生存需求，驱动个体产生卓越学习、工作绩效的各种知识、技能、个性化特质的集合。具有以系统的形式存在，内在结构合理，功能的针对性和指向性明确等三个基本特征。

二、建筑装饰专业学生职业素质培养存在的主要问题

1919 年，在德国魏玛小镇成立的"包豪斯"学校是现代装饰专业教育诞生的标志。中国的装饰专业教育始于 1956 年，经过近 50 年的摸索发展，2004 年教育部以"职业岗位群为主，兼顾学科分类"为原则，下发了《全国高职高专指导性专业目录》，加强专业设置的动态适应性和规范化管理。建筑装饰专业由艺术设计类划为土建大类建筑设计类，专业名称调整为建筑装饰工程技术专业（代码560102），同时明确了专业培养目标、服务面向、核心能力、主要专业课程和实践

环节设置等内容。2013 年,江苏建筑职业技术学院根据专业岗位群把建筑装饰工程技术、室内艺术设计、环境艺术设计统称为建筑装饰专业群。目前,各高职院校装饰专业人才培养方案、模式主要参照 2004 版相关要求实施开展。13 年后的今天,装饰行业已然进入规范化、质量化、创新化发展阶段,安全、节能、个性、舒适是当前客户群体的总体诉求,成品化、标准化、装配化是未来行业发展的方向。行业的发展是专业人才培养改革的原始驱动,行业的发展变化对人才培养,特别是人才素质结构提出了新的要求。

在人才素质培养市场化导向背景下,在广泛的企业调研基础上,我们比较研究了黑龙江、江苏、四川等地的国家示范高职院校装饰专业群培养方案,在学生职业素质结构建构方面发现的问题如下:

专业核心素质培养与企业要求相差甚远。各院校装饰专业人才素质培养都走务实的路线,课程结构按照"知识—技术—技能"来构建,知识、技能体系按照"施工任务承接——装饰过程实操——工程结算"的闭合循环开展。在此模式下,学生 90% 的时间和精力投入在岗位专属素质锻炼上,但在企业调研中,企业反馈的意见集中在学生岗位核心能力的掌握达不到企业要求,具体体现在学生的施工图绘制、设计软件运用、装饰施工中的沟通管理等岗位核心专属素质的精专程度不够。

通用素质培养存在严重偏差。立德树人是学校办学的根本任务,核心关键在于帮助学生实现从"学校人—社会人(职业人)"的转化。而实际教学中,学校偏于重视可量化、可考核知识技能的教授,而在学生社会化通用素质方面,课程设置所占比例少,实用性解决提升方案稀缺,这些能力素质的养成往往靠学生个人悟性,存在着培养过程和培养任务的脱节问题。

专业素质培养评价导向与企业评价导向脱节。学校强调的是专业理论、专业技能和装饰装修实物的结合,是以装饰实操技术性问题解决为导向。然而,行业企业实际运作中是以装修成果的客户满意为导向的,客户满意的素质需求远不止技术技能方面,存在着专业教学评价导向和企业终结性评价导向不统一的问题。

发展性职业素质培养与国家战略不相契合。在大众创新、万众创业的今天,创新已然从一项基本的能力素质演变为国家发展的驱动战略。虽然各校也十分重视,但结合专业如何进行体系设计,创新意愿怎么激发,创新意识怎么培养,创新能力怎么锻炼都没有落地,存在着培养举措落后于当前国家政策导向要求。

三、建筑装饰专业学生职业素质结构体系构建

建筑装饰专业群学生职业素质结构体系构建既要坚持问题导向,解决当前培养过程中存在的主要问题。还要目标指向性明确,这个指向性就是切合当前国家的发展战略,实现装饰的基本功能,满足行业、企业、岗位的发展需求。

（一）建筑装饰专业学生职业素质结构体系构建的基本依据

学生通用性职业素质、专业性职业素质结构要实现装饰的主要功能。自建筑出现以来,建筑装饰作为它的伴生产品就随之产生。建筑装饰是一个普遍存在的文化艺术现象,每一个时代的历史、文化都在建筑装饰中留下了深刻的印迹,发挥着特定的功能。从建筑装饰的发展轨迹看,主要有以下 4 个功能:

安全性功能。安全性需求在马斯洛人的需求层次理论中位居首位,是人类的第一需求,也是原始的建筑和建筑装饰的唯一考虑因素。室外带有图腾崇拜印记的图像图案,室内摆放的兽骨以及手工雕刻都是原始先民崇拜上苍,祈求保护的安全性诉求的表现。

社会性功能。伴随着人类社会的发展,随着阶层、阶级的产生,建筑装饰的另一项任务逐渐萌生,建筑及装饰要与居住者的身份地位、宗教信仰匹配,建筑装饰的社会伦理功能得以发展。建筑中的雕刻、纹饰、色彩、线脚以及构件排列、组合的秩序等,都成为人们理解和判断建筑风格、类型和文化伦理内涵的至关重要的信息,时代感的社会意识、理想信念和价值观通过这种装饰的形式而得到显现。

审美性功能。在此之后,随着物质生活的丰富,人类社会又赋予建筑装饰新的要求——装饰审美性功能的开发,装饰装修成为展现居住者兴趣、喜好、品位、娱乐、特长的特定空间环境的再营造。从那时起,色彩鲜明的书法字画、玉石陶瓷、珊瑚贝壳、植物花卉等室内陈设物品开始广泛使用并流行起来。

实用性功能。进入近现代,人们对纯审美的装饰的抨击多于对它的赞扬,在实用主义思想的冲击下,建筑装饰顺应了社会进步的潮流,装饰的实用性功能得到发展。装饰装修更多关注建筑物理构造的保护,噪音隔离吸收,功能性空间分割,和谐愉悦环境营造,物品储藏等实用功能。建筑装饰发展历史和功能的探索、发展、健全是未来建筑装饰人才培养的基础,也是装饰人才能力素质培养的重要内容。

学生专业性职业素质结构要满足装饰行业发展的需求。从整体上看,建筑业是我国国民经济三大支柱产业之一,建筑装饰行业总产值由 2003 年的 0.72

万亿元提高至 2015 年的 3.6 万亿元,预计"十三五"期间,装饰行业在国家经济总产值中所占比重将继续增大。其次,装饰行业涉及交通、办公、娱乐、居住等各类场所,影响每个人的身体、情绪,关系重大。而截止 2016 年 7 月,我国装饰装修大、中、小、微型企业分别占总数的 0.08%、0.6%、4.8% 和 94.52%,微型企业几乎全部是家装企业,企业间的设计、施工技术水平相差巨大,装饰装修成果的满意度亟须提高,企业转型升级形势紧迫。再次,我国建筑装饰行业从业人口总量超过 1 600 万,具备大学教育背景的技术人员不足 240 万,不仅满足标准化施工的技术技能人员缺口大,而且,不同地区、不同发展阶段的企业对人才素质的差异化诉求也不尽相同。最后,2013 年国家"一带一路"全球化发展战略和 2015 年"互联网 +"经济形态的提出,既给建筑装饰行业企业带来新的发展契机,也对装饰行业人才素质培养提出了新的要求。可见,建筑装饰行业企业发展潜力巨大,产业转型升级形势紧迫,国际化发展态势明显,技术技能人员需求旺盛,支撑行业升级调整和国际化参与的具备创新思维和国际化视野的人才是未来培养的重点。

学生发展性职业素质结构要契合国家战略目标调整。近年来,国家提出要通过创新发展驱动,优化经济结构调整,实现"两个一百年"的战略目标。众所周知,建筑业是我国的支柱产业,建筑业的发展状况直接关系到国家战略目标的实现与否。产业的创新驱动发展和结构调整根源在人才素质,农村劳动人口也是当前我国建筑业的主力军,如同建筑业之于国民经济的作用一样,农村建筑人口对于建筑业的影响巨大,甚至直接决定建筑业能否转型升级。无独有偶,全面建成小康社会的关键也在于农村,在于农民,基础在于农村人口素质的提升。高等职业教育被称为中国最大的"素质工程"项目,90% 的生源来自农村,是直接面向农村,服务农村,提升农村人口能力素质的教育形式。绝大多数高职大学生是农村家庭的第一代大学生,肩负着代际上移和改变家庭经济命运的重担,农村学子的能力素质水平直接决定个人和家庭的收入水平,也直接关系到国家宏观战略能否实现。因此,高职人才培养,特别是建筑装饰专业的人才素质培养,要着眼大局,紧随国家战略目标,服务国家支柱产业的转型升级,服务行业的创新发展驱动。此外,在我国人口红利走到尽头,要素的规模驱动力减弱,经济增长将更多依靠人力资本质量和技术进步,创新从劳动者基本素质需求转化为驱动我国经济社会发展的新引擎。高校是人才的聚集地,也是创新思维、意识、能力的发源地。高职院校占高等教育的半壁江山,人才创新素质的培养必须提上日程。高职院校要积极探索创新人才形成的影响因素,创新意识提升的有效途径,构建创新能力锻炼载体平台。

（二）建筑装饰专业学生职业素质结构体系建构的原则

人才培养是高校的基本职能之一，社会在赋予高校人才培养任务的时候，也对高校的人才培养提出了基本要求，规定了基本原则。这些原则中既有社会对各专业人才素质培养的普遍性要求，也有装饰专业群培养的特殊性需求。

全面性原则。立德树人是学校的根本任务。从这个层面上讲，建筑装饰专业学生能力素质的建构原则首先要考虑"人"的因素，人的身心健康、人格健全、全面发展是首要原则。

匹配性原则。建筑装饰专业培养目标是为建筑装饰设计、施工、管理一线输送技术技能人才，装饰专业能力素质建构要着眼于装饰施工员、造价员、设计员等目标岗位群的需求，实现人才基本素质与岗位无缝对接。

导向性原则。建筑装饰行业是建筑业和现代服务业的交叉行业，行业从业人员不仅要有扎实的装饰技能，还要能够把握群体性客户的心理诉求，以期提升装饰成果满意度。因此，基于客户导向的职业素养构建是十分必要的。

发展性原则。建筑装饰行业专业能力素质培养要兼顾行业专业发展趋势，引导学生密切关注行业企业发展趋势，技术技能需求变化，并通过终身学习，去适应并推动行业企业发展。

（三）建筑装饰专业群学生职业素质结构体系构建

在把握学生职业素质结构体系构建的依据、原则基础上，通过对装饰企业调研和装饰专业教学实践，从装饰岗位需求的岗位专属能力，个体适应社会的通用能力，推动行业发展的创新能力，全面发展的身心人文素质等四个方面来构建建筑装饰专业群学生职业素质结构体系。

装饰岗位需求的岗位专属素质。装饰专业素质建构的目标任务是实现设计理念到装饰装修成果的转化。主要包括设计理论、设计实践、装饰施工、工程造价、信息管理五大素质模块。内容涵盖装饰装修设计理论与设计实践、装饰工程造价、装饰施工图绘制、装饰装修工程施工技术、施工组织与管理、材料采供与管理、工程信息管理等。学生在学习后，能够整合客户需求、设计理念、装饰空间之间的关系，按照计划的工作步骤，有效使用媒体设备，实现原始空间到设计方案的转化与优化，实现设计图纸到组织施工的推进，实现施工进度与人财物的管控，实现信息管理以及装饰成果的展示。

个体适应社会的通用素质。高校教育的根本任务是帮助个体适应社会，完成社会化进程。该项能力素质决定学生是否能较快适应社会，完成从学生身份到企业员工的角色转换。语言表达、人际交往、规划与调整、自我管控等方面的能力是核心关键。装饰行业的语言表达与客户满意度密切相关,涉及客户心理观察、设计理念介绍、语言逻辑和说服力等诸多方面。人际交往能力则与个体的诚实、正直品质,真诚、宽容、自信态度,乐于助人、尊重他人习惯密不可分,这些品质、习惯既是学生个体的职业素养、职业道德的构成元素,也是装饰行业发展的基石。规划调整要求个体能够结合自己的理想目标,制定实施计划并坚持,且根据实际不断调整适应。这些能力很难通过课程教授,但存在于学生日常学习、生活的方方面面,需要环境熏陶,言行示范,活动锻炼,用心体悟。从某种意义上讲,建筑装饰行业企业的转型升级,就是从业人员的思想态度、价值观念和生存方式等社会通用能力的改变。

推动行业发展的学习创新素质。该项素质建构的目的是帮助个体着眼未来,培养终身学习习惯,培育创新意识能力。关于终身学习,是古今中外,亘古不变的理念,无需赘述。创新创意能力从过去的个体能力素质上升到国家战略。创新驱动发展战略,是适应和引领经济发展新常态的必然选择,大众创新,万众创业深入人心。仅 2015 年,国务院 4 次发文,从体制机制、组织领导、经费支持等诸多方面提出政策导向要求。明确学校要通过师资队伍、校企协同、教学改革、管理方法、考核方式等着手,营造创新环境,养成创新意识,培育创新能力。笔者以为,建筑装饰行业的创新,存在于设计、施工、管理的每个细部,存在于设计色彩搭配、施工效率提升、绿色节能减耗、安全环保节约、生产装配变革的每个环节。

个体全面发展的身心人文素质。目的是促进个体关注身心健康,以人文素质提升促进专业素养进步。网络信息时代,大学生除了学习之外,大部分时间在网络虚拟空间度过,身体素质技能呈每年下降趋势,快节奏的工作生活方式和物质化社会环境诱使国人心理疾患频发。装饰行业不仅需要从业者具备娴熟的技术技能,还需要健康身体支撑高强度工作。岗位工作环境和奢华装饰成果的反差,需要从业人员拥有健康心理状态和较强的心理调适能力。而历史、文学、艺术,美学、哲学、伦理,风土、人情、事故等人文素养也是设计装饰从业者业务能力提升的重要元素。

建筑装饰的发展历程是人类社会科技进步与经济发达程度的映射,会随着国家综合实力地不断提升和人民生活水平持续进步而进入新的发展阶段,出现新的功能诉求。目前,建筑装饰行业不仅是关系到千家万户的"舒心"工程,也是实现"两个一百年"战略目标的"富民"工程,是农村适龄建筑劳动人口的重要出路。

建筑装饰专业群学生职业素质结构体系构建不仅关系到装饰业态本身,还关系广大从业者的收入水平、生活水平。未来,随着国家"一带一路"战略的深入展开,建筑装饰行业将成为我国文化传播的使者,逐渐走向世界,影响世界。因此,建筑装饰专业群学生职业素质结构体系构建不仅要着眼眼前的就业竞争诉求,更要做好跨文化的蓄力,把中国装饰和中国文化向世界传播。

第二节　建筑装饰专业学生职业素质教育"333"工程实践

建筑装饰专业学生素质教育涉及方方面面,从思想动态到岗位技能,再到创新意识能力,关系到学生能力素质结构健全,也关系到学生个体职业生涯的发展。江苏建筑职业技术学院和合作企业联手,开设企业讲坛,设立企业杯赛,利用新媒体,开展学生思想引领、素质提升、视野拓展的探索与实践。

一、建筑装饰专业学生职业素质教育实施"333"素质拓展工程概况

建筑装饰专业群自 2013 年开始根据企业对学生的能力素质要求,在校企深度合作企业的支持下,系统设计学生素质提升"333"工程体系,打造三个讲坛(专业讲坛、企业讲坛、名师讲坛),三个企业杯赛(天力杯、水立方杯、紫浪杯),三微新媒体体系(微博、微信、微视频)。

"三讲坛"构建了学生素质拓展的学校、企业、社会三方主体参与模式。3 年来开展专业讲坛 40 场,企业讲坛 16 场,名师讲坛 9 场。专业教师结合自己的研究方向、行业动态,从知识拓展的层面对学生进行引导。企业高管、技术骨干结合行业发展趋势,从企业的人才招聘的角度,给学生阐明专业对应岗位的核心技能需求,行业发展带来的机遇和挑战。行业名师从创新创业、技术变革等视角切入,拓宽学生的视野,激励引导学生学技术、讲创新、谋创业。

"三杯赛"探索了基于岗位需求的学生能力素质提升路径,构建建筑装饰专业学生素质结构体系。3 年来,学院组织学生开展各类学生素质拓展 30 余次。企业杯赛的设置既促进学生习惯养成,又结合学生成长规律,提升学生各项能力素质。宿舍设计比赛,手绘比赛,制图比赛,校园文化解说员大赛,职业生涯规划大赛,创新创业大赛,在杯赛脱颖而出的学生,学院组织针对性培训,参加省级、国家级技能

大赛,近 3 年获得国家技能竞赛特等奖 12 项,一等奖 14 项。在 2016 年的全国大学生发明杯比赛中,获得一等奖 3 项,二等奖 2 项,3 等奖 3 项。

"三微"建立学院学生思想引领,素质教育,风采展示激励体系。从学院、班级到学生个人,微博、微信体系建设完整。学生通过微博分享学习方法,知识结构,建筑装饰行业热点,技术前沿;通过微信展示学习成绩,比赛风采,先进典型,推介学习心得。3 年来,装饰专业学生建成班级微博 15 个,发表微博 6 000 余条,推动微信 213 条,拍摄微视频 52 部。学生微视频先后获得江苏省资助微视频大赛二等奖 1 次,三等奖 1 次,优秀脚本 1 次。学生作品获得江苏省艺术展演一等奖 2 个,二等奖 2 个。通过企业讲坛和企业杯赛,校企了解加深,形成互信,校企合作得到进一步深化。成立订单班 3 个:紫浪班、天力班、家装 E 站班,受益学生 240 余人。企业颁发奖助学金 23.3 万。企业订单班和企业奖学金的颁发进一步坚定了学生专业学习的信心。

二、"333"拓展工程在提升建筑装饰专业学生职业素质的价值分析

"三讲坛"开启了职业院校学生素质教育学校、企业、社会三方主体模式。通过三方主体解决学生学习目标、学习路径不清晰的问题。校企讲坛交互模式,既是彼此之间的交流学习,取长补短,又搭建了企业职工和学校教师相互交流的平台,为学生的成长提供更多资源。学生进入大学以后,在没有升学压力的情况下,失去学习的目标和动力。学什么专业,专业学什么,学到什么程度,目标模糊。通过企业讲坛,邀请专业对应的行业企业来校讲课,学生明白所学专业对应的行业企业,明晰企业岗位技能需求、能力素质需求,学习的目标性、针对性更清晰。企业专家讲坛带来了丰富的企业实践案例,有效弥补学校实践性教学薄弱的环节。此外,行业企业对于行业的技术变革、发展动态更敏感,企业专家能够明确告诉学生行业未来的发展趋势,这使得学生的学习更加有的放矢。再次,来自企业的成功校友,不仅带来行业咨询,更是把自己在校学习经验、企业工作经历、成功路径和学生分享,让学生感觉成功不再遥远,有路径、有榜样可供学习参照。名师讲坛,不仅可以有效拓展学生的视野,让学生在原有学习的基础上,对专业、对技术技能有更深入地了解和认识,甚至启发学生结合自己的学习内容,去探究、去创新、去创业。学校专业教师的专业讲坛是课堂的延伸,教师结合自己的研究方向,对学生进行二次启发,让学生更清楚,学的什么专业,学到什么程度,核心内容是什么。

图 1　石峰老师在为学生作专业学术报告

图 2　苑文凯、李昕老师在为学生作专业学术报告

图 3　邢洪涛、于琍老师在为学生作专业学术报告

图 4　吴小青、江向东老师在为学生作专业学术报告

图 5　孟春芳、丁岚老师在为学生作专业学术报告

图 6　唐龙在为学生作企业学术报告

图 7　金螳螂公司郭智伟、云贤通公司孟德在为学生作企业学术报告

图 8　华海设计院院长张洁、校友李放在为学生作企业学术报告

图9　校友王雷、北京六建集团乔振来总工在为学生作企业学术报告

图10　张乘风、王志刚教授在为学生作名师学术报告

图11　薛静华、赵超在作名师学术讲座

　　"三杯赛"重新梳理了职业院校学生能力素质结构,探索了基于岗位需求的学生能力素质提升路径,解决了学生能力素质体系和企业岗位实际需求脱节的问题。学院在企业走访的过程中,经常能够听到企业表示江苏建筑职业技术学院的学生优点很多,但弱点同样明显。那就是专业核心技能不够精深,社会化通用能力如语言表达、人际沟通、组织协调能力不够,学校对优秀学生的评价和企业优秀员工的评估体系脱节。学校只要学生听话,学习成绩好,就认为是好学生。但在企业,成

绩的优秀只是企业评价员工的一个方面,企业利润最大化的性质决定,为企业创造利益的员工才是好员工。为了促进学生的社会化进程,提升学生专业对应岗位的核心能力,学院按照专业学习的规律,体系化设计学生能力素质提升体系。例如大一阶段,以职业生涯规划大赛来帮助学生学会规划大学、规划职业生涯、规划人生。宿舍 DIY 设计大赛既是专业启蒙,又是良好卫生习惯的养成。大二的手绘大赛、制图大赛、软件设计大赛,都是岗位的核心技能。大三的创新创业,不仅是比赛也是人生的发展方向。简历设计大赛,一方面检验学生的设计能力,另一方面也提醒学生做好就业准备。校园文化解说员大赛更是通过对校园文化的了解、熟悉、解说,来提升学生语言组织与表达能力。通过杯赛体系的设计实施,不仅让学生明白什么阶段该干什么事情,更让学生在系统的比赛中,全方位提升自己的能力素质。从校园杯赛的成功中积累自信,走上省市大赛、国家大赛,近 3 年,通过杯赛的引领,学院数十位学生在国家级技能大赛获得特、一等奖,近 20 名学生在全国高职高专发明杯上获得一等奖 3 项,二等奖 2 项,三等奖 3 项,省市比赛获奖不计枚数。小小的杯赛平台,让学生体会到参与的快乐,成功的喜悦,更是感觉到来自社会企业的支持与鼓励,让他们找到专业学习的乐趣和信心。

图 12　成功举办 2013 年"天力杯"春季趣味运动会

建筑设计与装饰学院成功举办2014年"天力杯"广播操比赛

　　10月18日下午，建筑设计与装饰学院在西田径场举行了2014年"天力杯"广播操比赛，全院16个班级600多名学生参加，各班级在操场上进行了一场班风和班级战斗力的交流与展示。

　　创意新颖的班旗在空中飞扬，激昂响亮的口号在操场上回荡，"激情澎湃，王者归来"，"思闯敢拼，永不言败"……他们的声音响彻全场，震撼着每一个人。比赛中，各班级同学都穿上了他们的新校服，伴随着音乐的节拍，高度默契的配合和整齐划一的动作犹如雨后空中的彩虹一般的多姿多彩，俨然成为操场上一道美丽的风景线。

　　激烈的角逐后，装饰14-5班脱颖而出，获得了比赛的一等奖，室设14-1古建141，环艺14-2，装饰14-4，也紧随其后，获得了比赛的二等奖，三等奖也最终花落环艺14-1班。

　　据悉，此次比赛不仅锻炼了同学们的团结合作能力，更是将全院同学积极踊跃参与"三走"活动推向了新的高潮，为接下来的宿舍DIY大赛，运动会和双微大赛等各类活动开了好头。

图 13　成功举办"天力杯"广播操比赛

2016年5月15日下午，建筑设计与装饰学院"天正杯"趣味运动在西操场拉开帷幕。

设计学院15级全体学生及14级部分学生参与本次运动会，运动会设置了自行车慢骑、三人四足、搬家小弹珠、齐心协力、跳绳、拔河等趣味性比赛项目。

本次趣味运动会让参与者在锻炼身体、享受到运动快乐的同时，也锻炼提升了团队合作的能力与意识。本次比赛共角逐产生团体一等奖一个：建设15-1班，团体二等奖一个：装饰15-1班，团体三等奖一个：古建15-1，团体优秀奖两个：园林15-1班、建设15-2班，此外，产生个人奖项26个。

此外，本次活动，也为15级同学搭建了一个相互认识，相互交流，发现人才，增进友谊的平台，各班级的团体争霸，令运动会更具意义，为15级同学的沟通和交流奠定了良好的基础。

图14　学院成功举办"天正杯"趣味运动会

图 15　成功举办"水立方"杯团支部双微大赛

图 16　建筑设计与装饰学院荣获"巧思争鸣"辩论赛总冠军

　　"三微"利用网络新媒体构建了职业院校学习动力强化机制。通过企业讲坛、企业杯赛、企业订单班、企业奖学金解决了学生自信不足与学习内生动力不足的问题。学院的微博、微信、微视频平台,不仅是学习经验交流的平台,学习知识分享的平台,更是学生青春风采展示的平台。90 后的大学生,最大的特点就是喜爱展示自己,学院建立了三大平台,把学生进行分类分层,展示不同类型学生的典型风采,如成绩优秀、运动健将、技能比赛获奖、党员发展、升学转本,甚至是拾金不昧。学院利用三微平台展示一切积极向上的学生,一个宗旨就是让所有付出努力的学生

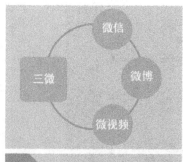

图 17　三微平台

都得到应有的关注和展示。网络平台的传播性、永久性,有效地拓展学生风采展示的时间、空间,极大地满足学生的心理诉求,激励学生追求卓越的心理,也激励学生的内生学习动力。此外,企业讲坛、企业杯赛、企业订单班、企业奖助学金,让学生真切感受到来自有关企业的关注、关心。在过去三年中,发放紫浪奖助学金 18 万,天力奖学金 3.2 万,水立方奖学金 2.1 万。这些企业奖学金的发放,让学生清楚地感受到企业愿意进行资金投入,鼓励学生学习,也充分说明专业技术技能人才的稀缺性,让他们坚定专业学习的信心。过去三年,学院成立三届订单班,每届三个班,参与学生 240 多人。企业订单班的设立,给学生提供了较高的就业起点,较好的薪资待遇,较宽松的成长环境。一定程度上提升学校的美誉度,专业的知名度,坚定学生家长选报我院专业的信心。

微博开展情况(微博地址:http://t.qq.com/JSJYZS123):

表 1　微博开展情况

数量＼年度 类别	2013	2014	2015	2016
听众数	1 022	1 401	1 738	2 102
广播数	568	806	1 229	1 580
转播率	56%	51%	49%	37%

微信开展情况(微信号:jsjy83996421):

表 2　微信开展情况

数量＼年度 类别	2013	2014	2015	2016
用户数	720	2 198	3 729	4 485
推送数	17	52	69	58
点赞数	27	98	102	258

微视频开展情况：

获奖作品 1：http：//v.qq.com/boke/page/k/j/i/k040324lrji.html

获奖作品 2：http：//v.youku.com/v_show/id_XNjI4MjI5Mjky.html

表 3　微视频开展情况

数量 \ 年度 类别	2013	2014	2015	2016
制作数	20	21	25	16
点击率	1 772	9 899	18 206	12 996
获奖数	1	0	1	1

三、"333"素质拓展工程创新与建筑装饰专业学生职业素质教育载体与形式

利用网络新媒体载体的便捷性、即时性、互动性特点，通过微博、微信、微视频三微平台，对学生进行分类分层的榜样选树和风采展示，让每一个付出努力的学生都得到应有的关注和展示。三年来，累计展示各类学生 3 000 多人次的典型事迹，满足学生出彩的心理诉求，激发学生追求卓越的心理和学习学生内生动力。把学生的故事拍摄成微视频，拍摄制作视频 52 部，以学生身边的榜样引领学生成长，从学生思想改变开始，实现从"要我学"到"我要学"的转变，形成"比学赶帮超"的学院学习氛围。

企业讲坛、专业讲坛、名师讲坛汇聚企业、学校、社会三方力量，搭建了学校教师和企业专家交流平台，扩大了学生素质教育的主体。三个讲坛主题突出、层次分明、相互补充，有力保障了学生成长成才。三年来，开展专业讲坛 40 场，企业讲坛 16 场，名师讲坛 9 场，企业技术骨干、专业教师、社会名师从不同的视角，从实践性教学、专业知识拓展、行业变革及发展走向拓展学生视野、知识体系、技能体系。三个讲坛，加强了企业和学校之间的联系，加深了学校和校友之间的情感，加强教师科研服务、学生成长，促进校企合作，校企的深度融合。

通过三个企业杯赛系统化设计学生素质拓展体系，实现学校素质教育和企业岗位需求的对接。通过杯赛明确学生未来的职业生涯发展所需职业能力素质，并结合学生成长规律在不同阶段进行强化。实现岗位专属能力素质、社会化通用能力素质、职业生涯发展素质、学生个体身心素质都得到了同步协调发展。

四、"333"职业素质拓展工程推广应用

"333"职业素质拓展工程获得学校教育教学成果奖，该成果在建筑设计与装

饰学院1 800名学生中全面实施三年,围绕建筑装饰专业群的学生素质拓展,撰写并发表论文《建筑装饰专业群学生能力素质体系建构研究》一篇;成果建设过程中,江苏省教育厅网站以《江苏建筑职业技术学院学生工作细致入微》《江苏建筑职业技术学院多家企业订单抢人》《江苏建筑职业技术学院分阶段引领学生健康成长》为题,报道推广学院学生素质拓展成效。《中国教育报》以"为家装人才培养装上互联网引擎"为题推介学院校企合作的典型做法。这些成果有效促进设计学院学生素质提升,并得到社会企业的普遍认可,建筑装饰百强企业又近30家来校招聘,中建二局、中建八局、中铁装饰、金螳螂等国内著名企业纷纷来校招聘。学校在行业企业的知名度和美誉度得到进一步拓展。

第三节 建筑装饰专业学生职业素质教育"工匠精神"培育

随着政府工作报告中"工匠精神"一词的出现,一场与大众生活息息相关的"品质革命"呼之欲出。建筑装饰作为与人民大众生活质量相关的消费,更是让人期待。装饰行业面临转型升级、创新发展、品质取胜问题。高职装饰工程技术专业作为装饰行业企业人才的输出者,对人才培养中的"工匠精神"培育承担重任。为此,本文主要从"工匠精神"的内涵,高职装饰专业人才"工匠精神"培育的必要性、影响因素、培育途径等方面进行了初步探讨,以期对提高高职装饰专业人才培养质量有所帮助,对高职装饰专业更好地服务于行业、社会有所帮助。

在我国社会文明发展的过程中,"工匠精神"被时代赋予了新的价值意蕴,它的概念与内涵已经远远超越了手工业范畴,成为一个具有时代意义的价值体系。

一、工匠、"工匠精神"与"现代工匠精神"的基本内涵

《周礼·考工记》中曰:"百工之事,皆圣人之作也。烁金以为刃,凝土以为器,作车以行路,作舟以行水,此皆圣人之作也。"强调了手工劳动在人们日常生活中的现实作用,并将发明或制造这些工具的人视为圣人。《说文解字》曰:"'工',巧饰也。"段玉裁注曰:"引申之凡善其事曰工。"《汉书·食货志》曰:"作巧成器曰工。"《公羊传》何休注云:"巧心劳手以成器物曰工。"突出了存在于"工"事中的尚巧之意。在《汉字大辞典》中,"工"字有若干个解释,其中包括个人不占有生产资料,

依靠工资收入为生的劳动者,制造生产资料和生活资料的生产事业、从事体力或脑力劳动、技术和技术修养、细致精巧、善于等含义。《说文解字》曰:"匠,木工也。从匚从斤。斤,所以作器也。"由此可见,"匠"字是会意字,外框"匚"是指口朝右可以装木工用具的方口箱子,其中的"斤"就是木工用的工具。所以在上古,只有木工才叫做"匠"。《韩非子·定法》曰:"夫匠者,手巧也。"意指匠人都是手巧的人。此后,具有专门技术的人都可以称为"匠"。在《汉字大辞典》中,"匠"字共有三个解释:其一指有手艺的人,如匠人、木匠、能工巧匠等;其二取灵巧,巧妙之意,如独具匠心;其三指具有某一方面熟练技能,但平庸板滞,缺乏独到之处,如匠气。

何为工匠?即掌握了某种专门技术活技艺的体力劳动者,从早先的木匠、铁匠、鞋匠、泥匠到近现代社会的车工、焊工、电工等都属于工匠。在此需要提到的是,尽管工匠拥有专业的技术,也能够制造出为人类生活带来便利的工具,但是由于中国几千年的传统文化中根深蒂固的"劳心者治人,劳力者治于人"的价值观,使得工匠这份职业在很长一段时间内未能获得与之匹配的职业声望,这种现象直到新中国成立之后才有所改观。

"工匠精神"源自"工匠",指的是工匠们对设计独具匠心、对质量精益求精、对技艺不断改进、对制作不竭余力的理想精神追求。对于现代社会"工匠精神"的兴起,我国学者通常会通过瑞士的制表匠、日本的寿司之神等案例来进行阐述。但不论是在哪个国家,属于哪种行业,"工匠精神"都普遍被总结为"精益求精""专注"等字眼。正如我国学者李宏伟与别应龙从历史的角度出发,将"工匠精神"概括为尊师重教的师道精神、一丝不苟的制造精神、求富立德的创业精神、精益求精的创造精神与知行合一的实践精神五个方面。我国学者潘墨涛也认为,"工匠精神"是指工匠对自己的产品精雕细琢,追求完美和极致,对精品有着执著的坚持和追求,精益求精的精神理念。这些关于"工匠精神"的描述都是从匠艺活动中提炼而出,从一定程度上反映了匠艺活动本身,然而也正是如此,这类描述往往忽视了"工匠精神"产生的母体——匠艺活动。

"现代工匠精神"是指主体(人)在从事某项活动时,考虑外界事物的客观标准,并结合自身的条件和经验,通过自我意志及个人特性的表达,在永不止境的道路上逐渐靠近完美结果的精神理念。

如今,"工匠精神"作为一种比喻与象征意义,在我国现代社会各个领域中兴起。"工匠精神"已经不仅是传统手工业领域中的概念,它触及到了人类美学思想这一精神领域,也延伸进了制造业及服务产业等领域。"工匠精神"在现代城市中的兴起并不是回归手工的复古活动,而是在后工业化时代的企业管理中,借鉴工匠们注重细节、精益求精，为达到专业极致不惜耗时耗力的精神。可以说，现代社会赋予了"工匠精神"新的内涵。它代表着一种追求完美的精神，热衷于对产品精雕细琢，对产品的追求胜过对金钱的追求，是一种以产品为导向的价值观。其内涵应包括四个方面：一是精益求精。即注重细节，追求完美和极致，不惜花费时间精力，孜孜不倦，反复改进产品，把 99% 提高到 99.99%。二是严谨，一丝不苟。即不投机取巧，对产品采取严格的检测标准，不达要求绝不轻易交货。三是耐心、专注、坚持。不断提升产品和服务，在专业领域上不停止追求更大的进步。四是专业、敬业。即打造本行业最优质的产品，其他同行无法匹敌的卓越产品。

"现代工匠精神"是一个价值体系。从国家层面来说，"现代工匠精神"代表着一个时代的气质，坚定、踏实、精益求精，是实现科技创新、民族振兴、工业强国、人民安康的动力源泉；从企业层面来说，"现代工匠精神"是一种追求卓越的创造精神、精益求精的品质精神、用户至上的服务精神，是一种时间的沉淀，是企业百年品牌的基石；从个人层面来说，"现代工匠精神"则是一种内化于心的价值取向和行为表现，是对职业敬畏、对工作执著、对产品负责的态度，将一丝不苟、精益求精融入每一个工作环节的认真精神和爱岗敬业精神。

2016 年 3 月 5 号，李克强总理在政府工作报告中首次提到的"工匠精神"受到广泛关注。随之，一场与大众生活息息相关的"品质革命"呼之欲出。增品种、提品质、创品牌，更好地满足群众消费升级需求，成为接下来的工作基调。这既是一种导向，更是一种动员，中国经济发展开始由"致广大"向"尽精微"转向。

二、建筑装饰专业人才培养中的"现代工匠精神"培育

对于建筑装饰行业来说，随着对外开放的扩大化和国民消费水平的提高，市场需求规模不断扩大，质量层次需求不断提高，行业发展整体水平也向更高层次发展，逐渐呈现出国际化、专业化、资本化、互联网化的趋势。很多装饰企业面临转型升级的挑战，亟待解决创新发展、品质取胜的问题。

建筑装饰专业的人才培养目标是为建筑装饰行业、企业培养高素质技术技能型人才。根据这一目标，专业建设与人才培养要始终思考学生的技术能力、工艺技术水平，创意、创业、创新能力如何培养，学生爱岗敬业、敬畏职业、对工作执著、对客户负责、对设计与装修一丝不苟、精益求精的态度如何培养；其实质要思考如何培养学生的"现代工匠精神"。

（一）建筑装饰专业培养学生"现代工匠精神"培育的必要性

建筑装饰行业、企业发展要求建筑装饰专业技术人员具有"现代工匠精神"。

国家"一带一路""走出去""新型城镇化""绿色建筑"等战略的实施和推进,为建筑装饰行业提供了巨大的市场机遇和发展空间。同时,建筑装饰行业经过30年的巨变,正在打破同质化竞争格局,形成做专、做精、做久的差异化发展新格局。在新的历史时期,建筑装饰企业的专业化生产经营,既是市场的客观需要,又是企业自身成长的需要,更是整个装饰行业的发展常态。谁在垂直领域做得匠心独具,谁就能在细分市场上掌握主动权和话语权;谁能在品质上下工夫,谁就能赢得市场。或是开创某一领域的先河,引领行业创新发展;或是在某一专业化市场精耕细作,具有领先地位。比如作为声学装饰的开创者,中孚泰一直坚持自身定位,逐渐成为我国以建筑声学工程技术为核心的大剧院建设与投资的领导型企业;洪涛装饰公司致力于公共建筑高端装饰30年,专注高端大堂、大剧院、国宾馆、五星级标准酒店装饰等细分市场,实力雄厚,为业界尊为"大堂王""大剧院专业户""国宾馆专业户"等。可以看出,通过在一个或者几个专业领域建立绝对优势,才能拥有做大、做强、做精的基础,才能提高企业在国内乃至国际上的竞争力。而企业的优势便是在于人才的优势,在于向顾客有效地提供企业的产品和服务。

对于装饰企业来说,品牌信誉在于打磨、在于沉淀、在于持续的品质追求和精细化的文化管理。因此,向顾客提供的有效产品与服务不仅仅是理论上的"纸上谈兵"有多么美、多么好、多么高大上的装饰设计理念和设计图纸,更是通过持续的品质追求和规范管理,手工操作展现出来的精湛装饰产品成果。成果品质代表着企业品质,更与企业的知名度、美誉度、品牌形象、长久发展等息息相关。为此,企业渴求能做到极致的"大国工匠"的人才,需要既有创新发展"头脑"和"灵魂",又有灵活"四肢"的"能工巧匠"。那么,作为高职装饰专业人才的培养与输出,必然要注重"工匠精神"的培育。"工匠精神"的培育是装饰行业、企业发展的强有力支撑,更是长远发展的需要。

目前,建筑产业正处于结构调整阶段,建筑装饰行业、企业也正处于"优胜劣汰"、有序竞争的调整阶段。建筑装饰企业越来越看重专业技术人员的职业精神。很多企业在招聘人才时往往会强调"工作认真负责、能吃苦,具有某项或多个特殊技能",可见,对工作认真负责的态度对装饰专业学生顺利就业来说至关重要。在装饰企业看来,胜任职业岗位的一些知识与技能是可以在工作中通过一定培训、培养获得的,但工作责任感则需要在学校的培育中逐步养成。由责任感延伸出来的认真敬业、一丝不苟、坚持、专注等品质对企业的创新发展来说非常有利,正是企业所期待的。

消费者消费需求的变化需要建筑装饰专业技术人员具有"现代工匠精神"。"现代工匠精神"最终体现在产品工艺提高上,体现在消费者对产品工艺的高度认可上。建筑装饰作为与普通大众生活质量紧密相关的消费更是如此。

就家装市场而言,据调查,中国建筑装饰行业自 1990 年代初兴起以来,随着国民人均收入的提高,建筑装修需求进一步提升。特别是在 2006 年后,居民消费开始从"衣与食"向"住与行"转换,装修消费成为居民居住消费的重要部分。同时,公装也以 6～8 年的装修周期(如一些宾馆饭店、写字楼等),甚至周期更短(如娱乐场所和商务用房)的速度,对装修的要求不断提升。庞大的消费群在为建筑装饰行业提供巨大市场的同时,也对建筑装饰装修的质量和服务提出了更高要求。

人们对生活环境的要求从满足基本居住需求到体现主人的个性和品位,从重视装修材料的质量、施工的质量,又增加了对装修后的新居室内空气质量的热切关注,从装修行业中的材料、合同、报价、施工工艺等不了解到对装饰公司资质、规模、设计、管理、材料的理性对比等。面对现在装饰行业信息的逐步透明化,消费者对装饰公司的选择空间更大,而作为代表公司形象出现的装饰专业人才,就需要用更加用心的态度、专业的水准、精益求精的品质追求来对待每一次任务,用专业的知识引导业主消费、用专业的技能帮助业主实现梦想。如严控施工工艺质量,规范环保材料及管理,耐心与业主沟通,加强服务环节等,凭借精湛的设计技艺和优秀的工程质量,为消费者打造放心工程、安心工程,为消费者提供良好的装饰装修服务,改善家居环境。

当前,装饰装修作为一种大众消费,由于消费投资巨大,装饰装修过后的使用时间长,对日常生活影响较大等原因,消费者对装饰装修的施工质量期待高,对装饰装修的合同报价、材料使用、施工过程关注度高,其消费需求也逐步从"有"向"优"升级,从温饱向小康转变。那么,以"工匠精神"进行装饰,让消费者真正享受到高品质的装修服务,最大限度地减少矛盾与纠纷,不仅是尊重消费者的意愿需要,尊重市场发展的规律需要,更是创建高品质的"和谐时代"需要。为此,高职装饰专业须注重"工匠精神"的培育,为进一步提高社会服务水平奠定良好基础。

建筑装饰专业技术人员个人提升发展需要现代"工匠精神"。如果说学生毕业时找一份工作为了生存需要的话,那么,随着时间推移,从业者会追求更高的目标,寻求更大的自我发展和自我实现,以获得一定的归属感、成就感、价值感。作为从业者,这种自我实现的价值感一方面来自于个体对于社会的贡献,另一方面来自于自身知识、技能等的转移与升华性创造。实践证明,只有具备良好职业精神的毕业生,才能成为行业里面的专家、技术能手,才能在未来的职业生涯中脱颖而出。

对于装饰专业的毕业生来说,良好的规范意识,品牌质量意识,习惯养成意识,创新、高效、环保意识,强烈的责任意识,善于思考和勇于创新的意识,对待工作的认真执著态度、爱岗敬业精神等等都有助于个人的提升发展。

因此,高职装饰专业人才培养中的"工匠精神"培育,不仅有利于学生的顺利就业,有利于学生的职业生涯规划,更是有利于未来的职业发展,可以帮助学生很好地实现从"无业"到"有业"到"敬业"再到"乐业"的升华转变。

（二）建筑装饰专业人才"现代工匠精神"培育的制约因素

社会因素。最近,有少数专家学者抛出"中国缺少'工匠精神'"的观点,有违历史事实。我们国家历史上不仅曾经有过"工匠精神",而且非常辉煌,只是后来因为各种原因,"工匠精神"逐步走向边缘化 。 众所周知,我国古代的李时珍、华佗、黄道婆身上,鲁班造锯、铁杵磨针、熟能生巧、庖丁解牛等脍炙人口的故事里面,今天的华为、徐工、中国高铁等世界著名品牌之中,无不包含着令人敬仰的"工匠精神",它们是中华民族的瑰宝,强国的希望 。 今天,中国"工匠精神"的颓弱已是不争的事实,造成的原因是多方面的,我们应从中国社会历史的发展变迁及时代激荡中寻找根源。就现代中国而言,"工匠精神"最受摧残的当属"文化大革命"时期的"割资本主义尾巴""斗私批修",不仅家庭副业受到抑制,手工业更是遭受毁灭性打击,"工匠精神"面临"皮之不存、毛将焉附"的尴尬境地 。

从新中国成立至改革开放之前的30年间,我国社会百废待兴,物资极度匮乏,生产力水平低下,人们只求满足温饱,完全没有闲情逸致和能力去追求"工匠精神"。改革开放之后,虽然"文革"的错误得到纠正,但随着农林牧渔和工业生产能力被激发,社会物资渐趋丰富,人民生活得到改善,在"短平快"的爆炸式生产的基础上,人们有能力、也乐意购买的大多是"简易""质次"的便宜货,在这样的生产和消费环境下,显然无法培植企业的"工匠精神"。

改革开放之后,"海南精神"和"深圳速度"逐步成为时代特征,给人们带来了前所未有的发展机遇。20世纪80年代下海当个体户能发财,90年代股票兴起,又能通过投资达到投机,2000年房地产暴涨又"养育"了一大批暴发户,房子还没捂热,互联网时代又来了,遍地都是创业机会,大家自然不愿意将宝贵的时间浪费在一件产出很低、又随时可能被替代的事情或物件之上。这段时期,人们普遍追求的是紧紧把握机会快速赚钱,而不是打造精益求精的"工匠精神"。更为严重的是,不仅"工匠精神"没能得到弘扬,反倒是急功近利的"差不多"文化逆风生长,制假卖假的犯罪成本很低,山寨产品因利润丰厚而久打不死、死而不僵,偷工减料因权力寻租而得到保护和纵容,这些歪风邪气的盛行成为打压工匠精神的重大杀手,甚至还引发了"读书无用论"的重新抬头。

行政主导的管理体制,也是造成"工匠精神"难以为继的重要原因之一。我国各级各类企事业单位中的行政人员实行级别制度,岗位决定着地位,行政人员其福利待遇普遍高于专业技术人员,这导致了"工匠精神"难于长期驻守。另外,政府统一采购制度也在一定程度上导致企业关注产品的价格,而非致力于提高产品质量,使得"工匠精神"因"不需要"而逐步出现"退化"。

就装饰行业本身来说,建筑装饰行业像其他所有快速增长性行业一样,随着人民物质生活水平的提高,住房消费随之升温,装修行业的高利润吸引着众多"淘金者"的目光,装修市场难免庞杂,从业者队伍素质很容易出现良莠不齐的情况,装饰企业对"现代工匠精神"的认识水平、重视程度等存在不同程度的偏差,装饰企业多存在片面追求眼前效益的短期行为,参与职业培训的积极性不高,与学校合作的动力不足,对学生的企业实习指导不够重视,这些也都制约着对学生"工匠精神"的培养。

学校家庭因素。当前中小学教育片面追求升学率,重知识传输,轻技能培养;重智力提升,轻素养培育,客观上导致年轻一代普遍缺乏"工匠精神"的基因;而家庭对劳动教育的忽视,家长对子女择业观、人生观的影响,也导致孩子不愿选择"工匠"作为终身职业;而且,前几代人的财富积累足以为年轻一代提供优越的生活条件,让他们过着饭来张口、衣来伸手的逍遥日子,更加剧了许多年轻人对"工匠精神"的价值观敬而远之。

高职院校在人才培养上的"工具理性主义"制约了建筑装饰人才"现代工匠精神"的培养。"工匠精神"作为一个职业人职业素养的极致绽放,需要学校的源头培育。长期以来,以就业为导向的职业教育,在一定程度上导致一些高职院校在"传技"和"育人"关系的把握上形成了"重技轻人"的取向偏差。在能力本位前提下,学校更多关注专业知识的授受与专业技能的训练,以及相关的课程体系开发,而对学生的职业发展教育、创新教育重视不足,对企业特色和传统文化特色挖掘不足,在人才培养方案中缺乏必要的创新教育课程设置等。其次,在理念上强调的与企业实现无缝对接,在教学落实过程中,缺乏必要的职业标准引入;与企业合作中,缺乏"互惠双赢"的机制,难以调动企业参与的积极性,学生难以通过企业实际项目感触职业氛围,难以深入学习企业文化,对职业的优质产品技艺、过程、价值缺乏必要的感知;聘请行业中的工匠名师只是限于一场报告、一场讲座,而对其成长历程中的敬业精神、职业态度、人格力量、不断追求技术进步、创新精神等缺乏必要的挖掘、宣传等。这些问题与不足对于高职院校装饰专业学生进行"工匠精神"培育来说,都是需要着重解决和改进的。

学生个人因素。长期以来,受多种主客观因素的影响,职业教育一直是一种"末流"高等教育,是学生在不能考取普通高中或本科院校后的无奈选择,具有一定的强迫性。同时,由于信息不对称等原因,职业院校学生对专业的认知近乎于零,对于选择什么专业具有很大的盲目性。因此,入学之后,很多学生对于职业教育有本能的反感,对所选择的专业也少有满意。在现有的教育制度下,退学、转学无门,调换专业无望,很多学生便选择"做一天和尚撞一天钟",厌学、逃课者不在少数,要对这样的学生培育"工匠精神",无异于天方夜谭。

虽然"现代工匠精神"有其独立的内涵,但与"研究性学习习惯""钻研精神""敬业精神"等专业素质和职业素质存在着许多内在的联系,这些素质对"工匠精神"的培育有直接影响。由于很多高职学生本来就缺少主动学习习惯,缺乏刻苦学习精神和钻研精神,在遇到困难时缺少解决问题的信心、决心以及持之以恒的毅力,不愿意思考、怕吃苦;甚至受社会不良思想影响产生得过且过、走捷径的想法。同时,多数高职学生求学的目的只是满足于学会一技之长,而对自己缺乏必要的职业生涯规划,缺乏精益求精的目标动力。这些因素的存在都为学校进行"现代工匠精神"培育增加了难度。

三、建筑装饰专业人才"工匠精神"培育宏观路径选择

尝试招生制度改革。职业院校应当积极尝试招生制度改革,自主选择招收有职业潜质的学生,聚拢有职业愿望、职业理想的学生。在具体操作环节上,可以尝试初入学时为"大类招生",一年后由学生根据对学校及专业的了解,结合自己的喜好选择专业,尽可能避免专业选择上的强迫,让喜爱职教、喜欢专业的学生,成为工匠的后备军,成为"工匠精神的传承人"。

探索人才培养模式改革。对于职业院校来说,培养学生具有"工匠精神",主要从两方面发力,一是不断培植"文化底蕴",提升学生的职业素养;二是不断强化一技之长,提升学生的职业能力。这就要求对现行的人才培养模式进行创新改革,走出过于重视技能传授而忽视文化素养培育的误区。具体来讲,在学制变革上,尝试"宽基础 + 活模块"模式,即中职学校实行"2+0.5+0.5"模式,高职院校实行"1.5+0.5+1"模式,其中,中间的 0.5 均为灵活学时,用于让学生自主选择除所学专业之外的另一个自己喜欢的辅修专业,这样可以最大限度地弥补学生选错专业的遗憾,同时扩充学生跨专业的知识面,为成为现代复合型工匠奠定基础。另外,学

校应当实行"灵活学分制"和"弹性学制",提高选修课的开课容量和范围,尤其是多开设人文、历史、艺术、哲学等课程,重视非功利化的文化育人在"工匠精神"培育中的重要作用。

重视培育职业态度与素养。"工匠精神"是态度与技术的复合,有学者曾对"工匠精神"总结出20个"特质",其中包括"有情怀、有信念、有态度""做到专业与专心""一辈子只干一件事""对自己从事的行业充满敬畏感""对自己的手艺有超乎寻常甚至近乎于神经质般的艺术追求""精雕细琢,精益求精"等。毫无疑问,这些精神层面特质的培育,需要依靠开设相关课程、开展多种主题教育活动来实现。当下,迫切需要帮助学生改掉浮躁和懒散的作风,培养恒心与定力,做到学术严谨、实训严格、生活严肃,培养关注细节、精益求精的意识和习惯,热爱专业,敬畏职业,关心行业、忠于企业。

强化研发能力的培养。与传统工匠面向单一产品注重个人默默奋斗不同,未来的现代工匠将会面对非常复杂的综合项目,原本依赖精雕细琢实现的精益求精,将更多地通过强化科研来实现。为此,我们应当与时俱进,更加注重学生研发能力的培养。具体实施中要通过项目化教学,让学生在做中学、研中学;既要重视系统扎实的理论教学,为学生日后解决复杂问题提供理论支撑,又要重视培养学生具备调查发现问题、设法解决问题和讨论总结问题的能力。通过紧密融合的校企合作,鼓励教师带领学生承接来自企业的真实攻关项目,在真刀真枪的实干中提高研发能力,为培养现代工匠型人才奠定基础。

培养团队合作能力。新的时代赋予"工匠精神"新的内涵,独家绝活不再适合时宜,团队合作更显重要。俗话说,一个人或许走得快,一群人才能走得远。团队合作越来越成为现代职场人的共识。通过团队合作,可以有效调动团队成员的所有才智和资源,优质、高效地完成项目任务。团队合作精神是现代"工匠精神"的重要组成部分。大飞机、机器人、卫星、航天器等综合项目的完成,都离不开跨界团队的精诚合作。我们应当通过分组教学、项目教学、小班化教学等方式培养学生的合作意识、参与意识、责任意识、竞争意识和开放创新意识。

重视师资队伍建设。要培育学生具有"工匠精神",师资队伍建设应当列入学校工作的重中之重。对于建筑设计与装饰学院来说,专业教师的企业经历和工程经验尤为重要。为了建设高水平师资队伍,需要积极拓宽师资来源,优先引进企业工程师、建筑装饰行业的能工巧匠,充实专兼职教师队伍。要贯彻落实《职业学校教师企业实践规定》精神,建立在职教师定期到企业进行实践锻炼的制度,实现教师企业实践的规范化、常态化、长效化。一方面让教师及时掌握企业一线的专业技术发展动态,另一方面,让其在参与企业项目研发过程中培养实践能力,传承"工匠精神",从而全力突破"工匠精神"培养的人才瓶颈。

四、建筑装饰专业人才"工匠精神"培育微观路径选择

抓好教学阵地,促进职业素养养成。"工匠精神"培育作为一个系统工程,需要在各个教学过程中加以实施实现。需要强调技能为本位的同时,重视学生的品格养成和职业素养提升。例如,在思想政治教育课和就业创业指导课中,选用合适的方法途径,将"工匠精神"纳入其中的教学内容,加强对学生的教育引导,让学生明确"工匠精神"的实质与内涵,认识其价值和意义,并将社会主义核心价值观融入教学全过程,从而形成更为正确的价值取向和良好的职业态度,提升其职业素养。

在专业课程中,引入装饰行业标准和职业标准,利用现代信息化技术,推动案例教学、项目教学,以建筑装饰工程中天棚装饰施工、墙柱面装饰施工、楼地面装饰施工等典型工作任务为载体,按照建筑装饰工程施工流程和工作过程组织教学。教学目标符合国家标准和操作规程,施工产品可见。在教学过程中,充分利用各专业课程在对应职业岗位中的作用优势和教学内容特点,不仅向学生传授必要的职业知识与技能,传授新材料、新工艺、新技术,更以优质工程为例,让学生感受"工匠精神"为人们带来的生活变化,感受一丝不苟、精益求精、规范设计与施工对装饰产品结果的影响。

在实训、实习教学环节,注重对学生职业规范的意识培养,不放过教学过程中的每个环节、每道工序和每个细节,处处、时时严格按照程序规范操作。例如在天棚装饰施工实训前的准备,从工具的准备、工装的穿戴、现场施工操作、实训后的现场清理整顿等都要给学生强调规范操作的重要性,并列为评价考核内容范围等等。

营造环境文化,做好榜样引导与指导。人生需要榜样的引导,这是经过无数实践证明了的一个不朽的命题。高职学生一般年龄在 18～23 岁,正处在青年中期,模仿性比青少年更强,有了生动具体的形象作为榜样,很容易具体地领会道德标准和行为规范,容易受到感染,容易跟着学,跟着走,这样有助于他们养成良好的道德品质和行为习惯。

利用学校橱窗、工作室、实训场所等进行展示宣传。从名匠大师、优秀校友、身边技能大赛获奖同学等的作品展示,到他们的职业风采、职业作为展示,让装饰专业学生充分感知这些宣传展示带来的荣誉感和自豪感,以激发学生学习技术、

钻研技术的饱满热情。充分利用网络媒体、微信公众号、微电影制作、主题班会课、团委社会实践活动、征文演讲比赛、组织优秀毕业生事迹宣讲会、组织收看相关电视节目等在学生中开展"发扬'工匠精神',做高技能人才"主题教育活动，宣讲优秀工匠和"工匠精神"，引导学生学习身边的优秀工匠，了解工艺、感受对工艺精益求精的钻研精神以及工匠、"工匠精神"对经济建设和社会发展的重大意义，真正认识到劳动光荣、技能宝贵、创造伟大，锤炼追求卓越的职业品质，练就扎实的职业技能。

定期邀请具有能工巧匠专业基础与职业技能的企业名师进行装饰设计与施工专题讲座、优秀装饰工程项目案例介绍、指导学生实训、指导学生实习、指导学生毕业设计等。让学生在与名师的接触中感受良好的职业品质和行为习惯。

完善制度规范，提高校企合作成效。校企合作作为传统学徒培训，与现代教育相结合，是校企联合培养社会需要的高素质技术技能人才的一种职业教育模式，也是进行"工匠精神"培育的有效途径。如果校企合作能充分发挥学校和企业在人才培养方面各自的优势，使学生在学校掌握理论知识的同时，在企业实践中接受企业文化、企业精神的熏陶，从而使学生得到全面的锻炼和培养，可以真正达到育人的目的。而在目前，由于缺乏相关政策法律的保障，缺乏相应的管理和监督等，企业参与的积极性不高，高职院校的校企合作的深入度仍然不够，校企合作成效并不明显。为此，结合我国国情，需要制定并完善有关校企合作制度，对校企合作的利益主体、合作过程、监督评价等做出具体规范；联合多部门组建校企合作管理机构，统筹管理相关事项，使校企合作有序开展；制定激励企业参与校企合作的政策措施等。

在此基础上，实行校企双导师制，请企业有资质的人员与班级结对，请企业导师参与人才培养方案的修订，参与课程标准的制定，进行专题讲座，参与教学过程，指导学生实习、实训，以实际项目作为毕业设计课题进行指导，校企合作共同组织、参与职业技能大赛（包括材料准备、参赛过程、结果评价等），学校教师和企业人员合作共同进行教科研课题研究、组织学生到企业参观学习、跟岗实习等等。即通过这些校企深入合作，实现学校和企业的"无缝对接"，切实提高校企合作的成效，真正使学生躬行践履、知行合一，实现从知识、技能到素养、精神的高度融合，落实"工匠精神"的培育。

开设创新教育课程，提高学生的创新意识。对产品品质追求的背后蕴含的是对工艺创新的不断求索。因此，在"工匠精神"培育中必须加强学生的创新意识。创新意识是开展创新活动的前提，只有在强烈的创新意识的引导下，才能产生强烈的创新动机,充分发挥创造力,完成产品的卓越升级。为此,一方面,在人才培养方案中开发、开设创新教育课程,以加强学生的创新意识培养;另一方面,让学生适当地参与教师科研工作,以增强学生的技术服务、技术创新能力。

开展技能竞赛,强化品质标准追求。技能大赛对职业教育教学改革的引领作用毋庸置疑,而通过技能大赛促进学生对职业知识与技能的掌握、对职业标准的认识、对职业意识的培养也显而易见。这对"工匠精神"的培育是非常有利的。

那么,除了组织少数学生参加全国类的一些大型技能比赛外,针对装饰专业人才培养目标和装饰行业需要,在专业内部定期开展不同的建筑装饰技能比赛,比如镶贴工比赛、木工制作比赛、CAD 绘制装饰施工图比赛等等也是必要的。以此来引领学生做到学思结合,知行统一,让学生充分认识到"一流的产品是需要一流的技术工人制造出来的,再先进的科研成果,没有技术工人的工艺化操作,也很难变成有竞争力的产品"。而一流的技术工人不仅仅是掌握了娴熟的操作技能,更需要具备严谨、一丝不苟、专注、精益求精的"工匠精神"。

曾经,工匠作为一个与中国老百姓日常生活须臾不可离的职业,以他们精湛的技艺为传统生活的景图定下底色。而今,随着农耕时代的结束,一些与现代生活不相适应的老手艺、老工匠逐渐淡出日常生活。但他们一丝不苟、坚持专注、追求卓越、精益求精的"工匠精神"永不过时。"工匠精神"不是口号,它应存在于每一个职业人的身上、心中。高职教育直接为社会输送各类高技术技能型人才,其培养的人才质量决定企业产品的质量。高职装饰专业进行"工匠精神"培育,不仅是提升社会服务的需要,更是期待我们生活的空间环境更加美好的需要。

第四节　建筑装饰专业创新创业教育体系构建

一、创新创业教育的内涵及其历史发展

什么是创新? 简单来说,创新是指人类为了满足自身发展的需求,不断拓展对客观世界及其自身的认知与行为,从而产生有价值的新思想、新举措、新事物的实践活动。什么是创业?《孟子·梁惠王下》云:"君子创业垂统,可为继也"。创业是指创立个人、集体、社会的各项事业。因此,可以把"创新创业教育"从广义上界

定为培育最具有开创性个性的人,包括首创精神、冒险精神、创业能力、独立工作能力,以及技术、社交和管理能力的培养。所以,创新创业教育的本质就是要充分挖掘学生潜能,开发学生创业的基本素质,提高学生自我创业的能力,使更多的求职者变为岗位的创造者。创新与创业犹如一枚硬币的正反面,缺一不可,从某种意义上说,创新是创业的动力和源泉,是创业的本质。创业更需要的是创新精神,独立的思考能力、解决实际问题的能力,以及敢于面对失败和挫折的勇气,而这些精神也正是大学精神的精髓。

创新创业教育在发达国家已经历了较长时期的发展。有记载的首次设置创新创业教育课程的应是哈佛商学院 1947 年开设的 MBA 课程(新企业的管理)。而《工资问题》一书的出版使其作者成为第一个关于创新创业教育主题的著作作者之一,该书成为美国各大学谋求创业梦想的年轻人的理念指导。由于创新创业理论对社会发展起着极其重要的作用,熊彼特理论基础及随后出现的系统创新理论在西方发达国家盛传。尤以《Small Business and Venture Capital》著作为代表,将创新创业教育理论推到新的发展阶段。随后哈佛大学开设了相关课程,研究关于小型企业管理及风险投资理论。 此后,各大学将创新创业教育作为一门学科,开始为学生传授相关理念。到 2000 年以后,全球已有 1 500 多所大学开设了创新创业教育课程。创新创业教育作为一门学科,在西方发达国家已臻完善。

在我国,创新创业教育到目前仍处于启蒙阶段。2002 年,清华大学、北京航空航天大学和中国人民大学等 9 所高等院校被教育部确定为我国首批创新创业教育试点院校。我国的创新创业教育课程与教学正式走进大学学府。此后,教育部出台了多项政策文件,为我国创新创业教育奠定了政策支持。2010 年,教育部出台《关于大力推进高等学校创新创业教育和大学生自主创业工作的意见》,这是我国第一部关于创新创业教育的文件。2012 年,教育部相继又出台了关于大学生创新创业的政策文件《普通本科学校创业教育教学基本要求(试行)》。2014 年 6 月,人力资源和社会保障部联合教育部等部门出台了《大学生创业引领计划》。并在高校毕业生就业创业工作会议上指出,大力鼓励高等院校毕业生争取自主创业,高校教育应该将创新创业精神融入到人才培养中去,市场应为毕业生提供更多的机会。2015 年,国务院办公厅关于出台《深化高等学校创新创业教育改革的实施意见》,同时国务院召开了全国就业创业工作电视电话会议,教育部也在京召开深化高等学校创新创业教育改革视频会议,更加大力提倡高校应将创新创业教育融入到教学中去,培养学生创新思想、创新意识和创业精神。

《国务院办公厅关于深化高等学校创新创业教育改革的实施意见》（国办发〔2015〕36号）文件指出：深化高等学校创新创业教育改革，是国家实施创新驱动发展战略、促进经济提质增效升级的迫切需要，是推进高等教育综合改革、促进高校毕业生更高质量创业就业的重要举措。党的十八大对创新创业人才培养作出重要部署，国务院对加强创新创业教育提出明确要求。近年来，高校创新创业教育不断加强，取得了积极进展，对提高高等教育质量、促进学生全面发展、推动毕业生创业就业、服务国家现代化建设发挥了重要作用。但也存在一些不容忽视的突出问题，主要是一些地方和高校重视不够，创新创业教育理念滞后，与专业教育结合不紧，与实践脱节；教师开展创新创业教育的意识和能力欠缺，教学方式方法单一，针对性实效性不强；实践平台短缺，指导帮扶不到位，创新创业教育体系亟待健全。

当前，大学生创新创业教育正越来越受到高校的普遍重视，但高校创新创业教育的组织管理往往受到部门分割的制约而不能形成合力，对于创新创业教育内涵的片面认识又常常导致其被看成解决学生就业问题的短期行为。为此，高校必须明确创新创业教育的内涵、深化专业建设，将培育创新创业精神和培养创新创业技能融入专业培养方案，通过政策体系、氛围体系、课程体系、实践体系和运行保障体系，上下联动开展创新创业教育。

二、高校创新创业教育面临的问题与挑战

（一）创新创业教育与专业教育脱节

尽管目前我国许多高校也意识到创新创业教育的重要性，并开始推行创新创业教育，却大多限于操作和技能层面，还未将创新创业教育纳入专业教育的培养方案和体系之中。尤其是当前"创新创业热"中部分高校仅仅是"赶潮流""跟跟风"式的搞几个活动，并未真正将创新创业教育纳入学科建设与专业建设、人才培养方案和其他各种绩效考核评估中去。此外，创新创业类相关课程和训练设置随意、开展乏力、成效不高，大多是根据自身师资情况开展相关第二课堂活动，这也造成了创新创业与专业建设的结合度不高，在教学工作中对于创新创业技能和精神培育不够，阻碍了创新创业教育的发展。

（二）创新创业服务覆盖面小、功能不健全

近年来，在"大众创业　万众创新"的大背景下，越来越多的大学生产生了创业意愿，但实际付诸实施的却很少。究其原因，高校创新创业服务的覆盖面过小，仅有极少数同学能够"幸运"地获得学校多方面的创新创业教育服务，比如，学生创

业除需要项目指导帮助外,还存在以下需求:①技术支持,存在想法很成熟却对接不到设计平台的技术人才;②法务和财务支持,学生创业很难兼顾到法律和财务问题,而且初创团队也没有更多的资金去聘请专业的法务与财务人员;③资金支持,存在项目前期难以融资以及融资到款时间长等问题。

(三)创新创业师资严重不足

2010年,《教育部关于大力推进高等学校创新创业教育和大学生自主创业工作的意见》明确提出,创新创业教育要面向全体学生,融入人才培养全过程。在这种背景下,创业教育师资在数量上存在明显的不足。目前,除少数设立创业学院的大学外,我国高校创业教育课程主要由学校就业指导中心承担。这一状况远不能满足创业教育对师资队伍的庞大需求。2009年,《高校毕业生自主创业研究报告》指出,31.62%的高校认为师资不足成为开展创业教育的瓶颈。另一方面,目前多数高校从事创新创业的多是学生辅导员和管理干部,学历结构、专业结构、职称结构、年龄结构都不尽合理。

(四)创新意识薄弱,创业科技含量低

在创新创业过程中,很大一部分学生是从事零售、代工、低端服务业等技术含量低的行业,即使涉及互联网的创业者也大多集中在缺少自我核心产品的各类创业项目中,比如卖奶茶、卖黄桃罐头、做校园代购等。很明显,大多数大学生创业仍处于试探性、模仿性阶段,创新意识和科技含量已成为创新创业教育成败的关键要素。高校必须打破传统教育理念,重视科研投入,结合各种教学和科研活动培育学生创新意识和提高科技成果的转化效率。

(五)创新创业教育组织管理部门不明确

目前,高校很多部门都开展了创新创业赛事和相关培育项目,却没有一个是主导创业的部门,形成了"备胎现象",谁都有义务但没有权利,这也导致没有统一的信息渠道沟通校内校外资源。伴随实践发展,现有的学生创业工作体制逐渐显露出弊端,集中体现为资源分散和缺乏统一管理。即创新创业服务工作缺乏统筹性、科学性和完整性,创新创业教育的组织管理往往受到部门分割的制约而不能形成合力。

三、建筑装饰专业创新创业教育的现状

江苏建筑职业技术学院一直非常重视大学生创新创业教育,把创业教育作为提升学生综合素质、创新创业能力的重要途径,并针对教学、科研和管理等方面努力探索和践行适合我国国情、我校校情的创业教育模式。建筑装饰工程专业运用

国赛、讲座、杯赛、论坛、交流等形式努力推进学生创新创业教育,逐渐形成了以企业杯赛为主体、以国赛为重点、以创业交流学习为依托、以创新创业孵化基金为助推的创新创业教育体系。以"水立方杯""天正杯""紫浪杯"校企合作杯赛为主的创新创业赛事,是建筑装饰工程技术专业的品牌项目。自 2009 年至今,企业杯赛经过 7 年的发展逐步成熟,已经成为最具权威性、最具代表性、最受学生喜爱的创新创业技能提升赛事。同时,建筑装饰工程技术专业各类企业杯赛的理念也在与时俱进。2010 年,建筑装饰工程技术专业设立"水立方杯"专业技能赛事,专注培养学生 CAD 制图、建筑模型制作、新媒体类作品创作等创新创业专业技能,举行专业基础核心技能统考和学年综合技能比武。2011 年,设立"紫浪杯"实验实训赛事,将学生引向企业实习岗位,引导学生将学校所学知识与企业需求结合起来。通过深化产教融合,依托装饰专业校企联盟,构建产学研协同育人的长效机制,主动适应装饰行业发展对高素质技术技能人才的新需求,突出学生创新创业能力培养,大幅提高国际职业资格证书获取率。

几年来,建筑装饰工程技术专业共通过开展各类企业杯赛 30 余场次,评选出各类创新创业类作品 80 余件,作品覆盖了建筑、环保、信息技术、新材料等多个类别,其中,微电影作品《MY WAY》获得 2016 年"他们——我身边的资助"江苏高校大学生微电影创作活动二等奖。各项杯赛奖励获奖学生累计达 1 600 余人次,大力提升学生的创新创业技能水平和逐步培育学生创新创业精神。

高度重视"国赛"技能检验和水平提升的重要机会,推动建筑装饰工程技术专业教育教学改革,提高学生实践能力和创新能力,检验学生创新创业技能,本着"以赛促学,以赛促教"的目的,建筑装饰工程技术专业积极组织各类国赛参赛项目团队,2015 年,建筑装饰工程技术专业代表队荣获第二届全国职业院校建筑装饰综合技能大赛团体和单项特等奖。

除了在校内营造创新创业氛围外,建筑装饰工程技术专业还与各省市兄弟院校和行业同仁建立起合作机制和沟通渠道,依托全国专业联盟,多次召开专业教学研讨会,成功申报并牵头建设全国建筑装饰专业教学资源库。

建筑装饰工程技术专业的创新创业工作,始终本着以创业知识培训和创业交流研习为重点,加强创业分层科学指导的思路,以创新创业孵化基金为助推,拓展学生创业资源;加强创业工作组织体系建设,搭建全员育人创业教育平台。其中,以建筑装饰工程技术江苏省品牌专业创新创业团队打造已经成为专业建设的重点工作之一,大大丰富了建筑装饰工程技术专业创新创业体系。

四、建筑装饰专业创新创业教育的体系构建

与西方发达国家相比,我国创新创业教育越来越受到重视。但高校创新创业教育的实施仍然处于初级阶段。因此,学习借鉴国外先进经验,按照联合国教科文组织的要求,将创新创业教育目标纳入专业教育教学目标之中,以突出创业教育内容的全面性、创业教育课程的系统性、创业教育氛围的社会性和创业教育实践活动的有效性为重点,结合学科专业特点和优势,创建跨年级、跨专业、跨学科融合且特色鲜明的创新创业教育体系,并渗透融入到各专业优秀人才培养的全过程之中,形成第一、第二课堂互动的,集"政策—氛围—课程—实践"四位一体的,全方位、多层次、立体化的创新创业教育运行体系,着力培养具有创业意识、创业品质和创业能力的建筑装饰工程技术专业高素质创新创业型人才。

表4 国内外创新创业人才培养对比分析

类　别	特　点	具体表现
国外著名高校创业人才培养	注重培养学生的创新创业意识; 开发系列课程; 将创新创业教育分类化; 以厚实的学术研究为支撑; 直接诱发师生的创新创业活动	引导学生从"被动适应社会"转变为"主动适应甚至挑战社会"; 围绕创新创业理论、实务、实践三方面的课程; 新技术创新与创业、大型机构创新和创业; 各类创新、创业竞赛的举办; 技术创新、创业研究中心的设立; 毕业生和教师创建了大量的新公司,对经济发展做出贡献
国内高校创业人才培养	政府高度重视; 开设的课程初成系列; 教学方法日渐完善; 设立了专门的创新创业教学项目; 教材建设初具水平和规模	会议上的讲话以及许多政策导向等; 创业家养成、创业规划与经营管理、创新活动管理等课程体系设计; 教师讲授、案例讨论、师生互动、角色模拟、基地见习、组织大赛等教学方法; 开设有创新与创业方向的专门课程与试点班

培养德、智、体、美全面发展,具有良好的职业素质、实践能力和创新创业意识,面向建筑装饰施工、建筑装饰工程监理、建筑装饰设计等相关企业,掌握建筑装饰施工与管理方面的专业知识,有较强实践动手能力,并具有从业职业资格证书,能从事建筑装饰工程施工组织与管理、施工图绘制、装饰工程造价、建筑装饰材料采供与管理、装饰工程信息管理的具有熟练技能的高素质创新型人才和成功创业者。

这样的目标应有以下显著特征：①使学生在德、智、体、美、劳等方面得到全面发展；②以人为本，发扬人的本性，充分发掘学生的个性潜能；③以学生的创造性才能作为高等教育人才培养的主要内容，鼓励学生冒险和开拓进取，保护学生的创造意识和创新精神。

创新创业教育政策体系。把创业教育教学纳入学校改革发展规划，纳入学校人才培养体系，纳入学校教育教学评估指标，建立健全领导体制和工作机制，明确职能部门，负责研究制定创业教育教学工作的规划和相关制度。第一，推动建立创新创业学分激励制度。学分是学习经历与成果的记录，应该跟随学习者终生；学分认定体现不同教育机构之间学习经历和学习要求的差异。设立创新创业学分激励制度，对于在创新创业领域取得一定成果的同学予以一定的学分激励，从制度上最大化的鼓励学生勇于创新、敢于创业。要把创新创业教育作为选修课程开设，同时要组织建设与创新创业有关的创新思维与创新方法等选修课程，以及与创新创业有关的项目管理、企业管理、风险投资等选修课程。第二，鼓励开展现代学徒制。培养以"兼具学生与员工身份，校企双主体培养"为核心特征的现代学徒制，是职业教育"工学结合、校企合作、顶岗实习"人才培养模式发展的最新阶段，制定建筑装饰工程技术专业校企合作创新创业相关制度，建立校企联合创新创业机制。第三，制定实施"建筑装饰工程技术专业拔尖人才培养计划"，培养基础扎实、知识全面、综合素质高、实践创新能力强，有团队合作精神，拥有多项国家发明、实用新型、外观专利，将来在企事业单位从事研发、应用、转化等工作的建筑装饰工程技术专业拔尖创新人才。

创新创业教育氛围体系。发挥文化育人作用，营造良好的创新创业氛围。第一，以校园文化活动为载体，积极营造创新创业的校园环境，积极弘扬校园文化的育人作用。通过组织"校园科技文化艺术节""与信仰对话""校园营销大赛"等活动，开展内容丰富、形式多样的高品位校园文化艺术活动，陶冶大学生的高尚情操，使创新创业精神成为校园文化的重要内容。第二，以社团项目为载体，组成兴趣小组，定期开展"艺术沙龙""社团巡礼""招兵买马"等创新创业趣味项目，锻炼学生团队协作能力和责任担当意识，增强创新意识和创业精神。第三，通过企业讲坛系列讲座，邀请企业专家、杰出校友、创业大咖开展面对面的创新创业启蒙教育，运用各类企业实战经验和成功案例增加学生对创新创业的吸引力，逐步培育学生创新创业精神。第四，明确"以赛促学，以赛促教"的目的，多样化地深入开展企业杯赛、职业生涯规划大赛、创新创业大赛等各种赛事，通过精神激发、荣誉激励和思维激荡增强学生创业的主动性，营造良好的创新创业氛围。

创新创业教育课程体系。要遵循教育教学规律和人才成长规律,以课堂教学为主渠道,打破与社会需求脱节的传统三段式创新创业教育课程模式,即基础课、专业基础课、专业课,建立完善的具有专业特色的创新创业教育课程体系和教学计划,课程类型可主要分为创业精神、创业知识、创业能力素质及创业实务操作四大类。内容包括创新创业理论阐述、典型案例分析和仿真模拟演练三大模块。打造一个多元互动的创新创业教育体系,课程开发、教学方法研究、创业研究、师资建设、课外实践活动等形成一个多元整合体系。第一,创新创业教育课程开发实现网络化,实现优势互补、资源共享和有效评估。第二,创新创业课程与课外课程有机融合。第三,创新创业课程与创新创业研究相整合,鼓励学生参加创新创业研究项目。第四,创新创业课程要结合行业特点、特色开展多样化创新创业教育。

创新创业教育实践体系。就像义乌商学院副院长贾少华所说:创业能力不是教出来的,是练出来的。整合学校各方资源,为学生提供合适的创新创业实践平台,打造创新创业教育实践体系。第一,设立一个学生创业指导服务中心。创新创业即是一个宏观的社会实践过程,又是一个微观的心理反应过程,如果没有正确的原理指导、原则规范和过程演示,创新创业活动有可能陷入茫无头绪的境地。服务中心应面向全体同学、答疑解惑、注重引导、分类施教,为有创新创业意愿的同学提供各种解决方案。第二,建成若干个大学生创业实训基地。创业实训基地的运作模式是以创业带就业,以就业引创业,以推荐大学生就业为起点,引发大学生创业动力、加强创业知识能力、传授创业项目以及提供创业资金支持等帮学并进的扶持大学生实现创业成长。第三,提供若干个创新创业实践项目。创业实践项目是学生团队在学校导师和企业导师共同指导下,采用前期创新训练项目(或创新性实验)的成果,提出一项具有市场前景的创新性产品或者服务,以此为基础开展创业实践活动。在训练项目中鼓励学生自主设计、自编工艺、自我创业。第四,最终打造若干个创新创业孵化器。对于符合条件的学生或优秀训练项目资助"第一桶金",免交第一年租金,提供一条龙服务,为学生提供相应的场地、资金支持等优惠条件,促进和鼓励大学生创业,为大学生提供广阔的发展平台,帮助他们实现人生梦想。

一部人类发展史,就是一部创新创业的历史。大众创业、万众创新是时代的选择,创新是民族进步之魂,创业是就业富民之源,创业创新就是实现经济发展和强国富民的核心动力。当代大学生承载着中国的未来,是实现"中国梦"的重要生力军。在飞速行驶的时代列车上,高校只有明确目标,深化改革,建立全方位、多层

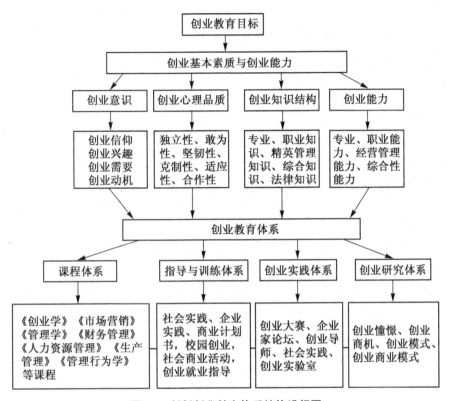

图 18　创新创业教育体系结构设想图

次、立体化的创新创业教育运行体系,着力培养具有创新创业精神和创新创业能力的高素质创新创业型人才,才能顺应时代潮流,才能在"中国制造"到"中国创造"的发展中有所作为、有所贡献。

第五节　建筑装饰专业学生就业生态问题及对策

随着经济下行压力的不断加大,就业形势更趋严峻。作为国家支柱产业的建筑业,由于社会固定投资的减少,也呈现出下降趋势,导致作为建筑业分支的建筑装饰业受到了一定程度的影响。在这种背景下,通过对江苏建筑职业技术学院2015届建筑装饰专业群学生就业的相关数据进行分析研究,对于优化该专业群学生的就业生态,促进专业群人才培养模式改革具有重大意义。

一、大学生就业生态系统构成要素及相互关系

大学生在就业过程中与周围的环境共同组成了物质-信息系统,其构成要素包括大学毕业生、高校、政府、家庭、亲友、用人单位以及与之相关联的各类信息。在系统中,各要素之间相互作用、相互影响、彼此依存,形成一个完整的生态整体,只有弄清楚各个构成部分的内涵及相互关系,才能够较为全面地研究就业问题。

按照系统中对就业学生的影响范围和可控程度,可以将上述生态整体中的各个要素归纳入三个维度的生态子系统。一是微观的大学毕业生-学校系统,主要涉及大学生的自身素质、生源质量、就业观念,学校的专业设置、专业知识和职业素养教育水平等方面的内容;二是中观的家庭-亲友系统,主要是以大学生所在家庭为中心形成的家庭-亲友社会网络系统,这是对大学生求职过程中提供帮助最多的就业生态要素;三是宏观的行业-社会系统,主要包括政府实施的一系列与就业相关的政策、法规及行业发展、工作条件等相关内容。各个子系统都包含一定的物质和信息要素,子系统之间可以通过学生、学校方面的要素衔接。

在整个就业生态中,人是最核心的要素,这既包括大学毕业生本人、家长、亲友、朋辈,也包括学校老师、就业机构工作人员、企事业单位招聘人员等等;每个环节所涉及的人都会影响到学生个体或整体的就业生态状况。其中大学毕业生本人、学校老师、朋辈群体(主要为同学)属于微观系统中人的要素,学生本人的价值取向、兴趣、性格、能力、观念,学校老师的知识传授、专业指导,朋辈群体的集体观念、价值取向、喜好等都属于此类要素,这类要素影响着学生的就业选择,是整个就业活动的起点,决定了学生后续就业行动的方向,也影响着学生的就业能力;家长、亲友的职业期望和职业价值观则影响着学生做出的选择,属于中观系统中人的要素;而就业机构工作人员、企事业单位招聘人员的选择标准、理念等则属于宏观系统中人的要素,影响着学生就业的过程和最终结果。

与人相对应的要素是以环境、物质为代表的构成要素。环境、物质要素是外部要素,主要包括学校的专业设置、办学水平、用人单位需求、家庭的社会关系网、岗位工作状态、行业发展状况、地方或国家政策、法规等相关内容。这些要素存在层层递进的关系,以政府的各项政策和行业状况的影响范围最广,也最不可控,而学校的专业设置、办学水平则是较为可控的外在环境要素,这些要素共同影响着学生就业的层次、质量、后续发展空间等。外部社会环境越宽松,学生的可选择面就越广,整个就业生态的运转也越为流畅。

二、建筑装饰专业群学生就业生态系统现状及问题分析

参照就业生态系统的构成要素及相互关系,结合《江苏建筑职业技术学院2015年招生就业数据报告》(以下简称《就业数据报告》)等相关调查资料,从就业生态的微观、中观、宏观三个层面对建筑装饰专业群学生就业生态现状及问题进行分析。

学生就业微观生态系统。建筑装饰专业群生源由自主招生(高中后)、普高生(高中后)、对口单招生(三校生)构成。《就业数据报告》显示,该专业群2015届毕业生中,自主招生生源学生就业最好,达到98%以上,普高学生约95%,对口单招学生约93%。从这一数据可以看出,由于自主招生学生都是第一志愿录入,对专业认同度较高,因此就业意愿也最为强烈;而普高生和对口单招生均存在志愿调剂的情况,就业意愿较低。从学生的就业观念方面看,约50%以上的应届高校毕业生能够清楚地认识、接受当前就业形势,对薪酬、工作条件、工作地点等职位相关情况持有较为合理的预期,但还有不少学生没有清楚的认识,其就业期望值偏高。从学生对就业现状的满意度来看,2015届毕业生就业现状满意度为73%,学生对自己的就业状况并不太满意,这与学生初始职业以一线操作工人为主,入职初期工作辛苦,适应性差有一定的关系。

《就业数据报告》中建筑装饰专业群学生对学校的满意度达到95.6%,处于较高水平,学校也能够围绕学生的知识、能力、素质目标进行专业建设,但由于学校在制定培养方案时很难做到与企业的需求完全一致,加之企业新技术、新材料的发展很快,使学生进入企业时往往会存在各种类型的能力缺失,正如报告中指出的,学生毕业后认为自己在专业技能、社会适应能力、分析解决问题能力、组织管理能力、语言文字表达能力、合作写作能力等方面有所缺失的比均在20%以上,这就需要学校在教学中不仅要加强动手能力的训练,更重要的是要将其他职业综合能力贯穿到教学中,培养学生更为全面的能力。整体而言,建筑装饰专业群学生就业的微观生态圈中学生和学校都能够认识到就业的重要性,也都在为提高学生就业质量而努力。但也存在着一些问题,尤其是学校方面存在着知识体系滞后、教师实践经验不足、学生职业综合能力培养欠缺等问题。

建筑装饰专业群学生就业中观生态系统。《就业数据报告》显示,建筑装饰专业群学生的就业渠道呈现多样化,其中通过亲友帮忙获得就业岗位信息的学生占25.8%,是所有就业信息获取途径中排名第一的方式,说明家庭 - 亲友中观系统在就业过程中起着重要的引导作用。社会学者林南在对纽约州立大学奥本尼分校的

研究中发现,获得首次职业过程中运用社会关系的人占 57%,而获得现有职业过程中运用社会关系的人占 59%,这验证了社会资本在求职过程中的作用。这种社会资本所体现的主要就是家庭、亲友提供的社会关系,由于应届毕业生一直在学校学习,接触社会的机会较少,基本没有能够帮助其就业的社会关系,加之高职院校农家子弟比重逐年上升,这种情况更为突显,截至 2016 年已经达到 53%,高职教育成为农村孩子接受高等教育的重要途径。

《就业数据报告》显示,建筑装饰专业群 2015 年毕业生 533 人,来自农村家庭学生约占毕业生总数的 68%。建筑装饰装修行业主要依托城市,农村学生家庭能够提供的对工作有所帮助的社会关系以及就业或创业的过程中的所需资金都较少,加之农村家庭在对待就业的期望值、观念等方面也存在偏差,学生接触的社会环境相对简单,其心理承受能力和综合素质与城市学生相比也有一定差距。此外,部分学生家长对孩子从事建筑装饰行业还存在一定的偏见,认为装饰行业技术含量低,不需要通过专门的培训也可以掌握相关的技能。这说明社会对建筑装饰专业群人才培养的目标、规格、适应的岗位群还不甚了解,也说明建筑装饰专业群对自身的宣传力度不够、专业改革的持续性不够,其品牌影响力也未能有效发挥。

建筑装饰专业群学生就业宏观生态系统。《2015—2020 年中国建筑装饰行业发展及预测研究报告》显示,"2015 年我国装饰装修行业从业人员已达 1 620 万人,其中一线操作人员 80% 以上是农民工,技术与管理人员的学历水平较之建筑施工技术领域低,行业内接受过系统高等教育的人数达到 260 万人,占从业者总数的 16.05%,建筑装饰企业的技术岗位有大量的人才缺口"。

《就业数据报告》显示,建筑装饰专业群学生就业专业对口率为 97.1%,学生就业流向分布中,民营企业占 76%、国有企业占 15%(以劳务派遣方式居多)、合资和外资企业占 6%、政府机构及事业单位占 3%;流向城市以长三角、珠三角、北京等经济发达地区为主,占比超过 65%,通过这些数据可以发现,学生的对口率很高,这与上述行业需求情况相吻合,即建筑装饰企业确实需要大量的技术人才。学生整体的就业单位以民营经济为主,这也验证了装饰行业大型企业较少,中小型企业占多数的行业特点。另外,建筑装饰工程技术专业学生毕业半年后的平均薪酬在 3 000 元左右,工作三年后的薪酬因地域不同,大约在 5 000 ~ 8 000 元/年之间。这些数据表明该专业群学生目前还比较容易就业,且从业收入较丰厚。但装饰企业多为中小型企业的行业特点,也导致学生就业过程中在行业、企业层面会遇到的一些问题,如大型企业比较看重学历,一般要求至少本科学历,这与建筑装饰专业群学生学历以高职(专科)为主的情况不匹配,增加了学生进入大型企业的难度。此外,该专业群的就业岗位以施工类为主、来自业主和工作的压力大、工作时间长、工作条件比较简陋。因此,从事该行业的人也较容易患上一些诸如失眠、头疼、过敏、呼吸道疾病等职业病,这些因素都影响着学生选择该专业群学习的意愿和后续的就业质量。

此外,国家政策也是影响建筑装饰专业群学生就业的重要宏观因素。党和政府历来高度重视就业工作,2007年颁布实施的《就业促进法》,正式将积极的就业政策以法律形式确定下来。党的"十八大"报告更是明确指出要推动实现更高质量的就业,完善积极就业政策体系,但这些政策都需要进一步细化和执行。

三、优化建筑装饰专业群学生就业生态的对策

优化微观系统,增强学生竞争力。微观层面存在的问题主要是知识体系滞后、教师实践经验不足、学生职业综合能力培养欠缺等,其中学生职业综合能力欠缺是目前最需要解决的问题。因此,针对学生职业综合能力存在不足的情况,除了确立不断进行教学改革、增加教师企业实践经验、强化学生专业技能,加强社会适应性、组织协调能力、语言文字表达能力的改革方向外,学校还应制定相应的具体措施。例如:从学生入学起,对学生的教育中加入企业的管理模式、规章制度、职业要求、评价机制等内容,特别是要将企业评价机制融入学生的考核评价体系中,通过结果控制,倒逼学生行为习惯的养成,使学生能够在学校中接受到企业严格的制度约束,养成守时间、守规范、守规矩的好习惯,使其在就业过程中能尽快适应企业发展的需要;还可以通过引入真实项目,参照企业模式让学生参与到项目中,并根据工作任务,给予学生报酬或奖励,以任务为驱动,在工作中暴露问题、解决问题,调动学生参与项目的积极性,提高职业感受,丰富职业经历,增强职业综合能力。

学校通过一系列的教学改革,能够使微观系统得到优化,使学生的社会适应能力、分析解决问题能力、组织管理能力、语言文字表达能力、合作写作能力等方面都能够得到全面提升,增强学生就业的综合竞争力,为整个就业生态系统打好基础。

优化中观系统,助力学生就业。中观系统目前主要存在部分学生的家庭-亲友关系能够提供的就业岗位信息很少,学生家长对建筑装饰行业存在偏见等问题,对于前者,我们可以通过学校进行深化校企合作,发挥好推荐作用来解决,具体可以通过增加订单班的数量,实行就业推荐制度等方式,提高学校在生态圈

中衔接企业和学生的作用,实现学生和企业之间信息的匹配,增加优秀企业订单班,实行就业推荐制度,都可以帮助学生找到适合自己的企业,减少学生就业过程中出现的人职不匹配现象,弥补中观系统中社会关系的不足。对于后者,则需要通过学校、校友的宣传、介绍来改变家长的传统观念,以装饰专业群学生创业为例,有统计表明,2015届高职毕业生毕业半年后的自主创业比例为3.9%,这个比例对于装饰专业来说,还是比较低的。这与学生就业中观生态密切相关,虽然学校在日常的教学中,已经关注了创新创业意识的培养,让有创业想法的学生敢于创业、学会创业,让"大众创业、万众创新"的观念融入就业生态各个系统中,但家庭的影响更为重要。由于学生和家长对该行业创业存在畏惧和茫然,对自身及装饰行业缺乏准确认识,导致很多学生在创业中得不到家庭支持,实际上,创业并没有设置门槛,尤其装饰行业的特点决定了从事与该行业相关的创业并不需要太多的启动资金和人力资源。而要提高学生创业的比例,就要从创新创业意识和对行业认知两个方面入手,让学生和家长能够认同创业是一种更高形式的就业,装饰行业比较适合创业。

优化宏观系统,形成良性就业环境。随着人们对家装要求的提高,以及工装难度的增加,装饰企业也在谋求转变,如积极参与互联网经济,实现资源优化配置,降低成本、提高效益,积极探索新材料、新设计、新方法来满足人们的需求,在竞争中生存、发展,这是生态圈中宏观方面的变化,传导至微观层面,需要学校和学生共同努力,积极适应行业发展的大方向,增加新材料、新设计、新工艺的相关课程,让学生了解行业发展新动向,才能够实现整个就业生态各个层面的无缝衔接。

在国家层面可以考虑探索专业退出机制。针对市场变化设置专业的导向使得各高职院校都会"一窝蜂"地开设就业热门专业,无论是否具备办学条件,无论是否有专业设置的延续性,只要就业好,都要努力开设。随着开设学校的增多,学生培养质量下降,就业人数增加,热门专业变成冷门专业,进而陷入无序的恶性循环。为避免这种宏观层面生态系统的错乱,需要从教育主管部门层面对招生方式进行改革,可以尝试按专业进行填写志愿录取,这样既可以使学生能够选择到自己喜欢的专业,减少专业调剂,提高学生就业意愿,也可以促进学校提升教学质量,使教学质量差、不具备教学条件的学校自动退出办学行列,通过宏观生态的调控,让市场需求和学校的培养规格相匹配,实现学生高质量的就业。

此外,就国家政策而言,目前的政策对就业和创业的扶持政策已经很多,涉及小额担保贷款及贴息、减免税收、社会保险补贴、创业补助、提供创业培训及指导等诸多方面,需要改进的是,加强各部门有效协调,确保执行到位。

　　从宏观角度看,目前建筑装饰专业群学生仍具有较好的就业前景,行业仍需要大量技术人才;从中观角度看,学生的家庭-亲友社会网络关系所提供的就业社会资本较为薄弱,需要学校在这个环节中起到补充作用;从微观角度看,学校特别重视就业工作,通过各种途径加强学生前期的职业生涯规划、后期的就业、创业指导教育。此外该专业群强大的校企合作机制与"5+3"人才培养模式、"544"教育教学模式为学生提供了良好的实践机会,提供了广阔的就业平台,使其能够实现学业与职业的顺利衔接。在整个就业生态中,学校起着至关重要的作用,既衔接了各个层次就业生态系统,又是微观系统中起着决定作用的一个部分。

参考文献

［1］姜大源.高等职业教育的定位［J］.武汉职业技术学院学报,2008,（2）:5-8

［2］徐涵.以工作过程为导向的职业教育［J］.四川工程职业技术学院学报,2008,（2）:3-7

［3］马树超,范唯.中国特色高等职业教育再认识［J］.中国高等教育,2008,（13/14）:53-55

［4］姜大源.职业教育:课程与教材辨［J］.中国职业技术教育,2008,（19）:1,13

［5］赵志群.对工学结合课程的认识［J］.职教论坛,2008,（2）:1-3

［6］孙亚峰.高职建筑装饰专业改革的探索与思考［J］.徐州建筑职业技术学院学报,2002,（1）:47-49

［7］王春模,等.高职院校实施分类培养分层教学模式的探索与实践［J］.教育与职业,2006,（02）:103-105

［8］金艳.隐形分层在高职英语教学中的应用［J］.中国校外教育,2015,（11）:78

［9］何培斌,等.问题式情境教学在高职建筑制图与识图课程中的应用［J］.高等建筑教育,2015,（05）:164-167

［10］王小娟,等.高职《机械制图》课程分层教学改革研究［J］.晋城职业技术学院学报,2013,（06）:52-54

［11］姜大庆.基于行动导向的项目化课程设计与实施研究［J］.中国职业技术教育,2010,（32）:53-56

［12］雷彩虹,马春燕,董辉.基于岗位能力培养的市政专业项目化课程体系改革与实践［J］.当代职业教育,2015,（2）:18-21

［13］吴孟宝,吴芳,黄正兵.项目化教学过程中学生学习状况调查研究［J］.中国校外教育,2010,（14）:179

［14］黄立营.论隐性德育课程与高校德育课程体系构建［J］.华北电力大学学报（社会科学

版), 2004

[15] 黄立营. 建筑装饰专业群校企合作模式的历史演变与转型升级[J]. 江苏建筑职业技术学院学报, 2016, 09（3）: 66-70

[16] 黄金凤. 建筑制图与识图课程隐性分层教学策略探析[J]. 江苏建筑职业技术学院学报, 2016, 09（3）: 48-50

[17] 翟胜增. 项目化课程体系系统化构建的若干思考[J]. 江苏建筑职业技术学院学报, 2016, 09（3）: 51-54

[18] 吴浩. 建筑装饰专业群学生就业生态的系统分析与对策[J]. 江苏建筑职业技术学院学报, 2016, 09（3）: 59-62

[19] 王烁. "模块化"手绘课程教学改革新探[J]. 江苏建筑职业技术学院学报, 2016, 09（3）: 59-62

[20] 娄志刚, 岳东海. 浅析建筑装饰专业学生职业素质结构体系构建[J]. 江苏建筑职业技术学院学报, 2016, 09（3）: 63-65

[20] 赵野田. 浅析素质教育的前提性理论问题及出路[J]. 理论探索, 2013（7）

[21] 解延年. 素质本位职业教育——我国职业教育走向 21 世纪的战略抉择[J]. 教育改革, 1998（2）: 48-50

[22] 王敏勤. 由能力本位向素质本位转变——职业教育的变革[J]. 教育研究, 2002（5）: 66

[23] 许启贤. 职业素质及其构成[J]. 江西师范大学学报（哲学社会科学版）, 2001（4）: 13-17

[24] 尼跃红. 建筑装饰的意义[J]. 装饰, 2001（02）, 18-19

[25] 洪志坚. 现代艺术设计的定义及其宏观分类研究[J]. 艺术教育, 2009（9）

[26] 张青萍. 20 世纪中国室内设计发展解读[J]. 艺术百家, 2009（1）, 109-110

[27] 陈晓琴. 高职课程标准与职业岗位技能标准对接探究[J]. 职教论坛, 2011（14）, 89-90

[28] 周明星. 高职人才培养模式新论——素质本位理念[D]. 武汉: 华中科技大学, 2005

[29] 韩英丽, 马超群. 论应用型人才培养中的"工匠精神"培育[J]. 湖北第二师范学院学报, 2016, 06（6）: 33

[30] 陈玉华. 论职业教育中"工匠精神"的培育[J]. 河南教育, 2016, 05（3）: 56-59

[31] 赖佳, 张晓晗. 试析欧洲中世纪行会学徒制[J]. 职教论坛, 2014

[32] 林有鸿. 德国应用型人才培养模式在本科教育中的具体运用——以武夷学院为例[J]. 湖北经济学院学报（人文社会科学版）, 2015（6）

[33] 高松. 德国双元制职业教育专业设置及对我国的启示[J]. 职业技术教育, 2012（5）

[34] 姜大源. 德国"双元制"职业教育再解读[J]. 中国职业技术教育, 2013（11）

[35] 罗丹. 德国企业参与职业教育的动力机制研究——基于"双元制"职业教育模式的分析

[J].职业技术教育,2012(4)

[36] 崔岩.德国"双元制"职业教育发展趋势研究[J].中国职业技术教育,2014,09(3)

[37] 高松.德国高等教育领域双元制培养模式发展评析[J].国家教育行政学院学报,2012,05(4)

[38] 陈小妹,林春光.谈师范院校的"工学结合"教学模式[J].太原城市职业技术学院学报,2015(12)

[39] 王虹.基于"双导师"制的高职人才培养对策与路径[J].教育与职业,2015(1)

[40] 石丽敏.国外校企合作办学模式的分析与研究[J].高等农业教育,2006(12)

[41] 朱梅林,付勉兴.学分制的产生、发展及国内外实施状况探析[J].科技信息,2011(12)

[42] 孙百鸣,郭青兰.高校学分制与弹性学制教学管理搜寻[J].中国大学教育,2009(7)

[43] 张玉英.高职院校实施双导师制的思考[J].出国与就业(就业版),2011(11)

[44] 房汝建.论高校创新创业教育体系的构建[J].常州工学院学报(社科版),2011(3)

[45] 高坊洪.构建大学生创新创业教育新体系刍议[J].九江职业技术学院学报,2013(1)

[46] 杨金土.加强校企合作办出高职特色[J].职教通讯,2002,(01):23-24

[47] 黄志平,向红梅.高职校企合作机制建立的关键问题与障碍分析:来自经济学视角的观察[A]. Advances in Artificial Intelligence(Volume 5)Proceedings of 2011 International Conference on Management Science and Engineering(MSE 2011)[C],2011

[48] 潘懋元.产学研合作教育的几个理论问题[J].中国大学教学,2008(03):15-17

[49] 马广,赵俞凌,徐婧.高职院校校企"双主体"育人模式探究——以金华职业技术学院众泰汽车学院为例[J].黑龙江高教研究,2012(7):138-140

[50] 范国辉.校企"双主体"人才培养模式的探索与实践[J].武汉职业技术学院学报,2014,(13):50-53

[51] 金根中.高职院校校企双主体育人存在的问题与对策[J].黑龙江高教研究,2013,(8):99-101

[52] 鲁昕.加快发展现代职业教育助力实现"中国梦"[N].中国教育报,2013-04-03(08)

[53] 全国学生资助管理中心.2012年中国学生资助发展报告[N].中国教育报,2013-11-13(04)

[54] 刘有升.高等学校贫困生产生根源、表现形式和解决对策[J].沈阳农业大学学报(社会科学版),2012,14(6):691-693

[55] 吴连臣,田春艳,张力.高校资助育人体系的实践与探索[J].学校党建与思想政治教育,2014,(4):29-30

[56] 吴从娟.PDCA循环模式在高职院校毕业生就业管理中的应用[D].南京:南京理工大学,2007

[57] 张振.高职高专院校教学质量内部监控体系研究[D].南宁:广西大学,2012

［58］任保平.论中国的二元经济结构［J］.经济与管理研究，2004（5）：3-9

［59］茵小兰.传统学徒制与现代学徒制的比较研究［J］.消费导刊，2008（2）：216-217

［60］茵小兰.西方学徒制的昨天、今天和明天［J］.现代企业教育，2008（4）：18-19

［61］茵小兰.中西方学徒制的比较及启示［J］.消费导刊，2008（4）：84-85

［62］石伟平.比较职业技术教育［M］.上海：华东师范大学出版社，2001

［63］石伟平，徐哲岩.新职业主义：英国职业教育新趋向［J］.外国教育资料，2000（3）：47-51

［64］石伟平，徐国庆.世界职业教育体系的比较［J］.职教论坛，2004（1上）：18-21

［65］孙玫璐.职业教育制度分析［M］.北京：中国商业出版社，2008

［66］孙晓燕.试论现代学徒制对我国职业教育的意义［J］.职教论坛，2008（2）：23-25

［67］孙祖复，金锵主.德国职业技术教育史［M］.杭州：浙江教育出版社，2000

［68］俞可.德国职业教育"双轨制"面临解体［J］.上海教育，2003（12A）：56-58

［69］于秀芝.人力资源管理［M］.北京：经济管理出版社，2002

［70］王承绪，徐辉.战后英国教育［M］.南昌：江西教育出版社，1992

［71］王川.论学徒制职业教育的产生与发展［J］.职教论坛，2008（5）：60-64

［72］王连英.我国技工教育的回顾与反思［J］.太原城市职业技术学院学报，2006（5）：90-91

［73］王锁荣，朱仁良.对建设职业教育校企合作现状的调查与分析［J］.职业技术，2008（6）：4-5

［74］王雁琳.第三条道路与英国技能培训的社会合作模式［J］.教育发展研究，2007（12A）：61-65

［75］王雁琳.英国职业教育的市场化［J］.教育与经济，2002（3）：58-62

［76］王玉苗，庞世俊.职业教育课程内容的透视：知识观的视角［J］.河北师范大学学报（教育科学版），2008（11）：109-113

［77］温从雷，王晓瑜.芬兰学徒制培训基本特征和质量管理策略［J］.职业技术教育（教科版），2006（10）：85-87

［78］伍绍垣.学徒制度与技术教育［M］.南京：国立编译馆，1941

［79］吴景松.政府职能转变视野中的公共教育治理范式研究［D］.上海：华东师范大学，2008

［80］吴雪萍.国际职业技术教育研究［M］.杭州：浙江大学出版社，2004

［81］吴玉琦.中国职业教育史［M］.长春：吉林教育出版社，1991

［82］细谷俊夫编著.技术教育概论［M］.肇永和，王立娟，译.北京：清华大学出版社，1984

［83］辛鸣.制度论：关于制度哲学的理论建构［M］.北京：人民出版社，2005

［84］邢晖，佛朝晖.新的期盼：《中华人民共和国职业教育法》修订［N］.中国教育报，2009-12-05（003）

［85］熊萍.走进现代学徒制——英国、澳大利亚现代学徒制研究［D］.上海：华东师范大学，2004

［86］徐国庆.中国的民间学徒制［J］.职教论坛，2006（1）：1

［87］徐国庆.英、德职业教育体系差异的政策分析及启示［J］.教育科学，2006（3）：70-73

［88］徐瑾劼.英国现代学徒制与澳大利亚新学徒制的比较［J］.职业教育研究，2007（2）：39-41

［89］姜大源.当代德国职业教育主流教学思想研究——理论、实践与创新［M］.北京：清华大学出版社，2007

［90］教育部职业教育与成人教育司.职教改革与发展取得历史性突破［N］.中国教育报，2009-10-09（001）

［91］金志霖.英国行会史［M］.上海：上海社会科学院出版社，1995

［92］康永久.教育制度的生成与变革——新制度教育学论纲［M］.北京：教育科学出版社，2003

［93］寇金和，徐泽星，魏化纯.职业教育与培训管理教程［M］.北京：经济日报出版社，1989

［94］匡瑛.比较高等职业教育：发展与变革［M］.上海：上海教育出版社，2009

［95］黎娜.英国、澳大利亚职业资格考评实践及其对我国的启示［D］.上海：华东师范大学，2005

［96］李纷.英国的文化价值观念与教育［J］.华东师范大学学报（教育科学版），1994（3）：43-52

［97］李蔺田.中国职业技术教育史［M］.北京：高等教育出版社，1994

［98］李娜.英国布莱尔执政时期的重要教育政策研究［D］.上海：华东师范大学，2008

［99］李邢西，罗雄飞，刘亚玫.新编世界经济史（上）世界中世纪经济史［M］.北京：中国国际广播出版社，1996

［100］梁卿.建国后两次实施"半工半读"制度的差异研究［J］.职业教育研究，2008（6）：159-160

［101］梁卿.职业教育半工半读的概念、目的与实现形式——基于对政策文本的分析［J］.职教论坛，2008（5）：8-11

［102］刘淑兰.主要资本主义国家近现代经济史［M］.北京：中国人民大学出版社，1987

［103］刘永成，赫治清.论我国行会制度的形成和发展［A］.载于南京大学历史系明清史教研室编.中国资本主义萌芽问题论文集［C］.南京：江苏人民出版社，1983：117-140

［104］楼世洲.职业教育与工业化——近代工业化进程中江浙沪职业教育考察［M］.上海：学林出版社，2008

［105］吕妍，等.我国现代企业师徒制重构探讨［J］.华东经济管理，2007（4）：111-114

［106］马树超.工学结合：职业教育模式转型的必然要求［J］.中国职业技术教育，2005（30）：10-12

［107］孟广平.中国职业技术教育概论［M］.北京：北京师范大学出版社，1994

［108］聂劲松，白鸿辉.半工半读教育制度的合理内核与改革实施［J］.职教通讯，2006（5）：16-19.

［109］彭南生.行会制度的近代命运［M］.北京：人民出版社，2003

［110］齐爱平，崔晓静.试析我国传统文化对职业技术教育的影响［J］.河南职业技术师范学院

学报（职业教育版），2004（6）：13

[111] 陈明昆，沈亚强．学徒制在英国沉浮的背景分析[J]．中国职业技术教育，2008（32）：43-46

[112] 邓海云．中国职业教育的制度分析——制度变迁的考察[J]．科技资讯，2008（7）：151-152

[113] 董仁钟．"大职教观"视野中的职业教育制度变革[D]．上海：华东师范大学，2008

[114] 杜惠洁，李家丽．模块化：德国职业教育的改革与争论[J]．教育发展研究，2009（11）：64-68

[115] 冯永琴．技术实践知识的性质与学徒学业评价[J]．中国职业技术教育，2009（11）：20-26

[116] 高德步，王珏．世界经济史[M]．北京：中国人民大学出版社，2001

[117] 高丽，石伟平．德国"双元制"的反思及发展趋势[J]．河南职业技术师范学院学报（职业教育版），2003（4）：41-45

[118] 耿洁．工学结合及相关概念浅析[J]．中国职业技术教育，2006（12）：13

[119] 耿洁．我国职业教育工学结合模式的历史发展和实践[J]．职教通讯，2007（3）：26-28

[120] 顾建军．技术知识的特性及其对职业教育的影响[J]．教育与职业，2004（29）：16-18

[121] 关晶．英国学徒制改革的新进展[J]．职教论坛，2009（9上）：57-60

[122] 关晶．西方学徒制的历史演变与思考[J]．华东师范大学学报（教科版），2010（1）

[123] 郭峰．职业教育存在形态初探[D]．长沙：湖南农业大学，2007

[124] 国家教委职业技术教育中心研究所．历史与现状：德国双元制职业教育[M]．北京：经济科学出版社，1998

[125] 黄日强．德国手工业生产与学徒培训制度[J]．职教通讯，2005（5）：56

[126] 黄日强．澳大利亚学徒培训制度的发展轨迹[J]．职教通讯，2007：69-72

[127] 黄日强，黄宣文．澳大利亚学徒培训制度的现代模式[J]．职教论坛，2007（2）：55-58

[128] 黄日强，张霞．英国学徒培训制度的发展轨迹[J]．武汉船舶职业技术学院学报，2007（4）：1-4

[129] 黄日强，胡芸．文化传统对英德职业教育的制约作用比较[J]．职教论坛，2008（3）：54-58

[130] 黄日强．传统因素对英国职业教育的制约作用[J]．安徽商贸职业技术学院学报，2008（3）：66-69

[131] 徐平利．中世纪行会制度与职业教育的孕育[J]．教育评论，2009（5）：6-8

[132] 许亚琼．对中世纪学徒制的新思考——基于其制度化目的、原因和社会意义[J]．职教论坛，2009（4）：61-64

[133] 杨金土．职业教育卷[M]．北京：北京师范大学出版社，2002

[134] 杨延．天津市职业教育工学结合模式探索[J]．教育研究，2005（11）：101-105

[135] 约翰·杜威著；王承绪译．民主主义与教育[M]．北京：人民教育出版社，1997

[136] 翟海魂．实施现代学徒制并深化工学结合[J]．职教论坛，2008（1）：1

［137］翟海魂. 发达国家职业技术教育历史演进［M］. 上海：上海教育出版社，2008

［138］展瑞祥. 学徒制的历史发展及其对西欧职教的影响［J］. 现代企业教育，2007（12）：7-9

［139］张卫民. 职业教育呼唤师徒制［J］. 河南职业技术师范学院学报（职业教育版），2008
　　　（2）：13-15

［140］张漩. 英国学徒制改革重要举措——英国《学徒制条例草案》解读［J］. 世界教育信息，
　　　2009（2）：63-66

［141］张宇，刘春生. 权利的初始界定及对工学结合的影响——兼论"中国特色"校企合作的展
　　　望［J］. 职业技术教育（教科版），2006（34）：5-8

［142］赵健. 默会知识、内隐学习与学习的组织［J］. 全球教育展望，2003（9）：41-46

［143］周明星，汤霓. 我国半工半读教育实验的回顾与展望［J］. 职教论坛，2008（9）：4-7

［144］庄西真. 论现代职业教育制度的构建［J］. 教育发展研究，2007（7）：52-57

［145］戴士弘. 职教院校整体教改［M］. 北京：清华大学出版社，2012：107

［146］姜大源，吴全全. 当代德国职业教育主流教学思想研究［M］. 北京：清华大学出版社，
　　　2007：257

［147］陈湘，李立明. 室内空间创意手绘表现技法［M］. 长沙：湖南美术出版社，2008

［148］毛鸿斌. 中国普通高等学校高职高专教育指导性专业目录［M］. 北京：高等教育出版社，
　　　2004

［149］徐碧辉. 实践中的美学［M］. 北京：学苑出版社，2005

［150］夏建国. 校企联合培养人才的创新探索［J］. 中国高校科技，2010（12）：10-12

［151］周长春，李北群. 教育质量管理体系导论［M］. 南京：江苏人民出版社，2008

［152］肖化移. 审视高等职业教育的质量与标准［M］. 上海：华东师范大学出版社，2006

后　　记

　　《建筑装饰专业教育教学改革论纲》是江苏省品牌专业立项建设项目《教育教学改革》阶段性成果,该成果是项目团队集体智慧的结晶。目前,建设团队由黄立营、娄志刚、孙亚峰、黄金凤、张鹏、石峰、陈志东、黄阳、吴浩、孟春芳、王炼、翟胜增等组成。其中,娄志刚、吴浩、黄阳、孟春芳等同志负责学生职业素质教育研究;黄金凤、王炼、翟胜增等同志负责课程、教学方法改革研究,孙亚峰、张鹏、翟胜增等同志负责人才培养模式、省品牌专业建设目标设计、资源库建设方案设计研究;石峰等同志负责人才培养体制机制改革研究;我本人作为项目负责人,负责《论纲》的整体设计和主要撰稿。

　　本《论纲》的出版,得到项目建设负责人、东南大学出版社的大力支持。《论纲》中引用了我国高职教育专家的大量论述,参考了同行们的大量研究成果,在参考文献中已尽量进行了标注,可能有遗漏之处,恳请给予谅解。

黄立营

2016 年 10 月 6 日于设计学院成园